钢筋焊接网混凝土结构实用技术指南

林振伦　张　云　编著

中国建筑工业出版社

图书在版编目（CIP）数据

钢筋焊接网混凝土结构实用技术指南/林振伦，张云编著.—北京：中国建筑工业出版社，2007
ISBN 978-7-112-09634-3

Ⅰ.钢… Ⅱ.①林…②张… Ⅲ.钢筋混凝土结构
Ⅳ.TU375

中国版本图书馆CIP数据核字（2007）第155337号

钢筋焊接网技术是一项高效的建筑技术和施工技术，也是钢筋深加工的有效途径，目前已在我国钢筋混凝土结构中推广应用，其应用范围正在逐步扩大，处于高速发展阶段。

本书为作者多年实践经验的总结。全书共分为六章，内容包括钢筋焊接网的类型、材料、造价、制作、布置、施工及其相关试验等。书中结合大量典型焊接网布置图及现场布置图片，详细地介绍了钢筋焊接网制作过程中的工艺设计和具体操作，以及在实践中出现具体问题时的解决方法，并提出了许多为适应具体条件而采用的新的布置方法。

本书可供房屋建筑、市政工程及一般构筑物采用钢筋焊接网配筋的混凝土结构设计及施工人员参考使用。

* * *

责任编辑：咸大庆　刘婷婷
责任设计：赵明霞
责任校对：刘　钰　兰曼利

钢筋焊接网混凝土结构实用技术指南
林振伦　张　云　编著
*
中国建筑工业出版社出版、发行（北京西郊百万庄）
各地新华书店、建筑书店经销
霸州市顺浩图文科技发展有限公司制版
北京建筑工业印刷厂印刷
*
开本：787×1092毫米　1/16　印张：14¼　字数：354千字
2008年2月第一版　2008年7月第二次印刷
印数：4001—7000册　定价：**36.00**元
ISBN 978-7-112-09634-3
（16298）

作者简介

林振伦　大专学历，新加坡籍。离校后从事建筑与材料行业至今。1975年接手家族建筑材料供应事业。1986年在新加坡推荐优化的标准钢筋焊接网规格并推广运用于中、小型工程中，使小型标准钢筋焊接网成为供应链上常规品，为普及焊接网起到积极作用。1994年于深圳创办星联钢网（深圳）有限公司，任董事长兼总经理职务。曾参与冷轧带肋钢筋及钢筋焊接网有关标准的讨论、编制、审定等工作，发表过多篇相关论文。在冷轧带肋钢筋及其焊接网的性能、制作、焊接网布置和施工等方面积累了多年经验。多年来大力推动焊接网相关设备国产化及生产技术创新，在钢筋焊接网的制作技术、设备的改进、工艺流程设计和部分设备改造等方面均有所创新，为工厂产品质量和效率的提高有所贡献，为钢筋焊接网的普及创造有利条件。

张　云　教授级高级工程师，曾在国家电力总公司西北勘测设计研究院工作。多年从事水电工程工作，参加刘家峡、石泉、安康、龙羊峡、李家峡等水电站工程的施工、设计和科研工作，任技术员、厂房专业组组长、工程设计总工程师等职。1984～1986年以访问学者身份在意大利学习坝工技术时，曾了解过钢筋焊接网的应用情况。退休后从事钢筋焊接网技术和推广工作，曾赴新加坡、香港等地实地考察，曾任BRC钢网（远东）有限公司、高力BRC钢网有限公司技术经理，及星联钢网（深圳）有限公司总工程师、顾问等职。曾参与过冷轧带肋钢筋及钢筋焊接网有关标准的讨论、编制、审定等工作，发表过多篇相关论文，在冷轧带肋钢筋及其焊接网的性能、制作、焊接网布置和施工等方面积累了丰富的经验。

前　言

混凝土结构中的钢筋焊接网是钢筋工程的组成部分。钢筋焊接网技术已在我国应用多年，应用范围正在扩大，焊接网技术正日臻完善。1994 年开始，作者参与了钢筋焊接网技术的引进和推广工作，并参与了相应标准的编制、讨论和审定等工作。在新加坡钢筋焊接网技术的基础上，结合我国的具体条件，在冷轧带肋钢筋的轧制、焊接成网技术、焊接网的布置和安装等方面进行了大量工作，对冷轧带肋钢筋及其焊接网的生产和质量控制，焊接网布置技术及其优化，最后达到提高焊接网效益起到了积极的作用。

冷轧带肋钢筋是优良的强度较高的建筑用钢筋，也是我国钢筋焊接网的主要材料。在选择原材料的基础上，通过常规的轧制、调直、应力消除等工艺过程，可获得良好质量的钢筋产品。自 1995 年以来，对生产过程一些具体问题，如轧制面缩率的选择、应变时效的影响、抗拉强度和伸长率关系等问题进行了试验，对钢筋性能检测数据进行了统计分析，制定了相应的工艺过程和质量控制措施。

与结构用绑扎钢筋需编制钢筋规格和形式的下料表一样，混凝土结构构件钢筋焊接网的使用，首先要进行钢筋焊接网的布置和编制钢筋焊接网布置图。国外的钢筋焊接网布置是以标准焊接网为主的焊接网布置，在此基础上转变为我国以节省材料、降低成本为主要目的的钢筋焊接网布置，此转变需要一个过程。我国广大从事钢筋焊接网技术工作的工程技术人员进行了大量的工作，如对常规焊接网布置、组合网布置、剪力墙焊接网布置、焊接网之间的连接和焊接网与构件之间的连接、调整（统一）焊接网尺寸的方法、大板构件和无梁楼板焊接网布置、特殊构件焊接网布置等进行了许多较符合实际条件的钢筋焊接网布置形式的探讨和应用。在房屋建筑、市政建筑等的混凝土结构中常有较复杂构件或难于使用钢筋焊接网的构件，对焊接网布置也提出了较多适应性很强的布置形式。上述成果是在解决焊接网具体问题时产生的，且正在广泛应用于实践中。

本书为实践经验的总结。书中较详细地介绍了钢筋焊接网制作过程中的工艺设计和具体操作问题，以及在实践中出现具体问题时的解决方法。钢筋焊接网的布置方面，对常用的焊接网布置方法进行了归类，并提出了较多的为适应具体条件而采用的新的实用布置方法，使焊接网的使用范围有所扩大。在说明过程中应用了大量的典型焊接网布置图和实际工程焊接网布置图，还附上了大量的焊接网布置和安装的工程照片，以便理解布置过程的具体作法。

在实践中，作者尽可能地将当前国外出现的焊接网布置的新方法，应用在国内工程中。有些较有效的方法，亦予以推荐，以便于推广应用。

本书由邱建昌校阅第 3、4 章，林国珍校阅第 6、7 章。林国珍、刘秀火、严忠提供了部分焊接网布置方案。焊接网焊点抗剪力试验由邱建昌设计，试验和资料统计工作由邱建昌、周锐完成。林国珍、李彬参与了初稿的部分编辑工作，林国珍、李彬、智彬、严忠、刘秀火、刘秀坤、胡伯望参与了部分插图绘制工作，谭戎杰、刘秀火参与了部分照片的摄制工作。

中国建筑科学研究院顾万黎研究员对我们的工作给予了多方面的指导并提供相应的资料，审校了全书，提出了许多宝贵意见。谨致谢忱。

由于水平所限，错误在所难免，望读者批评指正。

目录

第1章 概 述

钢筋焊接网是一种在工厂内用专用焊接网焊接设备采用电阻熔焊将钢筋焊接成型的网状钢筋制品，广泛应用于钢筋混凝土结构中。钢筋焊接网技术也是一项高效的建筑技术和施工技术，是钢筋深加工的有效途径，可提高钢筋工程质量和钢筋工程工业化水平。近年来，钢筋焊接网正在我国钢筋混凝土结构中推广应用，应用范围正逐步扩大，成为小直径低碳钢盘条的理想替代产品，日益受到重视。

20 世纪初一些国家开始使用钢筋焊接网[22]，至今已有近百年的历史。焊接网最初采用的材料是普通热轧低碳钢钢筋，后采用冷拔光面钢筋。1973 年欧洲一些国家开始大量地将冷轧带肋钢筋应用于焊接网，成为焊接网的主要材料之一。与冷轧带肋钢筋强度等级相当的热轧带肋钢筋出现后，也作为焊接网的材料之一应用于焊接网中。目前欧洲的焊接网行业已形成一个高度发达的独立行业。

欧洲是使用钢筋焊接网最早的地区，随后其他国家也相继开始使用钢筋焊接网。它们先后制订了相应的焊接网产品标准。新加坡是亚洲应用焊接网最好的国家之一，早在1957 年开始建厂，目前几大焊网厂规模均较大，设备先进。焊接网产品标准经多次修订，并编有各种构件的焊接网配筋构造图集供应用。新加坡焊接网以冷拔光面钢筋为主要材料，目前正陆续少量使用冷轧带肋钢筋作为钢筋焊接网材料。东南亚的其他国家如马来西亚、印尼等也都建有许多焊网厂，应用较普遍。

焊接网广泛应用于工业与民用建筑的楼板、屋盖，地坪，桥梁的桥面铺装，输排水渠道，公路隧洞衬砌等构件中。高速公路路面中亦常采用焊接网配筋，以提高路面抗裂性能、路面平整性和耐久性。筒状钢筋焊接网常用于钢筋混凝土排水管、预应力混凝土管、混凝土桩、电杆等构件中。三角形焊接骨架等钢筋焊接网制品用于预制格构梁和叠合板中，以及骨架构件中。为了提高现场施工速度和构件性能而使用的梁柱箍筋笼、钢筋焊接格网等，更拓展了焊接网的应用范围。

1987 年我国开始从国外引进焊接网生产线后[22]，各地陆续建成一批钢筋焊接网生产线，同时一些外资钢筋焊接网公司也纷纷在我国设厂。国内的科研院所、设备生产厂家在消化、吸收国外设备制造技术的基础上，研制出符合我国国情的焊接网生产设备，为我国钢筋焊接网的推广应用创造了条件。焊接网厂主要分布在珠江三角洲、长江下游各省市及京津等经济较发达地区。其中少量厂已具备一定规模，设备先进。河北、湖北、江西、西南和西北等省和地区也建有少量焊网厂。我国焊接网行业虽处于初期发展阶段，但每年产量平均以 60%的速度增长，正处于高速发展阶段。

我国钢筋焊接网使用初期，多用于国外设计的项目，如大亚湾核电站、深圳地王大厦等工程。这些工程的钢筋焊接网应用的标准为英国的《钢筋混凝土用钢筋网》BS4483：1985。我国早期焊接网工程亦多采用冷拔光面钢筋焊接网，自 1997 年后逐步改用冷轧带肋钢筋。为适应钢筋焊接网的发展，原冶金部于 1995 年底颁布了钢筋焊接网产品标准

《钢筋混凝土用焊接钢筋网》YB/T 076—1995；随后，广东省建委组织力量编制并于1995年颁布了《焊接网混凝土结构技术规程》DBJ/T 15—16—95，建设部于1997年颁布了《钢筋焊接网混凝土结构技术规程》JGJ/T 114—97，为我国钢筋焊接网的推广应用奠定了技术基础。1998年建设部重新颁布的《建筑业10项新技术》也将钢筋焊接网技术列为新技术之一在全国推广，促进了钢筋焊接网的推广应用。

在上述产品标准和使用规程颁布后的几年中，对焊接网材性、板和剪力墙的抗震性能等方面进行了较多的试验研究；在钢筋焊接网的实际应用中积累了许多新的经验。在吸取国内外焊接网科研成果和工程经验的基础上，对相关标准进行了较大的修订。《钢筋混凝土用焊接钢筋网》YB/T 076—1995上升为国家标准，且并入GB/T 1499系列（编号改为GB/T 1499.3—2002）[2]。《钢筋焊接网混凝土结构技术规程》JGJ 114—2003[1]，增补了许多新内容，进一步扩大了规程的覆盖面。焊接网材料增加了热轧带肋钢筋，扩大了焊接网在桥梁、路面及隧洞衬砌等方面的应用范围。在板、墙体配筋构造及抗震设防等方面补充了许多新规定，借鉴国外先进经验，增加了梁柱用焊接箍筋笼的内容。

焊接网在国内应用初期多用于房屋工程，应用的房屋工程类型有多层和高层住宅、办公楼、学校、商店、医院、厂房、仓库等，主要用作楼（屋面）板、剪力墙、地坪和基础等的配筋。在桥梁工程中主要用作市政和公路桥梁的桥面铺装、旧桥面改造、桥墩防裂等方面。高速公路桥梁的桥面铺装采用钢筋焊接网已相当普遍，桥面铺装的施工质量显著提高。在旧桥改造，桥墩防裂方面焊接网应用也取得良好效果。焊接网在水工结构、隧洞衬砌、特殊构筑物及隔离网等方面也有应用。

焊接网在实际应用中，从国外较多地使用标准焊接网布置设计和焊接网生产条件下，过渡到适应我国工程和构件较复杂并以减少材料用量和降低工程成本为主要目标的焊接网布置设计，面临着许多具体问题。在钢筋焊接网制作方面也存在着适应我国具体条件的问题。我国广大工程技术人员在实践中进行了大量的具体工作和分析工作，设计出了适应我国实际条件的焊接网布置方法。住宅、公寓、公用综合建筑等房屋建筑中的楼面布置比较复杂，钢筋焊接网的布置工作有一定的难度。在实践中我们遇到了诸如大跨度板、异形板、圆（曲边）板、斜交梁系板、与型钢柱的连接、压型钢板模板楼板、焊接网与暗柱等构件连接的焊接网布置问题及相应的构造问题，选用了适应我国建筑工程具体条件的较为适用的布置设计和安装方法。组合焊接网的使用和布置、地坪焊接网防裂布置、桥面铺装焊接网布置和搭接形式等方面也有独到之处。同时在焊接网布置中还采取了一些使焊接网尺寸趋于统一的措施，有利于标准网或准标准网的使用。

在实践中，冷轧带肋钢筋CRB550的生产存在着选择原材料（低碳钢热轧盘条）的牌号及含碳量适用范围、产品性能应变时效等关系到生产合格的CRB550钢筋的问题。焊接网制作中的焊点抗剪力是焊接网质量的关键问题之一，常常由于点焊的焊接工艺问题影响焊接网的焊接质量。作者进行了钢筋轧制面缩率试验、应变时效试验、焊点抗剪力试验等，以及产品测试值的统计分析工作，为加工工艺设计和产品质量控制提供了依据。

人们在解决工程中钢筋焊接网技术实际问题的过程中积累了丰富的经验。本书所述的这些经验多为作者在焊接网技术实践中所遇的具体问题的具体解决方法，以及可实践的具体作法，具有较大的实用价值。当然，在实践中还会遇到一些新的问题，还需要人们去探索和创造，设计出更新的和更为实用的焊接网制作、布置形式和安装方法。

第2章　混凝土结构用钢筋焊接网

钢筋焊接网是由纵向钢筋和横向钢筋在正交处以电阻熔焊点焊工艺焊接而成的网状钢筋制品。钢筋焊接网可分为混凝土结构用焊接网（结构用焊接网）和非混凝土结构用焊接网（非结构用焊接网）。非结构用钢筋焊接网广泛应用于围栏（如机场、工厂、住宅的围栏等），铁路、高速公路的隔离栏，建筑装饰及生活用品等方面。这类钢筋焊接网对钢筋材料强度无特殊要求，焊点抗剪力要求也不高，使用的钢筋直径不大。非结构用钢筋焊接网一般需防锈，如刷漆、涂塑、镀锌等。结构用钢筋焊接网常用于钢筋混凝土结构中，有受力要求或构造要求。钢筋材料性能、焊点抗剪力、钢筋的直径和间距、焊接网外形和尺寸等须满足结构对它们的要求。不锈钢钢筋焊接网常用作非结构用钢筋焊接网，也可用作结构用钢筋焊接网，如用于化工、核电厂结构中对钢筋有防腐蚀要求的混凝土构件中。此时，不锈钢钢筋焊接网属结构用钢筋焊接网，应按结构用钢筋焊接网的要求制作。

混凝土结构使用的焊接网为结构用钢筋焊接网。为方便起见，此后结构用钢筋焊接网简称为钢筋焊接网，有时亦简称为焊接网或网片。为区分钢筋材料类别及表面特性，可在钢筋焊接网前冠之以冷轧（拔）、热轧、带肋、光面、不锈钢或它们的组合等修饰词，以示区别。

混凝土结构用钢筋焊接网使用的标准有：《钢筋混凝土用钢筋焊接网》GB/T 1499.3—2002[2]（简称《产品标准》GB/T 1499.3—2002），《钢筋焊接网混凝土结构技术规程》JGJ 114—2003[1]（简称《规程》JGJ 114—2003）及现行相关的国家和行业标准。

2.1 钢筋焊接网的类型

结构用钢筋焊接网的配筋分别由纵向配筋和横向配筋构成，通常两个方向的配筋均应满足结构设计要求。钢筋焊接网通常分为标准焊接网（简称标准网）和非标准焊接网（简称非标准网或定制网）两种类型。按规定的结构和尺寸制作的焊接网称为标准网，标准网以外的焊接网统称为非标准网。非标准网用于具体工程中，亦称为定制网或工程网。在应用过程中出现了许多新的布置形式和新的焊接网类型，如组合网、格网、梯网、箍筋笼网、螺旋网、格构梁网等。其中组合网、格网、梯网、箍筋笼网为常规焊接网通过专用的布置形式或常规焊接网再加工（焊接、裁剪、成形等）制作成的钢筋焊接网，用于特殊要求的场合的焊接网类型。螺旋网、格构梁网等则为专用焊接设备生产的，钢筋两个方向不正交，突破了常规焊接网定义的焊接网类型。

大量使用的焊接网仍然为常规定义的焊接网。因此钢筋焊接网可为所有钢筋焊接网的统称，也常作为常规定义钢筋焊接网的简称。除常规钢筋焊接网分为标准焊接网和非标准焊接网两种类型外，将专门布置设计或专门加工的钢筋焊接网如组合网、格网、梯网、箍筋笼网、螺旋网、格构梁网等按相应类型分类和阐述。

由于焊网机的高度自动化和智能化，就焊接网制作而论，标准网、非标准网的制作难度界限正在消失，仍然存在的差别是它们的制作效率、安装效率和成本。焊接网的类型分类会因此而改变。

2.1.1 标准网

1. 标准网的要求

钢筋焊接网产品的标准化是提高钢筋焊接网生产和安装效率、降低成本的必由之路。钢筋焊接网的标准化常考虑以下因素：

(1) 标准网配筋（钢筋直径、间距及其组合）应能涵盖较多构件的配筋，使标准网能更广泛地应用于各种构件；

(2) 标准网的外形尺寸应能较灵活地覆盖构件的焊接网配筋面积；

(3) 标准网的配筋和外形尺寸应能使标准网生产过程达到定型、高速、连续和规模化的目的。

2. 标准网的规格

各国标准网的配筋和外形尺寸的规定是根据各国的特点和经验确定的，标准网配筋和外形尺寸的规定各不相同。我国的标准网是吸取了国外的作法，结合我国的实践经验制定的。

《规程》JGJ 114—2003 推荐的标准网配筋直径为 5～16mm，分为 A～E 5 种类型。标准网型号的主筋（纵向筋）和横向筋的直径可以不同。A、D、E 型为主筋和横向筋间距相同的标准网型号；B、C 型为主筋和横向筋间距不相同的标准网型号。钢筋直径较小时，主筋和横向筋直径通常是相同的。《规程》JGJ 114—2003 没有规定标准网的外形尺寸。例如 A10 网表示主筋和横向筋直径均为 10mm，间距均为 200mm 的焊接网。（见《规程》JGJ 114—2003 [1] 附录 A 表 A.0.1）。国外的标准网通常用主筋每延米配筋截面积来表示焊接网的型号，例如 A393 表示焊接网的主筋和横向筋直径相同，间距均为 200mm（以 A 表示），每延米主筋钢筋截面积为 393mm^2 的焊接网。国外有的标准规定标准网的宽度为 2.4m，长度为 4.8m（英国）和 6m（新加坡）。

规定标准网的外形尺寸是有实用意义的。规定了标准网的外形尺寸，可便于焊接网设计者和使用者选择焊接网型号，生产厂也可预先生产和存放，以调节生产能力，提高生产效率。

3. 标准网的使用

焊接网布置时，应采用较简单的焊接网结构形式和尺寸、布置形式和安装方法，以便使用标准网。广泛使用标准网的措施可能会使焊接网用量增大一些，但可由生产成本和安装成本的降低得到补偿，使综合成本有所减少。在焊接网应用较发达的国家，标准网的使用率平均可达钢筋焊接网总用量的 70%左右（欧洲）[22]。

在工程设计时选用标准网是标准网推广应用的主要措施之一。桥面铺装较普遍采用焊接网配筋是一个较典型的例子。其他如地面地坪、公路路面、规则梁系楼板、防裂网等亦可设计成标准网配筋。目前焊网机的性能有了很大的提高，可焊接各种规格和外形尺寸的网片，焊接网的规格和尺寸可涵盖更大的配筋范围，标准网的应用范围正进一步扩大。有时扩大标准网的使用范围，会要求增加标准网的规格和型号，但标准网规格和型号过多，将使焊接网的布置、制作、安装等的效率降低，失去标准网应有的作用。因此需在实践中积累焊接网规格模数，制定更为合理的标准网系列。

焊接网的外形尺寸也是标准化的一个方面，布置设计时应有意识地使焊接网外形尺寸标准化，至少在一个工程中使用特定的焊接网尺寸，以积累外形尺寸模数，为焊接网外形尺寸标准化提供资料。

4. 准标准网

准标准网是配筋和外形尺寸接近于标准网而大批量使用于某具体工程的非标准焊接网。由于《规程》JGJ 114—2003 没有规定标准网的外形尺寸，而且目前焊网机的综合性能较好，便于调整钢筋的间距和长度，或可用不同长度的钢筋，因此实际工程中可使用大批量的接近标准网规格的焊接网，称之为准标准网。就焊接网布置设计而论，准标准网仍属非标准网（定制网）之列。准标准网是向标准网过渡的焊接网类型，但用量很大时其效率接近标准网。

目前，大面积工业厂房、大面积场馆、厂房地坪、桥面铺装、公路路面等工程已大量使用准标准网。这些工程焊接网的配筋各异，但很有规律，如果能使之规范化，并向标准网靠拢，将可明显地减少焊接网布置设计工作量，提高焊接网的制作和安装效率，提高焊接网的标准化水平。

2.1.2 非标准网

非标准网（亦称定制网）是根据特定工程的要求专门设计和生产的钢筋焊接网。非标准网的结构、形状和尺寸由构件焊接网布置设计确定。焊接网布置的影响因素很多，主要有构件的受力条件和配筋，焊接网配筋面积在构件中覆盖面积的尺寸和形状，焊接网的安装条件和方法等。非标准网能更好适应构件形状和受力要求，在实际工程中亦常使用。非标准网的型号较多，相应地焊接网的制作成本和安装成本也会相应增加。在实践中应综合考虑各种因素，以提高焊接网的效率。

钢筋焊接网可由工程设计单位设计，也可由设计单位提出配筋及相关资料和要求，生产厂进行焊接网布置设计。由于焊接网布置设计与焊接网生产设备有关，焊接网布置设计常采用后一种方式进行。焊接网布置设计要反映设计图纸的设计要求，同时好的布置设计必然也是节省材料的设计。

为了扩大标准网的使用范围，在有些工程中可采用特殊的布置形式或布置措施，以统一焊接网的结构和尺寸，使非标准网的结构和尺寸向标准网靠拢，设计成标准网或准标准网。这些方法应以不增加或少增加钢材用量、提高安装和生产效率为主要目的。

非标准网的布置设计是较繁琐且工作量较大的工作，一些焊接网的布置设计软件也因此而出现。但目前的焊接网布置软件尚需进一步完善，以适应更广泛构件的要求。

2.1.3 组合网

组合网是焊接网的一种形式，它由两片或多片常规焊接网按设计要求组合，发挥一片焊接网配筋作用的网片。双层组合网是将一片焊接网的纵向钢筋和横向钢筋分别用间距较大的架立钢筋（成网钢筋）焊接而成两片焊接网，安装时按配筋要求分别纵横向安装，叠合起来发挥原焊接网的作用。焊接网需局部加强或有其他要求时，组合网可由多层网组合而成。组合网在制作、布置设计、安装等方面与常规焊接网有所不同。

纵向网和横向网的长度（焊接网尺寸）由构件的要求确定，宽度（横向尺寸）受运输和制作条件限制。网片的宽度还应考虑简化安装方法和焊网机的容量的限制，一般采用1～1.5m。网片成形钢筋（架立筋）的间距较大，常用400～800mm。双层组合网布置和尺寸确定较为灵活性，为焊接网标准化措施之一。

大量使用的双层组合网纵向网和横向网的结构和尺寸不属标准网之列，应列为准标准网。有些国家，如新加坡，双层组合网的应用已很广泛，也很规范，当可属另类标准网之列。

2.1.4 格网和梯网

格网和梯网为新开发的钢筋焊接网类型。这两种焊接网类型均在始用者所在国申请有专利。生产委托方对该产品的制作工艺和产品质量检验标准和方法有很严格的要求。产品出厂前需经生产委托方委托的有资质的第三方派员进行产品质量检测。

1. 格网

格网即钢筋焊接格网。始用者称之为焊接钢筋格网（Welded Reinforcement Grid），为与我国焊接网名称统一，宜称为钢筋焊接格网，简称格网。格网在柱（暗柱）、梁、墙边缘构件、墙等构件中作为箍筋用，构成很强的构件侧限作用。格网结构与常规网基本相同，钢筋的伸出长度很短（常小于20mm），外形多样，每片焊接网钢筋间距不同，间距分布不规则。格网安装时组合构成笼状组合安装单元，在工地以安装单元为单位安装。

2. 梯网

梯网为长形网片，纵向钢筋为2根或多根，横向钢筋等间距布置，形如梯子，简称梯网。梯网常用于挡土墙加筋土体中，也用于墙砌体中砂浆的加固焊接网，还用于剪力墙水平筋、柱箍筋安装时的样架。用于加筋土体时，梯网一端或两端设有端环，用于与竖向挡土墙面板的连接及梯网间的连接。用于梯网间的连接，梯网长度固定（用标准长度），可使梯网的长度标准化。

2.1.5 其他类型焊接网

为了适应各种工程的需要，已经开发了多种新的焊接网类型。如焊接网再加工而成的焊接网类型有：箍筋笼、公路隔离墩网等。还有用专用焊网机生产制作的焊接网，如螺旋钢筋笼、钢筋骨架网、预制混凝土构件用特制网等。

1. 箍筋笼

箍筋笼是由常规焊接网再加工成箍筋形状的笼状焊接网，用作箍筋用。多支箍筋可由多个箍筋笼组合而成。

2. 螺旋钢筋笼、格构梁网

螺旋钢筋笼和格构梁网是用专用焊网机加工的钢筋焊接网制品。螺旋钢筋笼用于混凝土桩、混凝土电线杆、混凝土排水管、预应力混凝土管中；格构梁网用于格构梁和叠合板中。此类焊接网类型属定制网类型。它们的规格已经标准化，如螺旋箍筋钢筋笼，其纵向筋直径和间距、螺旋筋直径和间距等已标准化，构成标准螺旋钢筋笼。格构梁网亦然，亦构成标准格构梁网。

2.2 焊接网结构形式尺寸和标识方法

2.2.1 焊接网结构形式

1. 焊接网结构形式

钢筋焊接网的基本结构形式如图 2.2-1 所示[2]。随着钢筋焊接网技术使用范围日益扩大，实际工程对钢筋焊接网提出了许多新要求，焊网设备性能也在不断地改进和提高，钢筋焊接网的结构、形状和尺寸也日益丰富。焊接网钢筋直径、间距和长度限制的放宽，并筋、多面组合（折弯后）焊接网、箍筋笼、螺旋钢筋笼、骨架钢筋网、格网、梯网等焊接网产品相继出现，图 2.2-1 已难于表达上述钢筋焊接网制品的结构和尺寸了。但图 2.2-1 是基本的，可在此基础上修改或另加说明和另附图纸来表示焊接网的不同结构形式、成形和裁剪方法等。

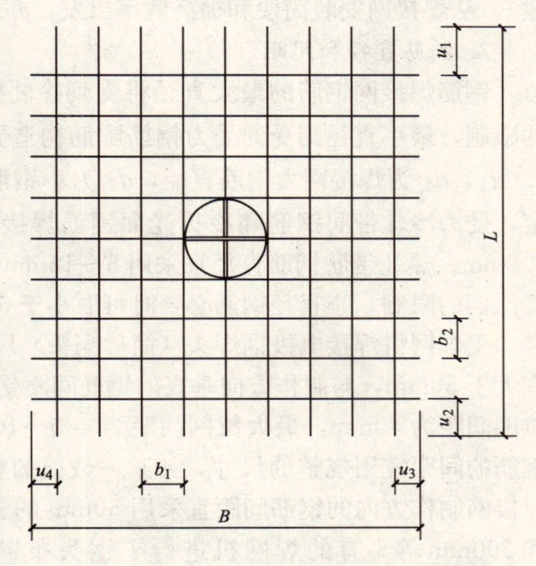

B，L——焊接网宽度和长度

u_1、……、u_4——钢筋伸出长度

b_1，b_2——钢筋间距

图 2.2-1 钢筋焊接网的结构和尺寸

2. 焊接网的纵向和横向

焊接网的纵向和横向有若干种定义方法。常用的定义方法为：沿焊接网制作方向为纵向，相应的钢筋为纵向钢筋；垂直于制作方向为横向，相应的钢筋为横向钢筋。也有沿用构件钢筋受力的概念将主受力钢筋定义为焊接网的纵向钢筋，使之与构件受力的纵向钢筋相对应；垂直于纵向钢筋的，定义为横向钢筋（有时是架立钢筋）。焊接网的长方向既为制作纵向也是受力纵向的情况较多，上述各种表示方式无原则区别。在焊接网布置时也常用焊接网的长方向（即纵向）和短方向（即横向）的概念，通常焊接网长方向为焊接网纵向，短方向为焊接网横向。在实践中为了制作方便或提高效率，有时用较细钢筋作为制作纵向钢筋；配有自动剪截装置的焊网机，剪截后焊接网纵向钢筋可能是焊接网的短方向，从而出现制作纵向、长方向、粗钢筋方向、受力钢筋方向不一致的现象。因此，为阐述方便，在以下的阐述中，将焊接网纵向钢筋定义为制作方向的钢筋，与其垂直的钢筋为横向钢筋。在可能出现歧义时，则另作说明。

2.2.2 焊接网尺寸

如图 2.2-1 所示，焊接网的尺寸包括焊接网的外形尺寸、钢筋直径和间距、钢筋伸出长度等。

1. 外形尺寸

焊接网外形尺寸，即焊接网的长度（L）和宽度（B），是根据设计图纸中的配筋要求和配筋所覆盖的面积进行焊接网的布置确定的，同时还应考虑焊接网制作和运输条件的限制。焊接网外形尺寸应采用有规律的尺寸，以利于焊接网的标准化。

考虑运输条件的限制时，焊接网的宽度宜为2.0～2.4m；目前国产焊网机的最大制作宽度可达3.3m，为采用更宽的焊接网提供了条件。焊接网的宽度常根据上述条件，结合实际要求确定。焊接网运输距离较远时，常用2.0～2.4m的宽度（视公路或铁路运输而定）。焊接网的最大长度不宜超过12m（铁路运输或公路拖车运输）和6m（公路卡车运输）。从焊接网安装简便和提高效率出发，亦以不大于6m的长度为宜。

2. 钢筋直径和间距

钢筋焊接网钢筋的最大直径将受到冷轧机（CRB550、CPB550钢筋）和焊网机性能的限制，最小直径则受到受力钢筋配筋构造要求和同一网中大直径与小直径比例（$d_2\geqslant 0.6d_1$，d_1为焊接网大钢筋直径，d_2为小钢筋直径）的限制。《规程》JGJ 114—2003规定，受力冷轧带肋钢筋和冷拔光面钢筋焊接网的钢筋直径采用5～12mm，最小级差为0.5mm。热轧带肋钢筋直径宜采用6～16mm。焊接网的架立（成形）钢筋受钢筋大小直径比例的限制，小直径钢筋必要时可取小于5mm直径的钢筋。

受焊网机焊接电极铜焊头（简称铜头）尺寸和布置的限制，焊接网制作方向钢筋间距宜大于50mm，与制作方向垂直的钢筋间距受焊网机拉网机构的限制，有的焊网机的最小拉网间距为40mm，最大拉网间距为400～1000mm。从焊接网标准化出发，钢筋焊接网钢筋的间距宜用规整的尺寸，如某一数值的整数倍。《规程》JGJ 114—2003规定，钢筋焊接网制作方向的钢筋间距宜采用50mm的整数倍。我国常用的间距为100mm、150mm和200mm等。有的焊网机进行了铜头布置和焊接电路的调整，亦可采用125mm和175mm的间距。横向钢筋间距，宜取为10mm的整倍数。

早期的焊网机的电极铜头可自由地在电极铜头滑轨上移动，即焊接网制作方向钢筋的间距只受到铜头尺寸的限制，可以不小于50mm的任何间距自由地布置。此种焊网机对原设计为普通绑扎钢筋配筋的工程换算成CRB550或HRB400配筋时极为有利。因为配筋换算时钢筋间距可较自由地选择，换算结果更接近原配筋的等强度要求，从而减少因钢筋直径和间距修整而增加的钢材用量。但焊网机铜头位置调整费时费工，且焊接网类型多，安装费时，效率低，仅在目前仍在使用此类焊接设备厂家，且焊接网综合效率较好的情况下采用。

3. 伸出长度

焊接网钢筋伸出长度（u）为钢筋伸出焊接网另一方向最外侧钢筋的长度。焊接网钢筋伸出长度受最小伸出长度$u_{\min}=25$mm的限制（制作限制）外，主要由构件的构造要求和焊接网的搭接要求确定。焊接网钢筋伸出长度通常取该方向钢筋间距的一半，焊接网搭接布置有要求时可减短或加长伸出长度。采用平搭时应按搭接要求确定，焊接网钢筋两端的伸出长度不同。有时焊接网布置构造要求钢筋端头不能伸出另一方向钢筋外缘时，可将钢筋沿另一方向钢筋外缘裁剪，钢筋伸出长度不受$u_{\min}\geqslant 25$mm的限制。光面钢筋焊接网的钢筋伸出长度不计入锚固和搭接长度，伸出长度不宜过长。

2.2.3　焊接网的编号

钢筋焊接网需编号，以便于焊接网的布置、制作和安装。焊接网的编号应能识别焊接网的型号、片数、安装方法、部位和位置。有多种焊接网编号方法，常用的编号方法是将上述标识内容简化，仅保留焊接网的片数、类型和安装方法等内容，并以英语字母和数字表示，以便于标识和记忆。常用的焊接网的编号方法如下。

1. 使用部位

焊接网使用范围较广，构件类型较多，使用部位难于完全概括。常用部位标识如下：标识时常以使用部位英语名称的第一个字母表示：B——表示楼板的底网，T——表示楼板的面网，W——表示剪力墙，C——表示箍筋笼，L——表示连接网。有时 L 也可用 B（用于底网的连接网）或 T（用于面网的连接网）表示，与底网和面网统一编号。其他部位焊接网可参照上述符号使用。例如公路面层和地坪的单层焊接网可用 T，双层焊接网用 T（顶面焊接网）和 B（底面焊接网）；W 用于挡土墙立壁、沟渠侧墙、涵洞侧墙等；T、B 用于挡土墙底板（前趾板和后踵板）的面网和底网；双层组合网可用 BV 和 BH 表示底网的纵向网和横向网，TV 和 TH 表示面网的纵向网和横向网等。

2. 编号和数量

焊接网是以楼层或部分楼层为布置单元进行布置的，因此焊接网的编号也以布置单元（或安装单元）编号。非标准网型号数较多，常用 01～99 编号（单位数前宜加“0”，三位数编号亦然）。编号数字置于使用部位符号之后。在布置图中焊接网某一安装范围内（如板区格等）焊接网使用片数标于布置图中使用部位符号之前（布置区内的同型号焊接网总数量于材料表中示出）。焊接网安装方向标于焊接网编号之后。焊接网的标识符号如图 2.2-2 所示。

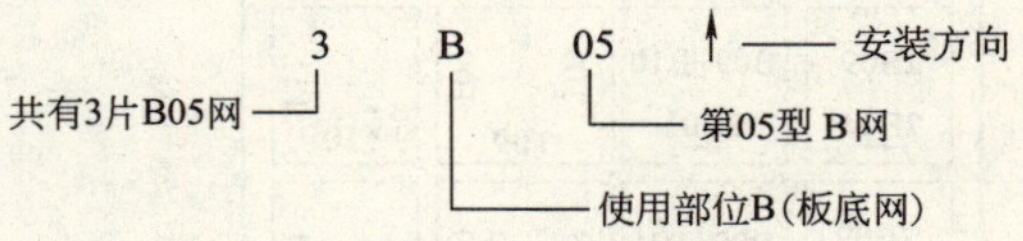

图 2.2-2　钢筋焊接网标识符号

2.2.4　焊接网布置的表示方法

钢筋焊接网的布置图中，应将焊接网的安装位置、焊接网间相互关系、锚固、搭接方式和长度、安装次序和方向表示出来。焊接网布置图不大，这些内容有时很难在图面上完全绘出。因此，有些内容需用约定的方法、符号或文字表示。焊接网布置图的文字说明包括：设计依据的说明，有关搭接和锚固的长度、方式、安装方法、安装顺序的说明，特殊符号的说明，以及其他需要说明的问题。焊接网的配筋和尺寸在材料表中反映。楼板焊接网布置的表示方法如图 2.2-3 所示。

在焊接网布置图中可将焊接网全部绘出和标识出，亦可绘制出一部分，其他部分用网片编号标出，或全部用焊接网编号标出等省略表示方法，如图 2.2-4（面网省略表示法仅用于骑梁面网）。施工单位初次使用焊接网时，焊接网应全部绘出和标识出，施工操作人员熟练后再逐步改用省略方法表示布置图。

剪力墙等竖向构件的焊接网是以层高为安装单元布置的，剪力墙高度方向无变化时，可在构件剖面图内表示焊接网的布置（图 2.2-5*b*），亦可在剖面图外表示（图 2.2-5*a*）。

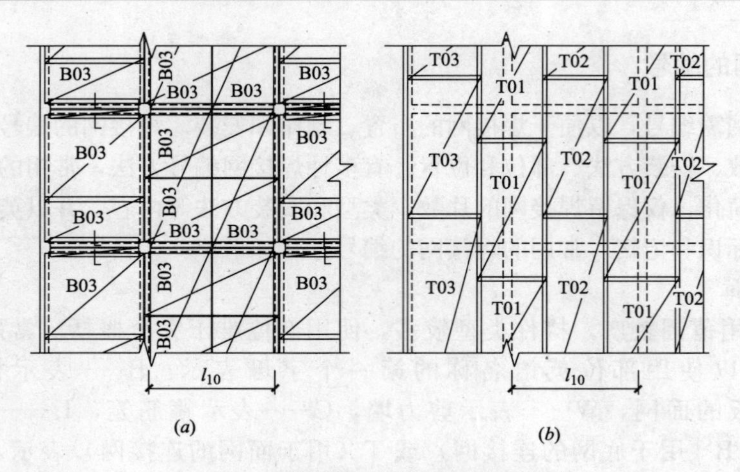

图 2.2-3　楼板焊接网布置的表示方法

(a) 底网；(b) 面网

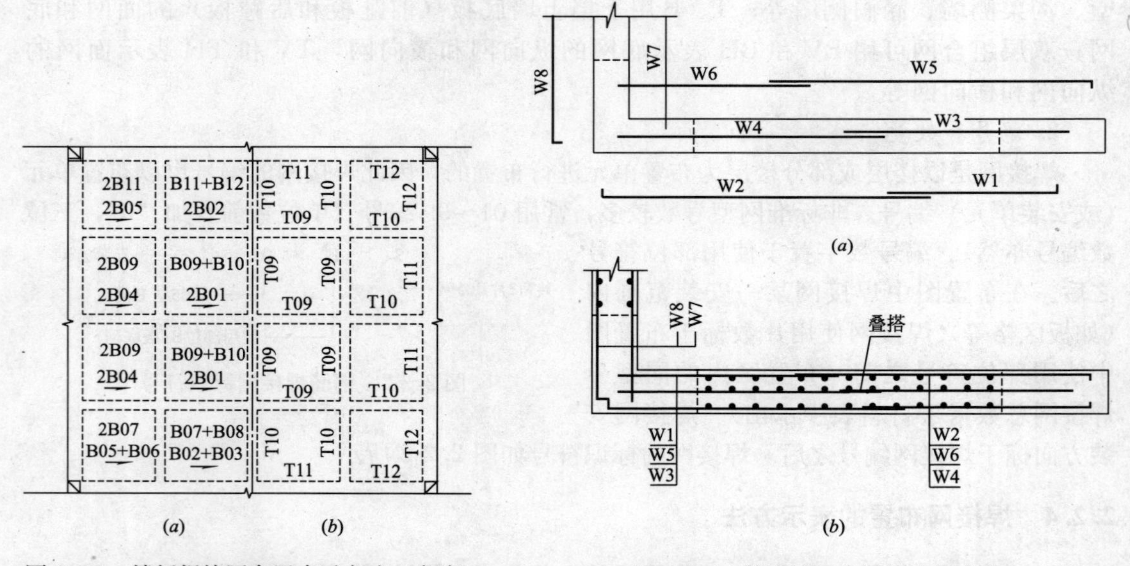

图 2.2-4　楼板焊接网布置表示方法（省略）

(a) 底网；(b) 面网（用于骑梁）

图 2.2-5　剪力墙网布置的表示方法

(a) 构件外表示方法；(b) 构件内表示方法

剪力墙网在高度方向有变化时，如剪力墙一层分次施工时，则需增加竖向剖面，竖向剖面中补足应标识部分。其他焊接网（当土墙等）布置的表示方法，可类推。

2.3　钢筋焊接网的性能和质量

2.3.1　钢筋焊接网的性能

1. 焊接网钢筋的强度

焊接网的钢筋采用较 HPB235 热轧低碳钢强度级别更高的 HRB400、CRB550、

CPB550 等牌号钢筋。它们的强度较高，延性较好。CRB550、HRB400 为带肋钢筋，具有较高的握裹力。焊接网钢筋与 HPB235 钢筋强度设计值之比为 360/210＝1.714，强度价格比远高于 HPB235 钢筋，可明显地降低钢筋工程的材料用量和提高钢筋工程的效益。

2. 焊接网焊点抗剪性能

焊接网焊点具有一定的抗剪能力，使焊接网具有比普通绑扎更为优异的握裹性能。焊点抗剪力可以钢筋握裹力的形式体现，使冷拔光面钢筋焊接网中显示出握裹力性能，使其强度与握裹能力相匹配，从而使冷拔光面钢筋焊接网的构造要求得以简化。

3. 抗裂性能

钢筋混凝土中混凝土应力超过其抗拉强度时，混凝土内就会出现裂缝。混凝土握裹力有效时，裂缝将以细而密的形式分布于混凝土中；握裹力失效或部分失效时，裂缝将汇集而使某些裂缝扩展，可能达到影响建筑物使用的程度。焊接网焊点可提供足够的抗剪力，限制混凝土微细裂缝在各焊点间汇集，而使混凝土裂缝宽度扩展，从而改善混凝土中裂缝的分布和扩展趋势。焊接网钢筋强度较高，可采用较小的直径和较密的间距，构件单位面积上钢筋根数和焊点数增多，更有利于增强混凝土的抗裂性能和限制裂缝扩展宽度。构件抗裂性能的提高和裂缝较均匀分布，其刚度也相应地有所提高。

4. 焊接网的整体性能

钢筋焊接网各焊点将钢筋连成网状整体，使钢筋焊接网混凝土受荷时荷载效应沿纵向和横向扩散，提高其刚度。同时，整片焊接网本身具有一定的刚度和弹性，易于安装、定位，安装后不易受后续工序（如在已安装完的焊接网上安装预埋件、浇筑混凝土等）的影响而松动、移位、变形和折弯，钢筋焊接网的安装质量明显提高。

钢筋焊接网整片安装，免去了普通绑扎钢筋现场绑扎的繁杂体力劳动，安装效率大为提高。

2.3.2 钢筋焊接网的质量

钢筋焊接网混凝土的质量包括焊接网的制作质量和焊接网的安装质量。焊接网的制作质量是钢筋焊接网混凝土质量的基础，焊接网的安装质量是实现钢筋焊接网混凝土质量的具体体现。

1. 焊接网的制作质量

热轧带肋钢筋（HRB400），以及冷轧带肋钢筋（CRB550）和冷拔光面钢筋（CPB550）的母材在进厂时已进行严格的检验。HRB400 钢筋的强度和伸长率的富余度较大，调直后仍保留足够的富余度。CRB550 钢筋和 CPB550 钢筋冷加工过程中的轧制和调直工序进行了严格的控制，质量达到较高的水平。

钢筋焊接网是用专用焊网设备自动生产的产品。从原材料选择，直至制作过程中的各道工序都可进行严格的控制。焊点的抗剪力、焊接网的钢筋间距和外形尺寸等都达到了很高的精度水平。钢筋焊接网可达到很高的质量要求。

2. 焊接网的安装质量

钢筋焊接网在构件内的布置是根据构件设计的配筋要求和有关标准进行的。构件对焊接网搭接、锚固及其他构造要求都得到了满足，焊接网在混凝土中可充分地发挥设计要求的效果。

钢筋焊接网的安装就是将焊接网放置在焊接网布置图中的设计位置上，并满足焊接网的锚固和搭接的构造要求，即可达到安装质量要求。由于钢筋焊接网网面平整，具有一定的弹性和整体刚度，易于准确地安装到设计位置上，在安装过程中不易发生折弯等变形现象，安装后也不易在后续工序施工过程中产生变形、松动、移位等问题，避免了普通绑扎钢筋安装过程中常出现的漏绑，绑扎点处松动和滑动，钢筋长度、间距、根数不准，钢筋的混凝土保护层不易保证，在板负弯矩位置上易于被踩弯、移位和浇筑混凝土时不易复位等影响安装质量的现象。焊接网的安装质量可达到很高的水平。

焊接网安装完毕后的施工现场如图 2.3-1。图 2.3-2 为钢筋焊接网技术推广应用研讨会期间代表们在焊接网安装完毕的施工现场参观指导。图 2.3-3 为普通绑扎钢筋安装后情况，普通绑扎钢筋变形后难于恢复。

图 2.3-1　屋面焊接网

（注：双层双向屋面板焊接网安装完毕）

图 2.3-2　焊接网安装效果

（注：钢筋焊接网技术应用推广研讨会期间代表们在已安装好焊接网上参观焊接网安装质量）

图 2.3-3 绑扎钢筋安装效果
（注：常规绑扎钢筋安装，钢筋易弯折变形）

2.4 焊接网的材料

2.4.1 材料应用概况

钢筋焊接网发展初期是直接用低碳钢热轧光面钢筋焊接成网的。低碳钢钢筋的冷加工产品——冷拔光面钢筋出现后马上应用于钢筋焊接网中，钢筋焊接网焊点的抗剪力，补偿了光面钢筋握裹力的不足，使冷拔光面钢筋在强度方面的优势得以充分发挥。在此期间冷拔光面钢筋成为钢筋焊接网的主要材料。20 世纪 60 年代末，冷轧带肋钢筋和相应强度的热轧带肋钢筋相继问世，并应用于焊接网中。由于带肋钢筋在握裹力等方面的优势，在钢筋焊接网的应用中逐步取代冷拔光面钢筋，并相继（尤其在欧洲各国）成为钢筋焊接网的主要材料得以广泛应用。

20 世纪 80 年代，我国引进钢筋焊接网焊网设备后，开始推广应用钢筋焊接网。当时我国已有多年的生产冷拔光面钢筋的经验，加之早期的钢筋焊接网多应用于国外设计的工程中。这些工程钢筋焊接网使用的标准多为冷拔光面钢筋标准（如英国标准 BS4483：1985）设计的，广东省的《焊接网混凝土结构技术规程》DBJ/T 15—16—95 也是以冷拔光面钢筋（CPB550）为焊接网材料，因此在钢筋焊接网使用初期我国是以冷拔光面钢筋作为焊接网主要材料的。

冷轧带肋钢筋技术几乎与钢筋焊接网技术同时（冷轧带肋钢筋技术略早一些）引进我国，并已逐步为人们所接受。根据当时钢筋焊接网材料使用情况，国家行业标准《钢筋焊接网混凝土结构技术规程》JGJ/T 114—97（简称《规程》JGJ/T 114—97）规定冷轧带肋钢筋（CRB550）和冷拔光面钢筋（CPB550）同时作为钢筋焊接网的主要材料。通过多年的实践，冷轧带肋钢筋的优越性逐步为人们所认可，并逐步成为我国钢筋焊接网的主要材料之一。

HRB400 热轧带肋钢筋小直径盘条投入市场后，由于其优越的实用性能，引起人们的巨大兴趣[31]。修订后的《钢筋混凝土用钢筋焊接网》GB/T 1499.3—2002 及《规程》JGJ 114—2003 已将 HRB400 列入钢筋焊接网的材料。在热轧带肋钢筋焊接网成网焊接技术方面，人们进行了大量的试验研究工作。随着热轧带肋钢筋焊接网成网焊接工艺及其他工艺的完善，HRB400 热轧钢筋正成为钢筋焊接网的主要材料之一，应用于钢筋焊接网中。

HRB400，CRB550，CPB550 等牌号的钢筋性能要求如表 2.4-1。钢筋焊接网采用了比低碳钢盘条强度等级更高的钢筋材料，适应了钢筋材料的发展趋势，必将成为取代低强度钢筋（如 HRB235 钢筋等）的钢筋品种。

主要钢筋焊接网材料性能 表 2.4-1

钢筋牌号	$\sigma_s(\sigma_{p0.2})$ (N/mm^2)	σ_b (N/mm^2)	δ_5 (%)	δ_{10} (%)	冷弯 180°	标准编号
HRB400	400	570	14		$D=4d$ 无裂纹	GB 1499—1998[4]
CRB550	440	550		8	$D=3d$ 无裂纹	GB 13788—2000[5]
CPB550	440	550		8	$D=3d$ 无裂纹	JGJ 114—2003[1]

注：1. σ_s（或 $\sigma_{p0.2}$）为钢筋的屈服应力或非比例延伸应力；
2. 伸长率 δ_{10} 的测量标距为 $10d$；
3. HRB400 钢筋的伸长率 δ_5 的测量标距为 $5d$；
4. D 为弯心直径，d 为钢筋公称直径。

除表 2.4-1 的力学和工艺性能外，钢筋焊接网材料还需要具有良好的焊接性能。以低碳钢盘条为母材的 CRB550 和 CPR550 钢筋具有良好的焊接性能。HRB400 钢筋具有与 HRB335 热轧带肋钢筋基本相同的焊接性能。由于钢筋焊接网焊接制作的特殊性，不同的钢筋材料应采用不同的焊接工艺，以达到良好的焊接效果。

2.4.2 HRB400 热轧钢筋

20 世纪 80 年代以来我国开发了屈服强度 $\sigma_s \geq 400$N/mm^2 级的热轧带肋钢筋[31][32]，如 RRB400 余热处理热轧带肋钢筋、HRB400 热轧带肋钢筋等。

RRB400 钢筋是在 HRB335 钢筋的生产工艺的基础上，采用余热处理工艺，在轧制后穿水冷却时，利用钢筋芯部的余热使钢筋表层的淬火硬壳回火，恢复部分延性，使其性能达到 RRB400 钢筋性能的要求。这种品种的钢筋，其强度的提高是由钢筋表层硬化取得的，性能不稳定，且焊接时会出现回火现象而使强度下降，不宜用作焊接网的材料。

HRB400 是采用微合金化工艺生产的钢筋品种。它是在原含锰（Mn）、硅（Si）的低合金钢中加入微量钛（Ti）、铌（Nb）、钒（V）等元素，以改善其性能。微合金元素 V 较易固溶于钢中，又较易从钢中析出，特别是在存在适量的氮（N）时，V 与 N 结合易形成 VN 析出，颗粒小，析出率高，强化效果好；在轧制过程中还可起到细化晶粒的作用，进一步提高强度，而其延性基本保持不变。

HRB400 热轧带肋钢筋具有以下特点：

1. 良好的力学性能

HRB400 热轧带肋钢筋的性能要求[4]为：屈服强度 $\sigma_s \geq 400$N/mm^2，抗拉强度 $\sigma_b \geq$

570N/mm²，伸长率 $\delta_5 \geqslant 14\%$，相应的抗拉强度设计值 $f_y = 360N/mm^2$。据对首钢、承钢、唐钢、宝钢生产的 HRB400 钢筋产品进行的调查统计[31]，HRB400 钢筋实际的 σ_s、σ_b 和 δ_5 均值分别为 465N/mm²、638N/mm² 和 24%，相应的离散系数分别为 0.0229、0.0229 和 0.064，强度和伸长率有足够的富余度，且比较稳定。

2. 延性好

HRB400 钢筋具有良好的延性。首钢生产的 HRB400 钢筋的统计资料[31]：伸长率 $\delta_5 = 24\%$、均匀伸长率 $A_{gt} = 14\%$，强屈比为 1.37＞1.25，屈服强度实测值与强度标准值的比值为 1.16＜1.30。这些数据表明，HRB400 钢筋具有比冷加工钢筋更好的延性和抗震性能。

3. 焊接性能好

HRB400 钢筋中的钒加速了珠光体的形成，从而增加了焊接热影响区的韧性，提高了焊接质量。HRB400 钢筋焊接性能与 HRB335 钢筋基本相同。

4. 调直工艺对钢筋性能的影响

与 CRB550 钢筋一样，HRB400 钢筋调直后会影响其性能。一般的规律为钢筋的强度下降，伸长率增加。调直时，HRB400 钢筋的抗拉强度下降最大可达 50N/mm²。在调整调直工艺时应注意钢筋强度下降的影响。HRB400 钢筋不需通过调整工序进行伸长率的调整，抗拉强度下降的控制是易于做到的。调直时 HRB400 钢筋的直度是调直工艺过程的主要控制因素。类似于应力消除的装置亦可用于 HRB400 钢筋的调直，效果较好。

2.4.3 CRB550 冷轧带肋钢筋

1. 冷轧带肋钢筋应用情况

冷轧带肋钢筋[5]是以低碳钢热轧盘条 HPB235，以及 24MnTi、20MnSi 盘条作为母材，经冷加工后使其性能达到更高一级指标，表面有肋的钢筋。这种钢筋强度高，延性好，握裹力强。与低碳钢热轧盘条相比，可显著地减少钢筋用量，达到降低建筑物成本和提高钢筋工程质量的目的。

采用不同的热轧盘条作母材和不同的轧制工艺，可生产出各种冷轧带肋钢筋品种。我国冷轧带肋钢筋，按抗拉强度值可分成若干级别，各级别钢筋的性能如表 2.4-2[5]。

CRB 钢筋力学性能和工艺性能 表 2.4-2

牌 号	σ_b(N/mm²) 不小于	伸长率(%)		弯曲试验 180°	反复弯曲次数	松弛率(初始应力 $\sigma_{con}=0.7\sigma_b$)	
		δ_{10}	δ_{100}			1000h(%)	10h(%)
CRB550	550	≥8.0	—	$D=3d$	—	—	—
CRB650	650	—	≥4.0	不出现裂纹	3	≤8	≤5
CRB800	800	—	≥4.0	不出现裂纹	3	≤8	≤5
CRB970	970	—	≥4.0	不出现裂纹	3	≤8	≤5
CRB1700	1170	—	≥4.0	不出现裂纹	3	≤8	≤5

注：1. D 为弯心直径，d 为钢筋公称直径；
2. 反复弯曲试验时，钢筋公称直径为 4mm、5mm、6mm 时，弯曲半径分别为 10mm、15mm、15mm；
3. 当进行弯曲试验时，受弯曲部位表面不得产生裂纹。

以 HPB235 为母材，主要用于生产 CRB550 和 CRB650 冷轧带肋钢筋。CRB550 冷轧带肋钢筋的强度等级相当于 HRB400 级热轧带肋钢筋，且具有良好的延性和焊接性能，是生产钢筋焊接网较好的材料。其他级别的冷轧带肋钢筋常用于预应力等有特殊要求的构件。

2. CRB550 钢筋的性能特点

(1) 强度高、延性好

CRB550 冷轧带肋钢筋的力学及工艺性能要求为：抗拉强度 $\sigma_b \geqslant 550\text{N/mm}^2$，伸长率 $\delta_{10} \geqslant 8\%$，相应的抗拉强度设计值 $f_y = 360\text{N/mm}^2$。非比例延伸应力 $\sigma_{p0.2} \geqslant 0.8\sigma_b = 440\text{N/mm}^2$。根据我们生产的 CRB550 钢筋的统计资料[36]，CRB550 钢筋的 σ_b 和 δ_{10} 均值分别达到 605N/mm^2 和 10.4%，相应的离散系数分别为 0.0446 和 0.1058。CRB550 钢筋 $\delta_{10} = 8\%$ 相当于 $\delta_5 = 13\%$。CRB550 钢筋的这些指标均接近于 HRB400 钢筋。

(2) 握裹力强

实践和试验资料表明，CRB550 钢筋具有较 HPB235、CPB550、HRB400 等钢筋更强的握裹力。

(3) 焊接性能好

CRB550 钢筋是以 HPB235 为原材料，具有与 HPB235 相同的焊接性能，且已有较多的实践经验，焊接性能较好。CRB550 钢筋加工时去除氧化层程度较彻底，只要焊接参数和工艺选择得当，电阻熔焊的焊接效果能完全满足要求。

(4) 加工性能

CRB550 钢筋在冷弯等方面具有较好的性能。在调直、应力消除、焊接网焊接成形、焊接网加工成形等加工工序中也显示出其良好的加工性能。

2.4.4 CPB550 冷轧（拔）光面钢筋

CPB550 冷拔（轧）光面钢筋是由低碳钢热轧盘条（HPB235）经冷拔或冷轧成圆形截面的钢筋，其性能达到 550 级抗拉强度钢筋性能时即为 CPB550 级冷拔光面钢筋。早期 CPB550 钢筋是冷拔加工的，后来发展成冷轧加工。冷轧光面钢筋的轧制工艺与冷轧带肋钢筋相同，只是其成型轧辊环的轧制面是弧面的。冷轧带肋钢筋出现后，冷轧带肋钢筋强度等级仍沿用冷拔光面钢筋 CPB550 级别的指标。实质上，CRB550 冷轧带肋钢筋和 CPB550 冷拔光面钢筋是母材相同、性能要求相同，但成品钢筋外表面形状不同的两种低碳钢热轧盘条的冷加工产品。正由于它们外形上的一些差别，它们的性能也有一些差异。这些差异并不影响它们用作钢筋焊接网的材料。因此，前述的冷轧带肋钢筋的性能，除握裹力外，基本上适用于冷拔光面钢筋。下面仅对冷拔光面钢筋的特点作一些说明。

1. 加工

冷加工光面钢筋可用冷轧或冷拔工艺生产。冷拔光面钢筋是低碳钢热轧盘条通过拔模孔冷拔而成，在钢筋横截面上的变形是不均匀的，使钢筋表面残留较大的残余应力，从而对钢筋的性能产生影响。直径为 10mm 以内的冷拔光面钢筋具有良好的力学和工艺性能，与冷轧光面钢筋相比，无明显的性能上的差别。我国常用直径较小的冷拔钢筋，称为冷拔钢丝，常用于楼板的预制构件，构件表面的防裂网，顶层屋盖的刚性面层等。采用轧辊环轧制的光面钢筋其横截面内部组织结构的均匀性有所提高，力学性能也相应地有所改善，较大直径钢筋性能的改善更为显著。

冷拔（轧）光面钢筋可采用冷轧带肋钢筋的轧制设备加工，只需将轧制设备轧辊组的带肋槽轧辊环换成弧面轧辊环，或将轧制机组换成拔模即可。轧拔工序中的工序调试较冷轧带肋钢筋简便。

2. 性能

(1) 强度和伸长率

在实践中，CRB550 钢筋和 CPB550 钢筋的性能显示出了某些差别。在相同的母材和相同加工工艺条件下，CPB550 钢筋的强度和伸长率等性能优于 CRB550 钢筋。主要原因是 CRB550 钢筋表面有肋，外表面体形复杂，肋根处体形突变，残余应力集中，进行拉力测试时在体形突变和应力集中处易于断裂而使测得的抗拉强度和伸长率的数值略低。CPB550 钢筋的强度和伸长率较高，即其强度和伸长率的富余度更大，适应性更强，易于进行性能调整。这是冷轧光面钢筋仍在使用的原因之一。

(2) 握裹力

CPB550 钢筋握裹力小，端部须弯钩、镦头、焊小横筋或焊接成网后借助于上述锚固措施发挥锚固作用，增加其握裹性能。CPB550 钢筋焊接网焊点抗剪力起到了冷轧光面钢筋在混凝土内的等效握裹性能的作用，这是冷拔光面钢筋焊接网在国外早期使用中能较快发展的原因之一。但 CPB550 钢筋焊接网的应用仍具有局限性。CPB550 钢筋不允许采用没有专门的锚固措施的锚固和搭接，网片的搭接和锚固的要求较 CRB550 钢筋更为严格。在板（墙）面形状复杂而需用散筋人工绑扎补足时，或采用平搭搭接时，钢筋端部（或焊接网伸出钢筋端部）需采用措施繁杂的特殊锚固措施，大大地限制了 CPB550 钢筋焊接网的使用。这也是 CRB550 钢筋取代 CPB550 钢筋的原因之一。

(3) 焊点抗剪力

CPB550 钢筋焊接网的钢筋表面为圆弧形，纵向和横向钢筋在各焊接点的接触条件基本相同，焊接效果较好，焊点抗剪力值较大，略高于 CRB550 钢筋。

2.5 钢筋焊接网安装工效

使用钢筋焊接网可提高钢筋工程的现场安装效率是显而易见的。国内外大量工程实践表明，采用焊接网可大量降低现场钢筋安装工时。根据欧洲几个国家统计[22]，焊接网现场安装与手工绑扎钢筋消耗工时的比较如图 2.5-1 所示。在钢筋用量相同（如 10kg/m²）的前提下，1000kg 焊接网的安装工时仅为手工绑扎网工时的 20%～30%。根据国内一批房屋工程和桥面铺装施工的统计，钢筋焊接网现场安装时间约为普通绑扎钢筋的 25%～30%（不包括绑扎钢筋的制作时间）。

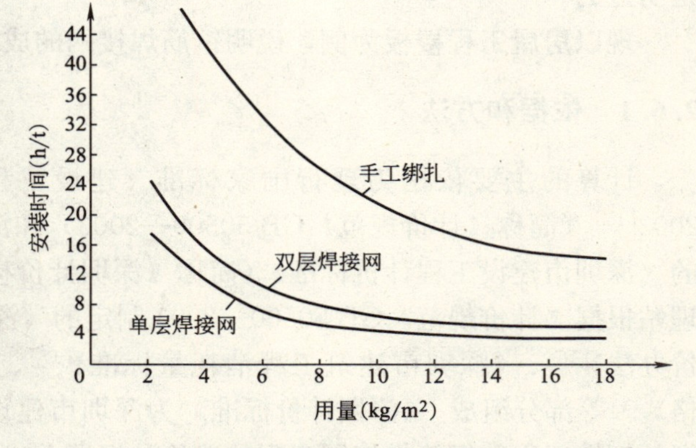

图 2.5-1 钢筋焊接网与绑扎箍筋网安装工时比较

深圳南光名仕苑工程为高层住宅楼，共24层，标准层每层建筑面积680m^2，原设计为普通绑扎钢筋，改为钢筋焊接网后（其他施工措施未变）施工速度由5天/层提高到4天/层。深圳市市民中心中段按底层板面（面积为17000m^2）绑扎钢筋的安装工时推算，采用钢筋焊接网后每层可减少施工时间1.5～2天[24]。

在工程施工工期要求较紧时，采用钢筋焊接网后可更合理安排施工流程进度，达到缩短工期的目的。深圳市新世纪广场[42]塔楼每层平均建筑面积为1475m^2，施工速度较快，平均为4.5天/层。在施工最后十几层时，建设方提出两塔楼提前封顶的要求。施工单位在混凝土、钢筋、模板等的施工环节中采用了提高施工速度的各项措施，工程的平均施工速度达到了3天/层，最快时达2.5天/层，安装速度明显加快，达到了预期的目的。焊接网的安装采用了底网和面网流水作业的安装方法（绑扎钢筋是难于办到的），即底网和面网安装安排一定的时差，底网先安装，隐蔽工程跟随进场并完成后（其他底网未安装完毕）马上开始安装面网，面网和底网同时安装。

2.6　钢筋焊接网制作和安装造价

在钢筋焊接网推广应用过程中，需要进行钢筋焊接网制作和安装造价的计算，以便与普通绑扎钢筋进行比较。建设单位和施工单位都进行了一些比较工作。推广初期，由于缺乏有关焊接网制作和安装造价计算的基础资料，作者与几个施工单位共同进行了焊接网安装用工和用料的测算，并对6个工程进行了钢材用量的对比计算[37][27]。计算结果表明，焊接网在造价上明显优于普通绑扎钢筋。2001年11月开始，深圳市建设局建设工程造价管理站在进行了大量基础工作的基础上颁布了钢筋焊接网的价格信息和综合单价计算方法和相应基础资料，2002年1月开始实施。2002年1月以后焊接网制安造价计算是在上述资料基础上进行的。2005年9月又根据钢材涨价后资料（含人工工日单价的调整）进行了同样内容的计算，以资比较。

在计算中作者进行了一些简化。作者的比较工作实质上只反映了高强度钢筋焊接网替换普通绑扎钢筋而减少钢筋用量和安装工时的减少所产生的制安造价变化的比较，没有涉及其他相关方面的内容。这种分析方法有其不足之处，但仍可反映钢筋焊接网和绑扎钢筋造价分析的主要方面。这些省略计算的结果是偏于保守的，钢筋焊接网在造价方面的优势是明显的。

现以房屋工程楼板为例，说明钢筋焊接网的成本分析过程。

2.6.1　依据和方法

计算的主要依据为现行国家标准《建设工程工程量清单计价规范》GB 50500—2003[15]（简称《计价规范》GB 50500—2003）和深圳市建设局建设工程造价管理站制定的《深圳市建设工程计价标准》（简称《深圳计价标准》）。深圳市建设局建设工程造价管理站根据《计价规范》GB 50500—2003制定的《深圳计价标准》，由《深圳市建设工程计价办法》[16]、《深圳市建筑工程消耗量标准》[17]、《深圳市建筑工程费率标准和综合价格》[18]等部分组成。《深圳计价标准》为深圳市建设工程计价的指导性文件和基础。普通绑扎钢筋工程和钢筋焊接网工程的造价是根据上述文件的计价办法计算的。

根据《深圳计价标准》，钢筋工程专业工程的造价按以下程序计算：计算出钢筋的综合价格和工程量，计算工程费（工程费为综合价格和工程量的乘积），工程费乘以相应的规费率和税率，再加上各种费用分摊，最后求得钢筋工程的专业工程造价。规费、税及各种费用分摊是以工程费的某一百分比计算的，不计规费、税和各种费用分摊，对两种钢筋造价的影响较小。为简化计算，仅以综合价格与工程量的乘积作为钢筋工程的造价进行比较，不计规费、税及各种费用分摊的影响。

2.6.2 综合价格

根据《深圳计价标准》，综合单价：

G=人工费A+材料费B+机械费C+管理费E+利润F。

其中：

A=人工工日耗量×人工工日单价；

B=材料耗量×材料单价；

C=机械台班耗量×机械台班单价；

$E=(A+0.1C)\times$管理费率；

$F=(A+B+C+E)\times$利润率f。

各耗量、单价、管理费率、利润率等按《深圳计价标准》取值。

为了进行比较，管理费率和利润率取了低限、高限及推荐值3个值，即7%、17%及12%和2%、7%及5%。第1次计算用的材料价格按深圳市建设工程价格信息（2001年11月）的数值，即普通钢筋单价为2940元/t，钢筋焊接网为4300元/t。近来，材料价格涨幅较大，为计算材料价格上涨的影响，又进行了2005年9期价格信息材料价格为基础的计算。另外，人工工日单价也做了调整，由40元/工日调整为44元/工日。综合价格计算结果见表2.6-1。

综合单价计算　　表2.6-1

次序	子目编号	子目名称		单位	综合单价（元）	其中				
						人工费	材料费	机械费	管理费	利润
1	1004-178	现浇构件钢筋ϕ10以内制作、安装	低限	t	3615.17	408.80	3054.98	51.52	28.98	70.89
			高限	t	3836.67	408.80	3054.98	51.52	70.37	251.5
			推荐	t	3743.22	408.80	3054.98	51.52	49.67	178.25
	1004-188	现浇构件钢筋焊接网安装	低限	t	4629.82	176.40	4350.50	—	12.35	90.57
			高限	t	4875.87	176.40	4350.50	—	29.99	318.98
			推荐	t	4775.47	176.40	4350.50	—	21.17	227.40
2	1004-178	现浇构件钢筋ϕ10以内制作、安装	低限	t	4190.38	449.68	3575.18	51.52	31.84	82.16
			高限	t	4444.46	449.68	3575.18	51.52	77.32	290.76
			推荐	t	4337.51	449.68	3575.18	51.52	54.58	206.55
	1004-188	现浇构件钢筋焊接网安装	低限	t	5133.48	194.04	4825.20	—	13.58	100.66
			高限	t	5405.89	194.04	4825.20	—	32.99	353.66
			推荐	t	5294.65	194.04	4825.20	—	23.28	252.13

注：次序1为按2001年11期价格信息的材料价格的计算，次序2为按2005年9期价格信息的材料价格的计算。

2.6.3 工程量计算

现浇构件绑扎钢筋制作、安装（表 2.6-1 中 1004-178）和现浇构件钢筋焊接网安装（表 2.6-1 中 1004-188）的专业项目的工程量计算是以选定的某一具有代表性的楼层进行。普通绑扎钢筋配筋工程量（钢筋用量）按楼板配筋图计算；钢筋焊接网工程量则需进行配筋换算和钢筋焊接网的布置，然后按布置图计算其焊接网用量。最后计算两种钢筋工程的钢筋用量的比例。楼板为钢筋焊接网配筋时，除要进行焊接网的布置和计算焊接网的用量外，尚需将钢筋焊接网配筋换算成普通绑扎钢筋配筋并计算其钢筋用量，然后再计算两种配筋钢筋用量比例。

不同的工程，由于它们的用途、设计标准和结构不尽相同，其楼板的钢筋焊接网与普通绑扎钢筋用量的比率也不同，不同的焊接网布置方法也会影响钢筋用量的比率。根据以往的对比计算，一般楼板钢筋焊接网和普通绑扎钢筋的钢筋用量比例为 0.62～0.69。修订后的《规程》JGJ 114—2003 提高了最小配筋率，适当地增加了锚固和搭接长度，钢筋焊接网的用量有所增加，钢筋焊接网的用量比例也随之增加，约为 0.66～0.70。

2.6.4 造价计算和比较

普通绑扎钢筋工程与钢筋焊接网工程的造价比较，以普通绑扎钢筋 1t 为基础进行计算，即以 1t 普通绑扎钢筋的造价（即其综合价格），与 1t 普通绑扎钢筋相应的钢筋焊接网的用量（即它们的用量比例）的造价进行比较。结果见表 2.6-2。

由表 2.6-2 可见，用钢筋焊接网替换普通绑扎钢筋，是可以节省工程造价的。按 2002 年 12 月的材料价格计算，可节省造价 400～544 元/t，即节省普通绑扎钢筋工程造价的 10.7%～14.5%。2005 年 9 月材料价格上涨（上涨 510 元/t），使用钢筋焊接网可节省造价 600～790 元/t，相当于节省普通绑扎钢筋工程造价的 14.3%～18.2%。材料价格增加，焊接网造价的节约也随之增加。在材料价格不变的条件下，计算综合单价用的费税率的增减对造价的节省的影响较小，约为推荐费税率时节省造价基础上增减 30 元/t。钢筋焊接网换算率的变化的影响较大，换算率由 0.67 增至 0.70 时，造价的节省约减少 150 元/t。焊接网换算率与结构布置和配筋有关，也与焊接网的布置形式和方法有关。同时，焊接网的布置形式还会影响焊接网制作效率和安装效率。完善焊接网的布置工作是提高钢筋焊接网效率的重要工作之一。

两次焊接网造价的材料价格不同。钢筋的价格增加了 510 元/t，增加率为 17.35%，焊接网造价的节省约增加了 240 元/t，约为原节省值的 45%。原材料涨价会使焊接网在经济上的优势更为突出。

2.6.5 造价计算中的具体问题

焊接网的造价计算只说明了问题的一个方面，还有其他方面的问题没有涉及或没有能够涉及到。

1. 造价计算中计及直接的经济效益

在造价计算中只计及了显而易见的且易于计算的部分，即由材料用量的减少和部分工时（即可计算出的）用量的减少而获得的经济效益。

普通绑扎钢筋与钢筋焊接网造价比较 表 2.6-2

次序	子目编号	子目名称		综合单价(元/t)	工程量比例	1t 钢筋及相应焊接网工程量(t)	1t 钢筋及相应焊接网造价(元)	比较	
								(元)	(%)
1	1004-178	现浇构件钢筋 ϕ10 以内	低限	3615.17	1.00	1.00	3615.17	0	0
			高限	3836.67	1.00	1.00	3836.67	0	0
			推荐	3743.22	1.00	1.00	3743.22	0	0
	1004-188	现浇构件钢筋焊接网	低限	4629.82	0.67	0.67	3101.98	−513.19	−14.20
				4629.82	0.70	0.70	3240.87	−374.30	−10.35
			高限	4875.87	0.67	0.67	3266.83	−569.84	−14.85
				4875.87	0.70	0.70	3413.11	−423.56	−11.27
			推荐	4775.47	0.67	0.67	3199.56	−543.66	−14.50
				4775.47	0.70	0.70	3342.83	−400.39	−10.70
2	1004-178	现浇构件钢筋 ϕ10 以内	低限	4190.38	1.00	1.00	4190.38	0	0
			高限	4444.46	1.00	1.00	4444.46	0	0
			推荐	4337.51	1.00	1.00	4337.51	0	0
	1004-188	现浇构件钢筋焊接网	低限	5133.48	0.67	0.67	3439.43	−750.95	−17.92
				5133.48	0.70	0.70	3593.44	−596.94	−14.25
			高限	5405.89	0.67	0.67	3621.95	−822.51	−18.51
				5405.89	0.70	0.70	3784.12	−660.34	−14.86
			推荐	5294.65	0.67	0.67	3547.42	−790.09	−18.22
				5294.65	0.70	0.70	3706.26	−631.25	−14.55

2. 造价计算中未计及的经济效益

钢筋焊接网的使用使施工工期缩短可产生可观的经济效益。工程提前完工可提前销售、使用和还贷、减少与施工工期相应的费用等的经济效益；可减少施工人员、减小现场施工用地，相应地简化施工场地的布置；由于钢筋用量的减少，运输量及各种相应费用也随之减少等。上述因素在成本分析中均未考虑。造价计算中为简化计算或缺乏相关资料无法计及的项目，虽对造价的减少影响不大，但仍属憾事。

3. 技术性能未能体现的效益

钢筋焊接网混凝土结构设计基本上仍采用普通绑扎钢筋混凝土的设计方法，因此钢筋焊接网混凝土结构的优势没有能够全面地反映出来。例如钢筋焊接网在钢筋混凝土结构的整体性能、抗裂性能等都没有在设计方法和计算公式中反映出来。这些效益只能体现于钢筋焊接网混凝土具有更大的安全储备的笼统概念上。

4. 社会效益

采用钢筋焊接网可简化相应的钢筋工程的现场操作和工序，提高文明生产的水平；采用钢筋焊接网，使相应于绑扎钢筋需在现场操作的工序改在工厂实现，从而提高钢筋工程的工业化水平；钢筋焊接网混凝土工程材料用量的减少，可减少国家日益紧缺的资源的消耗，生产原材料的能源消耗，减少物流量以及减少对环境的污染等。

2.7　钢筋焊接网的应用和发展

2.7.1　应用

钢筋焊接网的应用范围较广，常用于板、墙等面积较大，厚度较小的构件或构件组合中，也用于结构或构件表面的防裂和保护。目前，钢筋焊接网的应用范围仍在扩大。

1. 板、墙等厚度较小的构件

板、墙等厚度较小的构件是使用钢筋焊接网较早的构件。在房屋结构的楼（屋面）板、剪力墙等厚度较薄的构件中应用得非常广泛。桥梁桥面铺装已普遍采用焊接网。高等级公路路面面层是钢筋焊接网应用范围之一，在国外已普遍应用，国内正在起步。在类似于公路路面面层和建筑物地板的地坪中，隧道衬砌、钢筋混凝土挡土墙（底板、扶壁、立壁、墙面板）、沟渠和涵洞（底板、顶板和侧墙）等由平面或折面薄板（或墙）组成的各种建筑物中，钢筋焊接网的应用也相当普遍。

2. 改善构件表面性能

改善结构构件表面性能是钢筋焊接网应用的另一个主要方面。钢筋焊接网已较普遍地应用于建筑物表面防裂等构件中，也用于加强地面的表面抗磨、构件表面加固等工程中。地下建筑物衬砌、边坡护坡等的喷锚支护中使用的焊接网亦应属于改善表面性能的应用范围。

3. 平面网的二次加工

焊接网通常是平面的。焊接网可加工或裁剪成一定的形状，以满足构件体形及其他的要求。箍筋笼是以纵向架立筋将箍筋焊接而成的焊接网，经折弯而成的笼状网。桩台笼是按桩台配筋制作成若干片焊接网按配筋要求折弯后，在现场组装成桩台笼等。

4. 应用范围的扩展

管状薄壁混凝土预制件如混凝土桩、电线杆、管道等构件中的螺旋焊接笼，格构架叠合板中的三角形焊接骨架、预制格构梁等构件中使用的三角形焊接骨架网，为加强限制柱混凝土的横向变形而取代箍筋笼的格网，加固挡土墙面墙后土体而称之为加筋土梯网的钢筋焊接网等，都是钢筋焊接网的新开拓的应用范围。

2.7.2　发展

钢筋焊接网在发达国家已得到广泛的应用，我国钢筋焊接网尚处于初步发展阶段，市场潜力巨大，前景十分广阔[22]。钢筋焊接网的质量和效率的提高，成本的降低，是钢筋焊接网推广应用的动力。

1. 扩大应用范围

1998年建设部重新颁布的《建筑业10项新技术》将钢筋焊接网技术列为新技术之一，促进了钢筋焊接网的推广应用。通过各方面的努力，焊接网的应用范围正在扩大，但焊接网的使用量占工程中可使用焊接网的比例很小。各方面还应加大推广的力度，进一步扩大焊接网的使用范围，特别是设计单位应在设计中积极推广应用焊接网。

我国已积累了较丰富的焊接网布置的经验。有的工程，可参照国外行之有效的焊接网方法在国内使用。更重要的还是结合我国的具体条件，设计出了一大批技术先进、节省材料的工程焊接网布置方法。焊接网用于桥面铺装是很成功的焊接网推广应用的例子，对钢筋焊接网技术的推广起到了积极的作用。有的工程可采用一些专门的布置方法，如双层组合网布置方法而实现采用焊接网的方案。一些工程对钢筋焊接网另有专门的要求，例如铁道整体道床钢筋焊接网有汇集散电流的要求，混凝土表面的抗裂、耐磨要求等，应与设计单位取得共识，开拓这些钢筋焊接网的应用范围。

2. 扩大焊接网厂规模

具有一定规模的焊接网厂可以较充分地应用其在经济上和技术上的优势，进行合理的资源配置，达到提高质量和降低成本，提高市场竞争力的目的。发达国家的焊接网厂已经达到了相当大的规模。目前我国已出现大型钢厂自建或与焊接网厂合建的较大规模的焊接网厂。在实践中，这些焊接网厂显示出了它们的规模优势。这是钢筋焊接网厂发展的必然趋势。经济实力和技术实力的强势结合必然会形成规模生产能力，提高产品质量，降低成本，加速焊接网技术的发展和普及。

3. 焊接网标准化

我国焊接网的标准化水平的提高，应做好焊接网标准化模数的积累，包括构件尺寸模数、配筋（钢筋直径和间距）的模数的积累和外形尺寸模数的积累，设计出更符合我国国情的标准网序列，扩大标准网的覆盖面，逐步增加标准网和准标准网的应用比例。同时还应重视提高焊接网在专用领域内的标准化工作，同样可提高焊接网的生产效率和安装效率。随着焊接网布置工作的规范化和标准化，可进一步提高焊接网布置设计效率，进一步提高焊接网的生产和安装效率。

4. 完善制作设备性能和工艺

冷轧带肋钢筋使用初期质量波动较大的主要原因之一是：对原材料性能要求不规范和原材料现有规格与成品钢筋规格不相匹配，具体反映在轧制面缩率波动较大上。目前，大量的工作耗费在为适应钢材市场供应的材料规格而进行的轧制工艺调整和控制产品性能的繁杂工作上，使生产效率降低。组织专用原材料的生产是发展和普及焊接网技术刻不容缓的工作。加强冷加工钢筋的理论研究工作，完善冷轧带肋钢筋的轧制设备、轧制工艺、设备调试等提高钢筋性能的工作。这是提高焊接网的质量和效率重要工作内容之一。

焊接网技术的发展向焊网设备提出新要求，焊网设备的新性能又为焊接网技术创造新的应用空间。国产焊网机及其相应配套设备正在逐步完善和配套，应进一步提高，以适应对焊接网技术的发展和普及的要求，使焊网设备的性能更能适应实际工程的要求，为简化焊接网布置，提高焊接网的质量和效率，进一步降低成本创造条件。

第3章 试验研究及讨论

钢筋焊接网在国外已有多年的使用历史，积累了相当丰富的经验。我国国情不同，应根据我国的具体条件发展我国的钢筋焊接网事业。我国焊接网以冷轧带肋钢筋为主要材料，焊网厂多装备有钢筋冷加工设备。根据我国具体情况，进行了以钢筋轧制和焊接网焊接为中心，以建立和完善加工工艺和产品质量控制为目的的试验研究工作、产品性能的统计分析工作、钢筋焊接网混凝土构件裂缝的调查和分析工作。在此基础上进行了工艺过程的设计和优化，以及质量控制标准的建立。这些工作包括冷轧带肋钢筋轧制面缩率ψ与钢筋性能（σ_b、δ_{10}）关系试验、钢筋调直试验、冷轧带肋钢筋性能应变时效试验、焊接网焊点抗剪力的测试等试验研究工作，还进行了冷轧带肋钢筋焊接网产品性能和焊点抗剪力的检测资料的统计分析工作，与使用较高强度钢筋相关的混凝土裂缝的调查和分析工作等。

3.1 钢筋性能试验

3.1.1 钢筋冷加工过程

钢筋冷加工是热轧钢筋在较低温度条件下的加工过程。这个过程包括轧制以及随后的调直、机械应力消除、低温回火（低温应力消除）等工艺过程。在这些过程中材料的结构状态发生变化，其性能也随之改变。我们的目的是了解钢筋结构变化过程中使其结构状态产生有利于所要求性能的转变，生产出我们所要求性能的材料。

材料的化学成分、组织和结构是材料性能的基础，常统称为材料的结构[40]。冶炼和热轧过程中已形成的热轧钢筋内部结构，对冷加工钢筋的性能影响较大。冷加工钢筋的良好性能往往来源于良好的低碳钢热轧钢筋的结构，因此对原材料的化学成分、含碳量、脱氧制度等都提出了一定的要求。但除专用原材料可向钢厂提出原材料结构要求外，市场供应的 HPB235 钢筋的结构已经定型，且完全不能适用于轧制带肋钢筋的要求，只能通过选择适用原材料来保证冷加工钢筋的性能。

冷加工工艺设计的基础是对钢筋冷加工过程中钢筋结构变化和相应性能变化的认识[41]。钢筋在轧拔过程中，金属晶粒的形状沿着变形的方向被拉长和延伸，使晶粒扁平，形成纤维状、碎化、畸变，在性能上具体表现为强度提高，延性降低的所谓的冷加工硬化现象。同时大量的缺陷及相应的残余应力留存于冷变形组织中，使之处于不稳定状态之中。钢筋冷加工后置于室内数月，材料结构继续发生变化，使其性能趋于稳定。此过程即为钢筋的应变时效现象。温度提高使钢筋低温回火（亦称去应力退火），使钢筋的应变时效在短时间内完成（即为人工应变时效）。

常用的冷加工方法有三种：拉拔、轧拔、主动连轧。三种冷加工钢筋加工的基本受力状况是：四周受压和轴向受拉。三种冷加工钢筋过程中，拉拔工序四周所受压力最大，轴向所受拉力也最大；轧拔工序四周受压较小，轴向受拉亦较小；主动连轧工序四周受压，轴向受拉很小，或者不受拉。钢筋加工过程中的受拉和受压会对钢筋结构带来不同影响。拉拔过程中钢筋周边与模孔的摩擦力使钢筋横断面内变形不均匀，钢筋表面聚积较多的残余应力；带肋钢筋因外形有突变，受力成形时钢筋凸肋附近残留有更多的残余应力。钢筋的调直和机械应力消除等过程中，也使钢筋内部结构发生变化，而使残余应力消除。

钢筋的冷加工过程，从原材料进厂直至性能稳定，其内部结构经历了一系列的变化。这些变化的影响因素很多，我们只能对实践中遇到的具体问题进行一些试验工作和总结工作，达到提高产品质量和生产效率的目的。

3.1.2 轧制面缩率试验

低碳钢盘条的轧制面缩率是设计钢筋轧制生产工艺的主要参数。我们沿用抗拉试验试件缩颈面缩率的概念，将轧制面缩率（简称面缩率）定义为钢筋轧制前后钢筋截面积收缩的比率：$\psi=(A_0-A_1)/A_0$，其中 A_0 为轧制前钢筋截面积，A_1 为轧制后钢筋截面积。

钢筋轧制面缩率 ψ 与钢筋性能关系的试验资料较多。在低碳钢钢筋冷加工实用轧制面缩率范围内，抗拉强度 σ_b 与面缩率 ψ 接近于线性关系；钢筋的含碳量主要影响钢筋轧制前的初始强度，含碳量的增加基本上不影响抗拉强度变化曲线的变化趋势。抗拉强度 σ_b 和伸长率 δ_{10} 与轧制面缩率 ψ 的关系是制定钢筋制作工艺的基础，是选择原材料牌号、轧制面缩率、成品规格等的条件。

1. 轧制面缩率 ψ 试验

钢筋轧制面缩率试验的目的是了解轧制面缩率 ψ 与抗拉强度 σ_b 和 δ_{10} 的关系，在此基础上进行轧制工艺的设计。

（1）试验

1997 年上半年，进行了钢筋轧制面缩率 ψ 与冷轧带肋钢筋 σ_b、δ_{10} 关系的试验。原材料为 HPB235 盘条，$\sigma_b=480\text{N/mm}^2$，直径为 8.13mm。参照有关试验资料，面缩率 ψ 范围取为 0%～40%。试件采用分段轧制，逐级增加钢筋轧制面缩率的方法轧制和截取。截取试件时避开轧制面缩率变化影响区。试验结果如图 3.1-1。

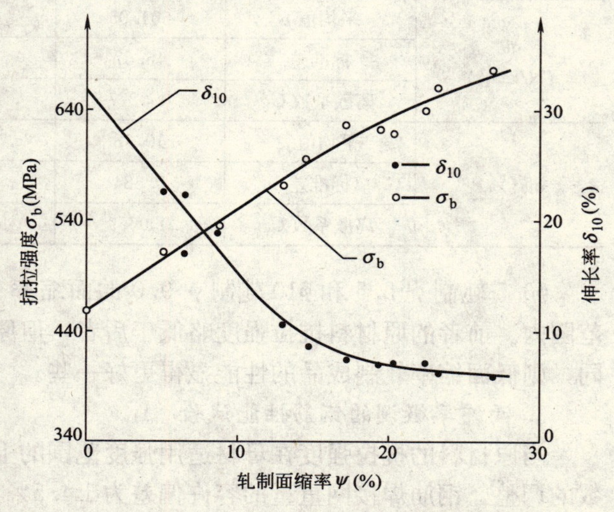

图 3.1-1 钢筋抗拉强度、伸长率与面缩率关系试验

（2）轧制面缩率 ψ 的适用范围

图 3.1-1 是在中等强度 HPB235 的条件下获得的试验结果，就作为 CRB550 钢筋原材料而言，强度是偏高的。在冷加工适用含碳量范围内，CRB550 钢筋强度 σ_b 基本上随面缩率 ψ 线性变化。$\psi=23\%$ 时 $\sigma_b=630\text{N/mm}^2$，可以满足 $\phi8$ 轧制 ϕ^R7 的要求。在 ψ 测试范围内，σ_b 约增加 170N/mm^2。

轧制面缩率ψ对伸长率δ_{10}的影响比较敏感。δ_{10}的降低可分为3个阶段，第一阶段，ψ=0%～12%，δ_{10}急剧降低，δ_{10}从30%下降到12%左右；ψ=12%～25%时，δ_{10}下降趋缓，直至降为略低于8%；ψ更大时，δ_{10}可降至4%以下。显然，原材料强度较高时，轧制后钢筋的强度σ_b较高而δ_{10}偏低，需考虑应力消除工序和调直工序中δ_{10}的增加才能达到要求。

从试验结果可见，试验用的HPB235的强度偏高（含碳量偏大），轧制成品CRB550的强度偏大，伸长率偏小。说明含碳量偏低一些的HPB235更适用于轧制CRB550。实践中常采用的原材料强度为σ_b=430～480N/mm^2，相应的含碳量为0.12%～0.16%。ψ=20%～30%时，σ_b约增加130～180N/mm^2，钢筋轧制后的强度可达600N/mm^{2}以上，δ_{10}约为5%～10%，调直后CRB550性能有充裕的富余度，轧制工序的设计和质量控制均较为简便。

2. 不同面缩率的试验

不同面缩率试验是指根据不同原材料的性能，进行不同的面缩率的试验，以达到调整轧制工艺，生产出合格产品的目的。

实践中有时会遇到原材料的强度很高和很低的情况，此时采用调整轧制面缩率的方法可取得较好的效果。原材料强度较高时采用加大产品直径（减小面缩率）的方法；原材料强度较低时采用减小产品直径（加大面缩率）的方法。实践中常遇到ϕ12.5轧制ϕ^R11.0，ϕ10轧制ϕ^R9、ϕ^R8，ϕ6.5轧制ϕ^R6、ϕ^R5.5等情况。在轧制前都要进行轧制试验，选择合适的轧制面缩率。以ϕ10轧制ϕ^R9，ϕ6.5轧制ϕ^R5.5的试验为例说明。表3.1-1为ϕ10轧制成ϕ^R9与ϕ6.5轧制成ϕ^R5.5的测试结果。ϕ10轧制ϕ^R9的效果明显优于ϕ6.5轧制ϕ^R5.5。显然，采用较小面缩率的效果更好，钢筋性能更为稳定。加大面缩率以提高钢筋的强度，但伸长率降低明显，总的效果略逊于采用较小面缩率的效果，与采用HPB215轧制CRB550的情况类似，通常条件下不宜采用。

相应于原材料盘条1圈钢筋长CRB550离散度性能统计资料　**表3.1-1**

直径ϕ^R(mm)		全部	5.5	9.0	备注
σ_b (N/mm^2)	平均值μ	601.05	609.70	592.40	ϕ^R5.5的面缩率为28%，ϕ^R9的面缩率为19%
	标准差	16.67	27.63	5.71	
	离散系数C_v	0.0277	0.0453	0.0096	
δ_{10}(%)	平均值μ	10.38	9.58	11.18	
	标准差	0.684	0.788	0.58	
	离散系数C_v	0.0659	0.0823	0.0519	

ϕ6.5轧制ϕ^R5.5和ϕ10轧制ϕ^R9.0的面缩率（28%和19%）都在轧制面缩率的适用范围内。前者的原材料抗拉强度略低于后者，但原材料塑性变形大于后者，若其他条件相同，则低面缩率轧制成品的性能显得更好一些。

3. 面缩率微调的钢筋性能试验

当原材料的抗拉强度在母材适用强度范围的上限和下限或以外时，需进行轧制工艺参数的调整。钢筋焊接网重量的容许偏差为±4.5%，相应的钢筋直径偏差为±2.2%，轧制面缩率有调整的可能性。有的资料认为钢筋直径的微小变化可能会使钢筋伸长率产生较大的变化，这是进行 ψ 微量调整试验的原因之一。

（1）利用轧制面缩率 ψ 变化的试验

当原材料强度较高时，轧制的钢筋伸长率达不到要求，一般要减小轧制面缩率，以达到提高产品伸长率的目的；原材料强度较小时，通常要加大轧制面缩率，使钢筋的强度提高。进行了若干组原材料强度较大和较小时改变轧制面缩率的试验。试验结果表明，钢筋直径的微小变化（轧制面缩率的微小变化），强度和伸长率的变化也很小，说明轧制面缩率的微小变化，不足以产生足够大的钢筋性能改变，使之达到所要求的性能改变的目的。在钢筋的强度较低，采用提高轧制面缩率的措施，常达不到加大钢筋强度的预期结果。据初步分析，在轧制面缩率变化的允许范围内，轧制面缩率在伸长率变化较缓的区间，钢筋强度增加很小，达不到所要求钢筋强度的增加量，另一个原因为下面所述的钢筋实际强度和公称强度差别的原因。微调 ψ 不能达到改善钢筋性能的目的。

（2）利用实际强度和公称强度差别的试验

还有一种提高轧制钢筋强度的措施是利用钢筋公称强度和实际强度差别的方法进行调整。在正常的钢筋轧制和检验过程中采用的是钢筋的公称强度，即以钢筋公称直径计算的抗拉强度。图 3.1-1 中所示的钢筋抗拉强度 σ_b 和伸长率 δ_{10} 与轧制面缩率 ψ 关系的试验是以钢筋截面积（测试测试前）计算的钢筋抗拉强度，即钢筋的实际强度。作者做过以减小面缩率来提高公称强度的试验。面缩率在设计面缩率的基础上减小，钢筋实际强度减小，但公称强度基本没有变化或略有增加。因为面缩率小于设计面缩率，轧制出的钢筋截面积大于钢筋公称截面积，按公称截面积计算的会大一些。实践证明，这种调整方法不仅增加了钢材用量，还很难达到提高公称强度的目的，是不可取的。

以上试验的目的是为了了解用调整钢筋轧制面缩率 ψ 的方法调整钢筋性能的规律。试验结果表明，用调整 ψ 的方法（改变产品的直径）调整钢筋性能的效果较好，但 ψ 的微调效果不明显，仅可作为增加钢筋富余度来考虑，大限度地改善钢筋性能是不现实的。

4. 面缩率 ψ 试验结果的具体应用

（1）钢筋硬化变形公式[40]

对钢筋硬化变形问题人们进行了大量试验，掌握了钢筋硬化变形的一般规律。在轧制过程中，钢筋的变形速度不太大，变形温度变化不大，钢筋的屈服强度可用下式表示：

$$\sigma=K\varepsilon^n \tag{3.1-1}$$

式中 σ——材料的屈服强度；

K——材料的强化系数，由试验确定；

ε——应变量，用真应变表示的等效应变；

n——材料的应变强化指数，由试验确定。

硬化曲线式（3.1-1）中的 K 和 n 与材料的性能有关，由试验确定。钢筋含碳量增大时，K 值增大，n 值减小。可根据钢筋具体的条件和轧制后所要求的强度，用试验的方法确定 K，n 值，用式（3.1-1）求得面缩率 ψ。由于均匀伸长率 δ_{gt} 是在荷载 $F=\sigma A$ 达到极值时得到的，F 取极值可得 $\varepsilon=n$，可用 $\varepsilon=-\ln(1-\delta)$ 换算为 δ_{gt}，求出相应的均匀伸长率。

若有现成的不同含碳量（或不同抗拉强度）的一组低碳钢的变形硬化曲线供实践中选用轧制面缩率使用，应是方便的。但目前实践中仍在使用较简单的试验方法来选择轧制面缩率。

(2) 钢筋强度的经验公式

实践中常用更简便的方法来估算 σ_b 与 ψ 的关系。常用原材料的抗拉强度值和轧制强度增加值来初步确定轧制后钢筋的抗拉强度。作者进行的 HPB235 低碳钢热轧盘条的轧制试验，测试了不同轧制面缩率 ψ 和相应的 σ_b 和 δ_{10} 的值及其变化规律（如图 3.1-1）。试验结果表明，轧制钢筋强度的增长 $\Delta\sigma_b$ 与轧制面缩率 ψ 近似于呈线性关系。轧制后钢筋的抗拉强度 σ_{b1} 可用经验公式表达：

$$\sigma_{b1}=\sigma_{b0}+\Delta\sigma_b \tag{3.1-2}$$

$$\Delta\sigma_b=\gamma\psi \tag{3.1-3}$$

式中　σ_{b1}——轧制后钢筋强度（N/mm^2）；

σ_{b0}——轧制前（即原材料）低碳钢钢筋强度（N/mm^2）；

$\Delta\sigma_b$——轧制后钢筋强度的增长（N/mm^2）；

ψ——轧制面缩率（%）；

γ——比例系数（N/mm^2），根据经验取值。

根据试验，结合 CRB550 轧制实践经验，当含碳量为 0.12%～0.16%，ψ 为 20～35 时，γ 可取 6.0～6.5N/mm^2。在实际操作中常用 $\Delta\sigma_b=135\sim150N/mm^2$ 预测轧制后钢筋的强度。这是根据钢筋的统计分析中的平均值得出的数字，实际出现的数字可能会大些，一般达到 $\Delta\sigma_b=130\sim180N/mm^2$。

CRB550 钢筋轧制后的抗拉强度 σ_{b1} 还可用以下经验公式来表达：

$$\sigma_{b1}=\sigma_{b0}/(1-\psi) \tag{3.1-4}$$

σ_{b1}，σ_{b0}，ψ 的意义同前，ψ 用小数表示。式（3.1-4）根据钢筋轧制前后 $\sigma_{b1}A_1=\sigma_{b0}A_0$ 导出的。式（3.1-4）用近似式 $\sigma_{b1}=\sigma_{b0}(1+\psi+\psi^2)=\sigma_{b0}+\psi(1+\psi)\sigma_{b0}$ 表达时，式（3.1-3）中的 γ 相当于 $(1+\psi)\sigma_{b0}/100$，结果基本相同。

(3) 轧制面缩率与伸长率

冷加工钢筋的伸长率的影响因素很多。钢筋可能存在热轧和冷轧过程中遗留下来的缺陷、内部结构的不均匀性、表面的不规则和缺陷等因素都会使钢筋伸长率测试值降低。实际的伸长率较式（3.1-1）推算出的钢筋均匀伸长率小得多。在实际工程中测试均匀伸长率有一定的难度，目前工程中仍用拉断伸长率控制钢筋的延性。图 3.1-1 中也给出了冷轧钢筋伸长率与轧制面缩率 ψ 的关系。一般情况下是由强度条件确定的轧制面缩率适用范围，此面缩率范围是在钢筋伸长率 δ_{10} 变化较大的范围内，δ_{10} 变化较大，增加了 δ_{10} 调整的难度。$\psi=25\%$ 是 δ_{10} 变化变缓点，$\psi<25\%$ 时，δ_{10} 随 ψ 的增加而降低的速度较快，$\psi>25\%$ 时，δ_{10} 的降低变缓。早期使用 HPB215 为原材料的实践表明，采用较大的轧制面缩率时调整钢筋伸长率的难度较大，反映了较大轧制面缩率时钢筋伸长率变化不大的规律。实践中常取接近于 $\psi=25\%$ 的面缩率。此时钢筋轧制后 δ_{10} 偏低，常需用应力消除、调直等工序提高 δ_{10}。若钢筋含碳量低一些，则 δ_{10} 略高，可不进行应力消除。

(4) 原材料选用

冷轧带肋钢筋可用 HPB215、HPB235 等牌号低碳钢盘条生产 CRB550 和 CPB550 钢筋产品。选用 HPB215 钢筋时取较大的 ψ，使 σ_b 大些，但 δ_{10} 偏低，常需启动消除应力装置以提高 δ_{10}。对 HPB235 盘条，则选用较低一些的 ψ，使 σ_b 和 δ_{10} 均可达到较高值，且具有较大的富余度，甚至可达到不需启动消除应力装置提高 δ_{10}，轧制工艺设计较为灵活。采用 HPB235 为原材料时亦应选用含碳量较低、抗拉强度较低的 HPB235 盘条。

3.1.3 钢筋调直试验

钢筋调直是 CRB550 钢筋生产过程中重要工序之一。调直工序之所以重要是因为焊网机对钢筋直度的要求较高以及钢筋调直过程中会使钢筋的性能发生变化。充分利用钢筋性能的这种变化，调整 σ_b 和 δ_{10} 的关系，以提高钢筋性能。

钢筋调直是钢筋通过调直机回转体时高频反复变形，消除钢筋收线成卷时的成卷变形，使钢筋达到所要求的直度。调直也是钢筋冷加工塑性变形过程，但变形程度、受力方向和变形形式与轧制工序不同。在钢筋向前行进过程中通过回转体多个辊轮间隙，使钢筋周期性地受弯，从而达到调直的目的。调直时钢筋受弯，钢筋一侧径向受压，另一侧（对侧）径向受拉。调直的另一种方法是钢筋通过互相垂直的两组辊轮组，装置与应力消除装置相同，钢筋的变形过程基本相同。钢筋调直和机械应力消除等过程中，钢筋内部结构发生变化，在钢筋周期性弯曲变形过程中使应力重新分布和均匀化，并使钢筋在轧制过程中残存的残余应力得以缓解，达到调直和消除残余应力的目的。调直过程常出现一些附带的现象，如钢筋沿纵轴螺旋形扭曲，钢筋沿纵轴波浪式弯曲等。这些现象，对光面钢筋和带肋钢筋都存在，但带肋钢筋更突出一些，且光面钢筋的上述现象不易察觉。钢筋沿纵轴螺旋扭曲是由于调直机回转体的转动带动的，较难避免，但不影响钢筋的直度。钢筋沿纵轴波浪式弯曲可用调整回转体滚轮的下压量来调整。

1. 调直影响试验

钢筋调直后，除满足钢筋直度要求外，钢筋性能也会受到影响。作者进行了调直对钢筋性能影响的测试，同时也测试了钢筋体积的变化。测试工作是在生产过程即在产品质量检测过程中进行的，同时严格控制钢筋调直前后测试值的对应性。钢筋性能变化的测试结果如表 3.1-2。

调直对钢筋性能影响 **表 3.1-2**

直径 ϕ^R(mm)		5.5		7.0		8.5		10.5		全部	
试验组数		18		173		89		47		327	
性能条件		轧制后	调直后	轧制后	调直后	轧制后	调直后	轧制后	调直后	轧制后	调直后
抗拉强度(N/mm²)	均值	648.1	606.9	616.1	582.2	645.8	594.6	627.2	578.8	628.1	586.5
	标准差	20.1	18.5	23.8	18.9	36.4	28.7	31.6	21.8	33.8	23.5
强度变化(N/mm²)	均值		41.3		33.8		53.5		48.47		41.7
	标准差		12.7		13.9		26.8		14.77		20.37
伸长率(%)	均值	6.33	9.61	7.09	10.30	6.10	9.86	6.26	10.18	6.66	10.13
	标准差	0.80	0.69	0.86	0.87	0.84	0.93	0.78	1.06	0.96	0.93
伸长率变化(%)	均值		3.28		3.21		3.76		3.92		3.47
	标准差		0.92		1.03		0.97		1.04		1.05

表 3.1-2 中钢筋性能变化幅度是比较大的。轧制后和调直后 σ_b 的差值可达 10～80 N/mm^2，δ_{10} 可达 1%～7%。在实践中处于极端性能变化数值的钢筋极少，通常的变化情

况为：σ_b 为 30～50N/mm²，δ_{10} 为 3%～5%。这些结果可作为钢筋调直工序设计的依据。

测试调直前后钢筋重量变化为钢筋质量控制项目之一。钢筋重量可换算成钢筋直径、直径比和体积比的变化，如表3.1-3。由于测试过程中钢筋体积的变化难于测准，没有进行钢筋体积的测试。测试结果表明，钢筋的体积总是增加的。这是假定钢筋密度不变条件下得出的结论。这个结果，不论是由于钢筋扭曲抑或是钢筋密度变化引起的，均说明钢筋内部结构发生了变化，说明钢筋调直工序与轧制工序一样，钢筋内部结构发生变化导致钢筋性能发生变化，是钢筋强度 σ_b 和伸长率 δ_{10} 相互关系变化的原因。

钢筋调直后的直径变化　　**表 3.1-3**

钢筋直径 ϕ^R(mm)		5.5	7.0	8.5	10.5
试验组数		18	173	89	47
轧制后直径 d_0(mm)	均值	5.436	6.944	8.450	10.461
	标准差	0.0217	0.0297	0.0448	0.0477
调直后直径 d_1(mm)	均值	5.461	6.960	8.477	10.489
	标准差	0.0226	0.03	0.0447	0.0881
钢筋变化率	长度比 d_1/d_0	1.0045	1.0023	1.0031	1.0026
	体积比 V_1/V_0	1.0090	1.0046	1.0063	1.0053

2. 钢筋直度试验

钢筋直度是钢筋调直的目的。常用的调直设备均可满足钢筋的调直要求，也是易于达到这些要求的。钢筋直度的调整是通过调直机回转体辊轮的下压量及其分布实现的。辊轮下压量较小或较大均对钢筋直度有影响，但调整范围较大，易于操作。调直机使用之前均需进行调直参数试验，测定各调直辊轮下压量及其分布与钢筋直度和钢筋性能的关系。

多次试验的结果表明，用辊轮组调直时，单组辊轮只解决一个方向的直度问题。用辊轮组调直时宜用两组互相垂直的两组辊轮。焊网机自动连续纵向钢筋供料时，小直径钢筋通过单向辊轮组尚可满足焊网机的直度要求。

3. 钢筋性能控制试验

(1) 控制强度试验

控制钢筋强度主要是控制调直机回转体辊轮的下压量及其分布。强度控制的目的是在伸长率满足要求条件下使钢筋强度下降量较小。多次试验的结果表明，钢筋强度的降低可达 50N/mm²，经调整后可控制在 20N/mm² 左右。辊轮下压量最小限值由钢筋直度要求控制，相应的强度降低常为强度降低的下限。

(2) 控制伸长率试验

控制伸长率试验的目的是提高钢筋的伸长率，使之与钢筋的强度相适应。调直过程另一方面的作用为协调钢筋强度和伸长率的相互关系。提高钢筋伸长率的措施仍然是控制回转体辊轮的下压量及其分布。多次试验的综合结果为：钢筋伸长率的提高为 3%～5%，较大下压量相应于较大伸长率的提高，同时，钢筋强度的降低亦较大。但它们的变化规律有些差别，伸长率的提高随下压量的增加而趋缓，强度的降低的趋缓现象不明显。

(3) 伸长率增加限值的试验

伸长率限值试验的目的是了解在不考虑钢筋强度下降条件下伸长率增加的上限值。作者仅做过一次测定伸长率增加限值的试验。对轧制后强度很高、伸长率很低的钢筋进行钢筋性能调整试验时，多次加大调直下压量进行钢筋性能调整，最初钢筋伸长率明显提高，但伸长率仍未达到要求。继续加大辊轮下压量，未见伸长率提高，且有下降趋势，同时强度略下降，对钢筋直度出现了明显的不利影响。试验未继续进行。这次试验资料也作为用调直工序进行钢筋性能调整的调直下压量限值的依据。加大调直辊轮下压量而钢筋伸长率增加很小时，说明钢筋轧制面缩率选择不当，应停止钢筋性能调整工作。

4. 调直时钢筋剪截方式影响试验

钢筋调整后需按所要求的长度剪截。常用的剪截形式有定剪、随剪和飞剪三种。在钢筋剪截的一瞬间，调直机回转体仍牵带着钢筋继续转动，钢筋相对于辊轮的运动状态发生变化。不同的剪截形式，辊轮与钢筋的相对运动不同。定剪的剪截刀具固定，剪截时辊轮绕钢筋某一固定位置转动；随剪和飞剪的剪截刀具随钢筋的行进向前移动，随剪是钢筋推动剪截装置向前行进的过程中剪截，飞剪则是在装由随剪截装置飞轮转动过程中剪截。三种剪截形式剪截时辊轮与钢筋的相对运动不相同。作者进行了上述三种剪截装置调直效果的试验。三种剪截形式的调直效果基本相同，定剪时在钢筋上留有轻微擦痕。在钢筋性能影响方面，飞剪和随剪时伸长率的提高较为稳定，效果较好。定剪时钢筋在辊轮和导向管擦痕处的钢筋性能有变化，各辊轮和导向管擦痕处的性能变化不同，且与辊轮的下压量有关。对钢筋性能的主要影响为伸长率的降低。需用调直工序调整钢筋性能时，宜用随剪或飞剪的调直机。

调直机调直效果还与调直机的设计有关。除剪截装置外，回转体辊轮的设计对钢筋的调直效果和性能影响较大。辊轮的尺寸、形状，回转体的转速和钢筋行进速度的匹配等均对调直的直度、外形等有影响。这些问题在试验中和实践中均有所反映。

3.1.4 关于冷轧钢筋性能

通过多年冷轧带肋钢筋和冷拔光面钢筋的生产实践，以及前述的冷轧带肋钢筋性能试验，对冷轧钢筋的性能有了较全面的了解。

1. 正常生产下的产品性能水平

冷轧带肋钢筋在正常轧制条件下钢筋的平均强度约为 590N/mm²，伸长率约为 8%，调直后强度超过 570N/mm²，伸长率超过 10%，时效处理后强度为 570N/mm² 以上，伸长率 9%以上。

正常生产条件，即原材料性能在适用范围内，轧制设备和工艺为常规的设备和工艺，操作过程中的设备精度达到设备规定的要求，调直工艺仅为以直度要求为目的。在正常生产条件下，产品性能可达到较高的水平，通常不需启用消除应力装置。

2. 原材料和轧制的影响

原材料的适用含碳量和性能是轧制冷轧带肋钢筋的基本要求。采用相应的轧制面缩率时，钢筋的质量很高，性能的富余度较大，生产过程易于控制。适用范围以外的原材料，尤其是强度较低的原材料，将影响冷轧带肋钢筋的性能，产品的性能调整工作量很大，有时很难达到预期的效果。轧制设备和工艺设计对冷轧带肋钢筋性能影响很大。采用合适的轧制道次（例如 4 个道次）和轧制拉拔力，调整轧制机组的轧辊环组轧辊环安装精度和轧辊环组间的对中精度，即在常规的轧制设备和工艺条件下，可生产出较高质量的冷轧带肋钢筋。所有的冷轧带肋钢筋生产过程中钢筋性能达不到要求，大多是由于原材料达不到要求，轧制设备和工艺的简化所造成的。大量的工艺调整工作，包括调直工艺中的钢筋性能调整工作，多为上述原因造成的。

3. 应变时效的影响

不论热轧钢筋还是冷轧钢筋都存在应变时效问题，冷轧钢筋更为明显一些。作者进行了多次冷轧带肋钢筋应变时效试验，其结果作为钢筋及钢筋焊接网制作过程中质量控制的依据。试验结果表明，冷轧带肋钢筋性能的应变时效的量值不大，σ_b 约增加为 10～30 N/mm^2，δ_{10}降低约为 0.5%～1%。相对于冷轧带肋钢筋性能指标，应变时效的变化幅度是较小的。轧制和调直工序完成后至焊接网安装前，至少要经历 5 天的时间，应变时效约已完成一半，对焊接网的检验不会造成很大的影响。

国外焊接网标准多用人工应变时效试样检验钢筋性能，但不是在生产过程中控制质量的必要方法。在生产过程中用人工应变时效试样控制生产过程是不现实的。钢筋性能应变时效试验的结果用于生产过程中适时地控制钢筋性能数据是必要的。

3.2　焊点抗剪力试验

3.2.1　焊点抗剪力

1. 关于焊点抗剪力的规定

焊点抗剪力是钢筋焊接网成型和发挥整体作用的前提，是实现焊接网与混凝土共同作用的条件之一。焊接网焊点应具有一定的抗剪力，同时又要求焊接网焊点不能影响焊接网中钢筋的性能。在实际工程中，采用规定的测试方法测试焊点抗剪力，并与规定的焊点抗剪力标准值进行比较，来表征焊点的抗剪能力。焊点抗剪力标准值通常取为钢筋屈服强度的某一百分比与钢筋截面积的乘积。各国有关焊点抗剪力的规定并不完全相同。我们在生产中使用过的焊接网标准关于焊点抗剪力的规定列于表 3.2-1 中[1][10]～[14]。

焊接网焊点抗剪力标准的有关规定　　**表 3.2-1**

标准名称	$\sigma_{p0.2}$ (N/mm^2)	抗剪力[S] (N)	测试件数	测试方法说明
中国 GB/T 1499.3—2003	440	$\geqslant 0.3\sigma_{p0.2}A$	3	① 试样在同一横线上截取，代表值为 3 试样测试值的平均值；② 试验受拉筋为较粗钢筋，$d_2 \geqslant 0.6d_1$；③ 防止横筋转动，其自由端能自由滑动
英国 BS 4483:2005	500	$\geqslant 0.25\sigma_s A$	2	① 试样在一片或不同网片上截取，代表值为单根试样测试值；② $d_2 \geqslant 0.6d_1$，试验受拉筋为较粗钢筋，B1131、C785 网用较小钢筋计算[S]；③ 三种器具，分别为纵横线无限制，横线无限制，纵横线均受限制（ISO 15630—2）
美国 A 185—02	485	光面：$\geqslant 241A$	4	① 试样在一片网上随机截取，代表值为 4 试样测试值的平均值；② 试验受拉筋为粗钢筋，$d_2 \geqslant 0.6d_1$，否则不受抗剪力要求限制；③ 受拉轴线应靠近钢筋中心线，防止横筋转动

续表

标准名称	$\sigma_{p0.2}$ (N/mm²)	抗剪力[S] (N)	测试件数	测试方法说明
新加坡 SS32:1996	485	光面:≥250A 带肋:≥0.3$\sigma_s A$	4	① 试样在一片网上随机截取,代表值为4试样测试值的平均值; ② 试验受拉筋为粗钢筋,d_2≥0.6d_1; ③ 横筋用夹具夹住,以防转动
澳大利亚/新西兰 AS/NZS 4671:2001	500L	≥0.5$R_{ck,L}A$	2	① 2片网上分别截取1试样,代表值为单根试样测试值; ② 纵横向钢筋直筋差不大于3mm;大于3mm时不受抗剪力要求限制; ③ 三种器具,分别为纵横线无限制,横线无限制,纵横线均受限制(ISO 15630—2)

注:1. 符号说明:A—测试受拉筋截面积;d_2—较小钢筋直径;d_1—较大钢筋直径;$R_{ck,L}$—系列试验特征屈服应力的低值;σ_s,$\sigma_{p0.2}$—分别为屈服应力和特征屈服应力。

2. A为焊点处较大钢筋截面积;BS 4483:2005规定计算B1131(ϕ^R12×8－100×400)和C785(ϕ^R10×6－100×400)的[S]时,A取为焊点处较小钢筋截面积,其余为较大钢筋面积。

3. BS 4483:2005的试样纵向和横向各1根。

4. 钢筋级别500L中L为低均匀伸长率用。

2. 焊点抗剪力的讨论

(1) 焊点抗剪力的作用

焊接网焊点抗剪力具有受力和焊接网成形的作用,焊点赋予混凝土中的钢筋以握裹和锚固(即抗剪)性能。表3.2-1所列标准为我们曾使用过的标准。这些标准对焊点抗剪力要求的规定应是受剪要求。我国《规程》JGJ 114—2003对焊接网钢筋锚固长度规定,在至少有1个焊点的带肋钢筋锚固长度较无焊点的少10d的锚固长度(约为锚固长度的1/3～1/4),说明1个焊点至少有相当于10d带肋钢筋的握裹作用。

(2) 焊点抗剪力的代表值

标准规定焊点抗剪力代表值取为3～4个试样测值的平均值。焊点抗剪力标准值为:光面钢筋[S]≥0.5$\sigma_{p0.2}A$,带肋钢筋[S]≥0.25$\sigma_{p0.2}A$,A为焊点处较大钢筋直径。近来BS 4483:2005标准规定钢筋焊接网抗剪力试样钢筋取2根,单根试样测值为代表值,标准值不变。

表3.2-1中还规定了焊接网纵向横向钢筋直径的限制,一般规定为d_2≥0.6d_1,d_2为较小钢筋直径,d_1为较大钢筋直径。国外的标准(如SS32:1996、AS/NZS4671:2001、A185—02)都规定了超过纵横向钢筋直径限制的焊接网的抗剪力不受代表值规定的限制。BS 4483:2005规定:标准网B1131(ϕ^R12×8－100×400),C785(ϕ^R10×6－100×400)时,焊点处钢筋截面积A取较小钢筋面积;我国JGJ 114—2003规定组合网成网钢筋焊点抗剪力可取为常规焊点的0.8倍。说明焊点发挥抗剪作用的限制。

3. 焊点抗剪力的测试器具

表3.2-1所列的标准都规定了焊点抗剪力试验的测试方法和对试验器具的要求。对测试器具的基本要求为:测试钢筋焊点的位置在测试拉力轴线上,避免横向钢筋旋转,避免测试钢筋和横向钢筋折弯。ISO 13560—2002标准规定了常用3种的测试器具。a型测试器具无防纵向筋横向移动装置,亦无防横向筋旋转装置;b型测试器具无防纵向筋横向移动装置,有防横向筋旋转装置;c型测试器具既有防纵向筋横向移动装置,亦有防横向筋

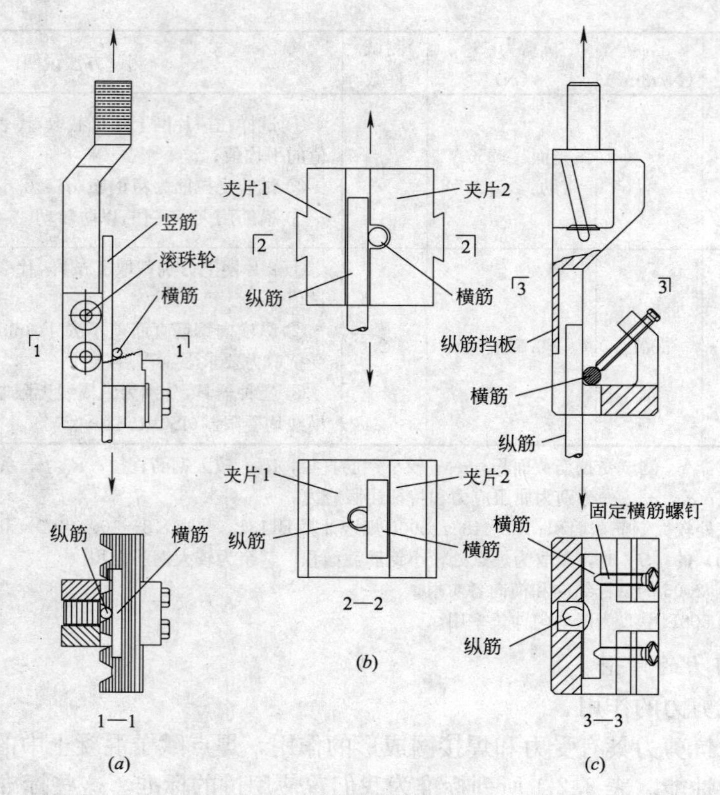

图 3.2-1　焊点抗剪力测试器具

(*a*) 滚轮型；(*b*) 夹板型；(*c*) 挂钩型

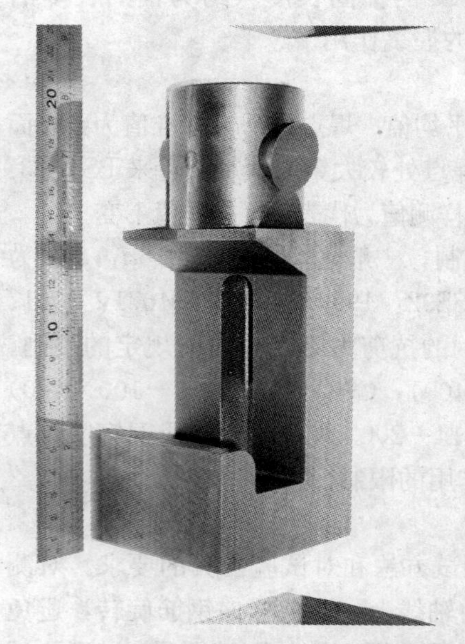

图 3.2-2　焊接网抗剪力测试器具

[注：此测试器具为修改器具，修改时增加了横筋固定螺钉和纵筋挡板，见图 3.2-1 (*c*)]

旋转装置。

我国常用 3 种的测试器具如图 3.2-1。图 3.2-1 (*a*) 为防摩擦式挂钩型测试器具，是多种标准推荐使用的测试器具。其特点为测试受拉钢筋自由端紧贴滚珠滑轮，可自由滑下，并防止钢筋折弯，横向筋置于有齿的斜面上，有一定的防横向筋旋转作用。此种器具类似于 ISO 13560—2002 的 c 型测试器具。图 3.2-1 (*b*) 为夹板式测试器具，该测试器具结构简单，可防止横向筋的旋转，但试件自由端下移时为滑动摩擦，抗剪力测值偏大，类似于 ISO 13560—2002 的 b 型测试器具。图 3.2-1 (*c*) 为挂钩式测试器具（修改后）。修改的内容为增加了纵筋挡折板和横筋固定螺钉，防止横向筋的旋转，试件纵向筋贴紧挡折板时，抗剪力测值偏大，接近于 ISO 13560—2002 的 c 型测试器具。此器具修改前（图 3.2-2）对试件自由端没有限制措施，亦无防止横向筋旋转的装置，试样在焊点处易于折弯，抗剪力测值偏小，类似于 ISO 13560—2002 的

a 型测试器具。作者测试时使用的是未修改的器具。未修改挂钩式测试器具见图 3.2-2。

4. 实践中的问题

(1) 焊点抗剪力与焊接网的焊接工艺和焊接条件有关。钢筋焊接网在焊接过程中采取了很多使同一横线上同次焊接的焊点及同一纵线多次焊接的焊接条件相同的措施，但是由于焊接的影响因素很多，各焊点抗剪力仍存在差异问题。

(2) 制作时大直径钢筋为纵向钢筋（纵向钢筋在下）与大直径钢筋为横向钢筋（横向钢筋在上）的焊点抗剪力是否存在差异问题；测试时受拉钢筋为大直径钢筋与受拉钢筋为小直径焊点抗剪力是否存在差异问题等。

(3) 不同的测试器具和方法，测出的数值的差异问题。

作者的焊点抗剪力试验内容相当广泛，试图在试验中获得一些焊接网焊点抗剪力的规律性的东西，用于指导焊接网的生产。

3.2.2 抗剪力试验

1. 焊点抗剪力试验的内容

本试验为 CRB550 钢筋焊接网焊点抗剪力试验。格网和梯网为光面钢筋焊接网，其测试结果属光面钢筋的试验结果。试验是在正常生产过程中进行的，目的是为了反映焊点抗剪力的实际情况。主要试验包括带肋钢筋相同和不同直径钢筋、不同制作方向（纵向和横向）、不同测试加载方向等情况焊接网焊点抗剪力的试验。附加试验是在主要试验过程中增加的试验内容，包括焊点抗剪力分布和不同焊接电流的焊点抗剪力的试验。

(1) 主要试验

等直径带肋钢筋焊接网（mm）：5.5×5.5（5.5×5.5 表示钢筋直径分别为 5.5mm 和 5.5mm 焊成的网片，下同），7.0×7.0，8.5×8.5，各 2 组，每组分成制作纵向和制作横向、测试纵向受拉和横向受拉 4 种情况，每种情况 5 根试样，共 6 组 60 根试样。10.5×10.5，共 1 组，分成测试纵向和横向受拉两种情况，各 5 根试样，共 10 根试样。

不等直径带肋钢筋焊接网（mm）：5.5×8.5，7.0×10.5，各 4 组，每组分成制作纵向和制作横向、测试纵向受拉和横向受拉 4 种情况，每种情况 5 根试样，共 8 组 80 根试样。

(2) 附加试验——焊点抗剪力分布

不等直径带肋钢筋焊接网（mm）：5.5×8.5，7.0×10.5 两个型号网片。焊接网制作纵筋 4 根 1 组，制作横筋取为 3～5 根 1 组。测试纵向受拉和横向受拉各 1 组。5.5×8.5 网片为 4 根纵筋和 8 根横筋（其中测试纵向受拉 5 根和横向受拉 3 根）；7.0×10.5 网片为 4 根纵筋和 6 根横筋（测试纵向受拉和横向受拉各 3 根），共 56 根试样。

主要试验的所有测试项目均进行了包括焊接顺序、不同测试受拉钢筋等项目的测试。它们的试验结果也可作为焊点抗剪力分布的参考。

还进行了不同焊接电流附加试验。用等直径 10.5mm×10.5mm 带肋钢筋网片。网片的制作纵筋、横筋、焊点布置、试件截取均与附加试验中的焊点抗剪力分布试验相同。试样共计 40 根。测试时以纵筋为测试受拉钢筋。

焊网机检修时发现有的焊极的电流强度有差异。不同焊接电流的焊点抗剪力的测试是在检修条件下进行。由于实践中 10.5mm×10.5mm 网片的焊点抗剪力偏小，选择 10.5mm×10.5mm 网片作为试验网片。因此，除测试焊接电流对焊点抗剪力影响外，尚有验证生产时大直径钢筋焊接网常用焊接参数的合理性的目的。

2. 试样的制备

在正常生产条件下按试验要求制作焊接网。焊接网的钢筋直径和外形尺寸由试样布置确定，钢筋间距为 200mm。

焊接网试样布置如图 3.2-3，按试验要求截取试样。网片钢筋的制作方向如图示。图 3.2-3（*b*）的制作方向与图 3.2-3（*a*）的制作方向相同，图 3.2-3（*b*）绘制时将制作时在下的制作纵筋翻到上面。

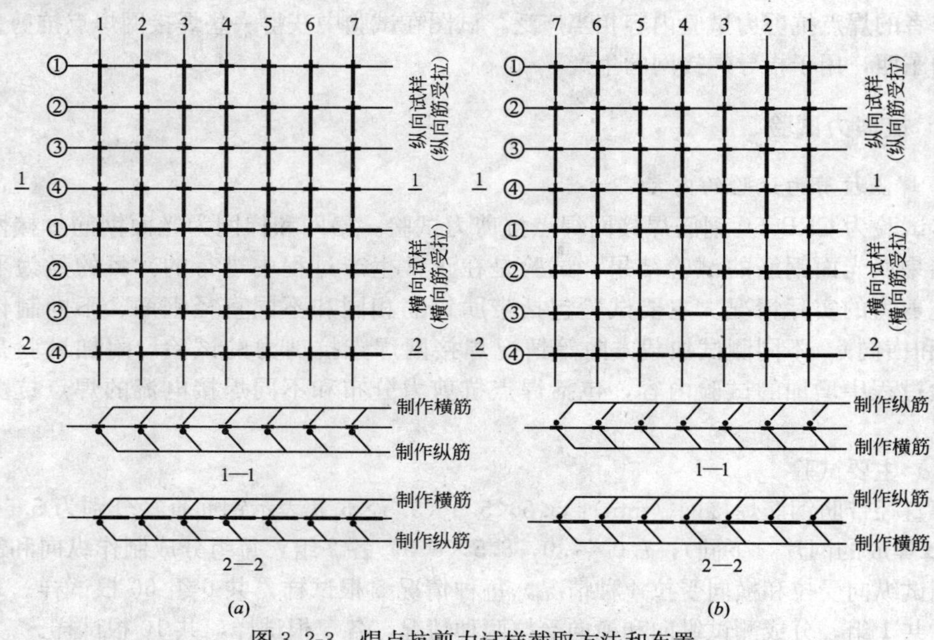

图 3.2-3　焊点抗剪力试样截取方法和布置

（*a*）制作纵向筋在下（正常）；（*b*）制作纵向筋在上（翻面）

焊接网焊点抗剪力分布的测试目的是为了测得在同一纵向或横向钢筋上焊点抗剪力的变化。试样在同一纵向钢筋或横向钢筋上，按图 3.2-3（*a*）或图 3.2-3（*b*）截取。

制作纵向和横向的影响是指焊接网制作时钢筋在上或在下的不同位置对焊点抗剪力的影响。焊接网制作时，纵向钢筋从导筋管插入，焊接时在下；横向钢筋从落料台落下，焊接时在上。每项试验都设计了制作纵向钢筋在下［图 3.2-3（*a*）］或在上［图 3.2-3（*b*）］、不同试验受拉钢筋、不同钢筋直径等项目焊接网焊点试样的布置图。上述各种要求由试件的布置和截取方法满足，试验时试件按试样布置图的要求截取。

试样按《规程》JGJ 114—2003 规定的方法截取，参见图 6.3-2。

3. 试验器具和方法

测试时采用的器具和方法是生产过程中质量检测用试验的器具和方法，在测试准备和测试过程中采用了更为规范的作法。

（1）器具

试验机使用广州试验仪器厂生产的 WD-20A 型电子式万能试验机。焊点抗剪力测试用图 3.2-2 所示的器具。测试受拉钢筋自由端无辊轮等限制钢筋自由端弯折的措施。由于该器具不能限制测试受拉钢筋和另一方向钢筋的折弯和旋转，测值是偏小的。用作生产过程中控制产品质量时，可使产品的焊点抗剪力留有一定的富余度。

(2) 方法

焊点抗剪力的测试采用常规的测试方法进行。测试焊接网焊点抗剪力的分布时用抗剪力的单个测试值，其余的测试值均取 1 组实际式样测试值的平均值。由于测试器具受拉钢筋槽较宽，受拉钢筋直径较小时，应严格要求测试受拉钢筋居中。

测试时，进行了限制测试受拉钢筋自由端折弯措施的试验（个别的试验），以显示受拉钢筋自由端折弯和试样自由端摩擦力的影响。为不影响整个试验的结果，只进行了两个试样的限制弯折的试验。

4. 试验结果

为便于比较，全部焊点抗剪力测试值均以相对抗剪力来表示，即 $s=S/[S]$，其中 s 为焊点相对抗剪能力，S 为焊点抗剪力的测试值（焊点测试值的平均值，分布试验为焊点测试值），$[S]$ 为焊点容许抗剪力，即焊点抗剪力的标准值，为大直径钢筋横截面 A (mm^2) 乘以 150（新修订的《规程》JGJ 114—2003 改为 $0.3\sigma_S=132N/mm^2$）的值，单位为“N”。试验是在新《规程》实施前进行的，乘数用 150。换算为新《规程》时，s 乘以 150/132=1.13 即可。

(1) 带肋钢筋焊点抗剪力的分布

① 不同直径焊接网的焊点抗剪力分布

为了解同一制作纵向和制作横向的焊点抗剪力的分布，专门进行的两片焊接网（8.5mm×5.5mm 和 10.5mm×7.0mm）的焊点抗剪力分布的测试。测试点位置如图 3.2-3所示。结果如表 3.2-2 和表 3.2-3。

8.5×5.5 焊接网焊点抗剪力测值分布 **表 3.2-2**

测试方向	测试焊点位置		横向						备注
			1	2	3	4	平均	标准差	
纵向	纵向	①	1.676	1.307	2.172	1.459	1.654	0.377	
		②	1.681	1.431	1.965	1.688	1.691	0.218	
		③	1.207	1.415	1.965	1.940	1.632	0.380	
		④	1.111	0.658	1.860	1.566	1.299	0.527	
		⑤	1.255	0.550	1.860	1.732	1.349	0.563	
	平均		1.386	1.072	1.964	1.677	1.525		
	标准差		0.272	0.432	0.127	0.182			
横向	纵向	①	0.962	1.137	1.346	1.325	1.193	0.180	
		②	1.207	1.185	1.315	1.277	1.246	0.061	
		③	1.449	1.454	1.580	1.234	1.429	0.144	测试时防弯
	平均		1.206	1.258	1.414	1.279	1.289		
	标准差		0.244	0.171	0.145	0.046			
横向/纵向			0.870	1.174	0.702	0.763	0.845		

10.5×7.0 焊接网焊点抗剪力测值分布　　**表 3.2-3**

测试方向	测试焊点位置		横向						备注
			1	2	3	4	平均	标准差	
纵向	纵向	①	1.490	1.152	1.599	1.195	1.359	0.220	
		②	1.276	1.602	1.181	1.448	1.377	0.186	
		③	1.440	1.389	1.275	1.172	1.319	0.120	
	平均		1.402	1.381	1.352	1.272	1.352		
	标准差		0.112	0.225	0.219	0.153			
横向	纵向	①	0.962	1.137	0.733	1.325	1.039	0.252	
		②	1.207	1.185	1.171	1.277	1.210	0.047	
		③	1.449	1.454	1.517	1.234	1.414	0.124	测试时防弯
	平均		1.206	1.258	1.141	1.279	1.221		
	标准差		0.244	0.173	0.393	0.046			
横向/纵向			0.860	0.911	1.046	1.005	0.956		

② 不同焊接电流的焊点抗剪力分布

不同焊接电流的焊点抗剪力分布测试为主体试验中相应的测试值。测试时以纵筋为测试受拉钢筋，结果如表 3.2-4。

不同焊接电流的焊点抗剪力分布　　**表 3.2-4**

测试方向	测试焊点位置		横向							备注
			$I_w=0.4$		$I_w=0.8$		$I_w=1.0$		平均	电流 I_w 为相对值
			1	2	3	4	5	6		
纵向 10.5×10.5	纵向	①	1.165	1.532	1.114	1.961	2.312	1.519	1.601	
		②	0.903	1.849	1.625	1.880	1.950		1.641	
		③	0.970	1.811	1.105	1.159	1.283	2.081	1.402	
		④	1.118	1.057	1.451	1.345	1.779		1.35	
		⑤	1.137	0.894	1.439	1.611	1.160	2.064	1.384	
		⑥	0.863	1.133	1.196	1.448	2.002		1.328	
		⑦	0.614	1.546	1.422	1.900	1.400	1.326	1.368	
	平均		0.967	1.403	1.336	1.615	1.698	1.748	1.461	

以上表格给出了各项试验的焊接网焊点抗剪力的分布。从表格中列出的焊点抗剪力的分布规律性较差。

（2）相同直径钢筋焊接网的焊点抗剪力

表 3.2-5 为相同直径钢筋焊接网的焊点抗剪力的试验结果。焊点抗剪力为同条件（同制作纵向筋或横向筋）焊点（3～4 个）测试值的平均值。

（3）不同焊接顺序焊点抗剪力测值

抗剪力测值如表 3.2-6。表中给出了 8.5×5.5 焊接网不同焊接顺序焊点，即不同制作纵筋的测试结果。同一制作方向（表中的 5.5 和 8.5）分别进行了测试方向为 5.5 和 8.5 的测试。

8.5×8.5 焊接网焊点抗剪力测值 **表 3.2-5**

测试方向	横向测试焊点位置				备注
	1	2	3	平均	
纵向	1.582	1.968	2.167	1.906	
横向	1.653	1.852	1.635	1.713	
横向/纵向	1.045	0.941	0.754	0.897	

8.5×5.5 焊接网不同焊接顺序焊点抗剪力测值 **表 3.2-6**

制作纵向	测试方向	焊点横向位置						备注
		1	2	3	4	5	平均	
5.5	5.5	1.055	1.005	1.174	1.134	1.107	1.095	
	8.5	1.652	1.322	1.615	1.345	1.382	1.463	
	5.5/8.5	0.639	0.760	0.727	0.843	0.801	0.748	
8.5	5.5	1.063	1.046	1.066	1.121	1.045	1.068	
	8.5	1.688	1.361	1.540	1.340	1.709	1.527	
	5.5/8.5	0.630	0.769	0.652	0.837	0.611	0.699	
横向 5.5/纵向 5.5		1.008	1.041	0.908	0.989	0.944	0.975	
横向 8.5/纵向 8.5		0.979	0.971	1.049	1.004	0.809	0.958	

注：1. 5.5/8.5——测试受拉钢筋为 5.5mm 的测试值与测试受拉钢筋为 8.5mm 的测试值之比；

2. 横向 5.5/纵向 5.5——制作横向为 5.5mm 钢筋且为测试受拉钢筋的测试值与制作纵向为 5.5mm 且为测试受拉钢筋的测试值之比；余类推。

（4）测试值的统计资料

表 3.2-7 为焊接网焊点抗剪力与钢筋类型、钢筋直径、焊接网类型的关系。由表 3.2-7可见，光面钢筋的焊点抗剪力较带肋钢筋的为大，等直径钢筋焊接网的焊点抗剪力较不等直径钢筋焊接网的为大，测试受拉钢筋为大直径钢筋时焊点抗剪力较测试受拉钢筋为小直径钢筋的为大。

焊接网焊点抗剪力与焊接网类型的关系 **表 3.2-7**

钢筋类别		带肋钢筋					
直径组成		直径相等				直径不等	
试验组数		2	2	2	7	8	8
试件数		20	20	12	51	72	64
网类型		5.5×5.5	7×7	8.5×8.5	10.5×10.5	8.5×5.5	10.5×7
测试受拉钢筋	粗	2.440	2.180	1.906	1.627	1.555	1.224
	细	2.045	1.904	1.713	1.386	1.185	1.078
细/粗		0.838	0.873	0.897	0.852	0.762	0.881
同类平均		0.859				0.832	

3.2.3 抗剪力试验结果的讨论

1. 焊点抗剪力是多因素综合影响的结果

焊点抗剪力受钢筋材质、钢筋可焊性、钢筋外形、钢筋直径、焊接参数和焊接过程的控制等多种因素的影响，是多种因素影响的综合结果。在焊接设备、焊接工艺等方面采取多种措施，目的是为了使焊接条件一致、焊点抗剪力更趋于均匀，但这些措施不能完全解决这些问题，焊点抗剪力仍不甚均匀。焊点抗剪力分布的测试结果反映了焊点抗剪力的这种特点。

由表3.2-7可看出焊接网焊点抗剪力的一般规律。较小钢筋直径焊接网的焊点相对抗剪力较大直径钢筋焊接网的为大，同直径钢筋焊接网的抗剪力较不同直径钢筋焊接网的为大。应该指出，上述焊点抗剪力的规律是对应于相对焊点抗剪力的。

表3.2-2、表3.2-3给出了各种情况下焊点抗剪力的分布。焊点抗剪力分布情况表明，焊点抗剪力的离散性是比较大的。同一条纵向或横向钢筋上，相同电流条件下，焊点抗剪力也是不均匀的。

2. 钢筋直径的影响

焊接网的焊接参数是根据焊接网钢筋直径确定的。由表3.2-7可见，焊接网的纵线和横线的直径相同时，焊接网焊点抗剪力较大。随着钢筋直径增大，焊点相对抗剪力有降低的趋势。等钢筋直径焊接网的焊点抗剪力较易达到焊点标准抗剪力。焊接参数不一定都调整到较理想的焊接参数组合。因此会出现不同的焊接效果。钢筋直径较大时，由于设备容量等原因的限制，焊接电流不一定达到最优值，在它们达到或超过焊点标准抗剪力时，不再继续调整焊接参数，焊点抗剪力偏小。

不同直径焊接网焊点抗剪力 s 也常显示出随钢筋直径的增加而减小的规律。确定焊接参数时以较小钢筋直径确定的，不同直径钢筋焊接网的焊接参数（小直径钢筋确定）与等直径钢筋焊接网焊接参数不完全相同，焊点抗剪力也不尽相同。以7.0×7.0，7.0×10.5焊接网为例，实际焊点抗剪力 S 分别为10.99kN和23.11kN的比例（2.10），不比钢筋截面积的比例 $(10.5\times7.0)^2=2.25$ 为大。说明不同直径钢筋焊接网中大直径钢筋（$\phi^R10.5$）对焊接过程中焊核的形成较相同小直径（ϕ^R7）钢筋焊接网更为有利。同时还说明，不同直径钢筋焊接网施焊时，还需要在小直径钢筋确定的焊接参数的基础上进行参数调整，以达到良好的焊接效果。

3. 制作纵向和横向的影响

表3.2-2～表3.2-7同时给出了不同制作方向、不同测试受力钢筋时焊点抗剪力的测试值。钢筋直径相同时，测试受拉钢筋不论是纵线或者是横线，测得的焊点抗剪力较接近。焊接网的纵线和横线的直径不同时，焊接时小直径钢筋不论在上或者是在下，对焊点抗剪力的影响不大。测试时受拉钢筋为小直径钢筋时，由于小直径钢筋在焊点处折弯较大，将影响焊点抗剪力的测试值，实测值偏小。因此，反映小直径钢筋方向的焊点抗剪力值时，用大直径钢筋为测试受拉钢筋的测试值更能反映焊点抗剪力的实际情况。

4. 钢筋的表面条件

钢筋的表面条件不同，焊接效果也不同。光面钢筋纵横向钢筋交叉处，表面为圆弧且相切接触，各接触条件较一致，焊点抗剪力较均匀，且测试值高于相同条件带肋钢筋的测试值。带肋钢筋焊接网两钢筋交叉处钢筋表面接触可为肋顶与肋顶、肋顶与肋谷、肋谷与肋谷或上述几种情况的过渡状态，这些接触条件对焊点的焊接过程是有影响的。带肋钢筋的焊点抗剪力较光面钢筋为小，从焊点抗剪力测试值可观察到这些差别。

表3.3-1和表3.3-2的格网和梯网均由冷拔光面钢筋焊接而成。格网焊点为单头焊机焊点，焊点 s 值较大，离散性较小。梯网焊点为常规焊机焊成，焊点 s 值的均值较小，离

散性较大。格网和梯网的焊点抗剪力均较冷轧带肋钢筋焊接网焊点为大。

5. 测试器具和方法的影响

焊点抗剪力测试使用测试器具和方法的影响主要反映在纵向和横向钢筋的不同折弯及旋转程度上。测试受拉钢筋折弯及其与器具的摩擦，横向钢筋直径较小时横筋旋转和折弯，均会影响焊点抗剪力测试值。测试受拉钢筋为小直径钢筋时测值的降低更为明显。个别试件测试时采取了限制钢筋折弯和旋转的措施，其焊点抗剪力的测试值明显增大。见表3.2-2和表3.2-3（注有“测试时防弯”项）。

6. 焊接参数问题

焊接网焊点抗剪力试验中反映出的测试值离散性问题应引起足够的重视。出现这种情况的原因之一是焊接参数的确定问题。焊网机制造厂应根据焊网机的性能制定适合于钢筋焊接网的焊接规范、焊接工艺和操作规程，以提高焊接网的焊点抗剪质量。在实践中焊点焊接参数应调试到较优水平，以提高焊点抗剪力。

7. 焊点抗剪力的标准值

BS 4483：2005将焊点抗剪力标准值由4个焊点测值的平均值改为2个试样的单个测试值，$[S]\geqslant 0.25\sigma_{p0.2}A$。根据我们的试验结果，上述取值方法是可以达到的。格网为光面钢筋焊接网，客户要求按BS 4483：2005供货，但要求$[S]\geqslant 0.5\sigma_{p0.2}A$。试验结果表明，这些要求也是可以达到的。AS/NZS4671：2001规定$[S]\geqslant 0.5\sigma_{p0.2}A$，对带肋钢筋的焊点是较难达到的。

3.3 格网和梯网试验

格网和挡土墙土体加筋梯网是作者近年才开始生产的焊接网产品。这些产品均以冷拔光面钢筋为材料，对格网和梯网的某些性能有专门的要求，针对这些性能要求我们进行了相应的试验。

3.3.1 格网性能试验

格网纵横向钢筋直径相同，直径较大，焊点单个施焊，焊接和测试条件较规范。在生产前的焊接参数选择时需进行焊点抗剪力试验，以确定焊接参数。每次生产前，以此参数调整焊接压力、时间和电流，焊点抗剪力和钢筋拉伸检验合格后生产。

客户要求的格网性能要求包括钢筋强度、伸长率、焊点抗剪力、网格延性等。前3项性能要求与常规焊接网相同，按常规焊接网试验进行，方法与常规焊接网基本相同，后一项试验按客户提出的要求进行试验。

1. 格网常规试验

格网常规试验使用的标准为美国《混凝土用焊接光面钢筋标准》A185－02[11]。上述标准的强度标准值接近我国标准。客户的要求中没有伸长率的要求，只有冷弯试验和拉伸试验拉断缩颈面缩率的要求，拉伸试验面缩率要求不小于30%。光面钢筋（格网用）的焊点抗剪力要求不小于241A，单位为N，A为焊点处较大直径钢筋截面积。焊点抗剪力为单根试样测试值。试验方法与常规焊接网相同。表3.3-1给出了生产格网以来质量检测的统计资料。焊点抗剪力为单根试件的统计资料。

格网钢筋（$\phi^{CP}=16$）抗拉强度及焊点抗剪力　表3.3-1

项　目	测试件数	符号及单位	平均值	标准差	95%保证率
钢筋抗拉强度	664	测试值 σ(N/mm²)	634.49	16.86	606.76
		相对值 $\sigma/[\sigma]$	1.1536	0.0365	1.1035
焊点抗剪力	565	测试值 S(kN)	67.10	5.35	58.30
		相对值 $s=S/[S]$	2.530	0.202	2.198
		相对值 $s_1=S/[S_1]$	1.3855	0.1105	1.2038

注：1. 抗拉强度 $[\sigma]=550\text{N/mm}^2$；

2. $[S]=132A$（JGJ 114—2003）；$[S_1]=241A$（A185）。

2. 格网延性试验

客户要求的格网网格延性试验（ductility test）为焊接网网格对角线的伸长试验，目的在于测试格网各焊点的均匀性和格网延伸性能。测试的方法是在网格某一对角线固定条件下，测出另一对角线长度 D_0 的变化，计算出对角线伸长率。客户要求网格对角线延伸率 $(D_1-D_0)/D_0$ 不小于4%。即网格对角线伸长率等于4%（试验时控制在略超过4%）时试样不破坏。格网网格延性测试时，使网格某一对角线固定，另一对角线方向撑开，其撑开值的增加率（对角线伸长百分比）达到规定的最小值（4%）或略大于最小值时焊点不破坏，则格网延性满足要求。

单格试样测试器具如图3.3-1。多格试样测试器具见图3.3-2。

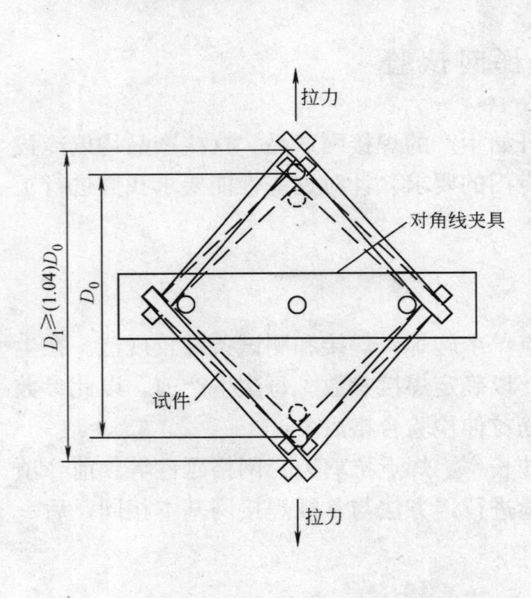

图3.3-1　箍筋网延性（对角线）测试设备

图3.3-2　格网延性试验测试器具

格网的钢筋为 $\phi^{CP}16$，要求试件用 $\phi^{CP}16$ 钢筋焊成单个网格尺寸为260mm×260mm，外形尺寸为330mm×330mm试件（伸出长度35mm），进行对角线伸长率测试。测试时，只控制对角线的伸长率是否达到要求，不论施加的拉力值。在生产过程中，常用焊点抗剪力测试和对角线伸长率的测试相同的方法进行试验，以调整焊接参数，此步骤成为焊接参数调整步骤之一。

3.3.2 梯网性能试验

梯网性能测试包括常规焊接网的强度试验、伸长率试验、冷弯试验、焊点抗剪力试验，以及梯网端环抗拉（邻近端环焊点）试验。客户要求常规试验项目按英国 BS 4482—2005、BS 4483—2005 标准和 AS/NZS4671—2001 标准的要求（其中 $[S]=0.5\sigma_{p0.2}A$）进行，同时要求钢筋的均匀伸长率 δ_{gt} 不小于 1.5%，梯网端环抗拉试验的测试值不小于梯网钢筋材料的抗拉强度的要求。梯网用光面钢筋的焊点抗剪力要求不小于 $0.5\sigma_s$ 与焊点处较大钢筋直径截面积的 A 乘积，单位为 N。$\sigma_s=500\text{N/mm}^2$ 时，纵向焊点抗剪力为 $250A$（N）。试验方法与常规焊接网相同。表 3.3-2 为 $\phi^{CP}8$ 梯网端环钢筋拉应力和焊点抗剪力测试的统计结果。这些结果是单根试样（非 3 根或 4 根的平均值）的统计结果，焊接效果是很好的。

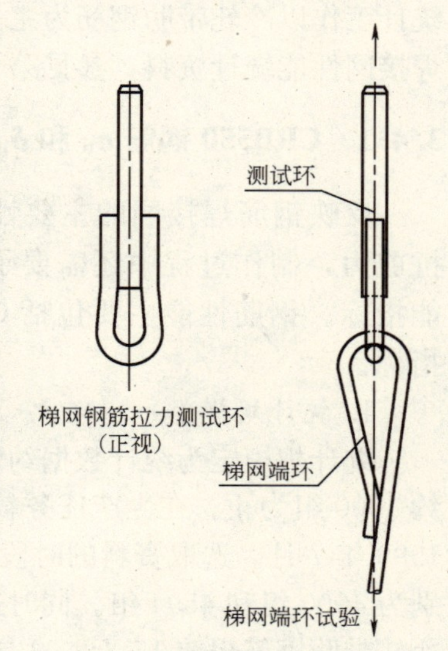

图 3.3-3 梯网端环拉力测试器具

加筋梯网端环钢筋拉应力试验是梯网端环焊点处的抗拉试验。加筋梯网有环端用专用扣环扣住，扣环和试样另一端夹于上下夹具间。测试后，裁剪试样端环后取出扣环。梯网端环试验扣件如图 3.3-3。试件在端环焊点以外 150mm 截取。测试时焊接梯网端环套入测试环内，测试后取出。客户要求的梯网端环钢筋拉应力不小于 500 N/mm^2。加筋梯网有环端用专用扣环扣住，扣环和试样另一端夹于上下夹具间，如图 3.3-3。测试后，裁剪试样端环后取出扣环。试验时试样常在端环外钢筋的焊点外拉断。自生产梯网以来梯网焊点测试值的统计结果如表 3.3-2。焊接效果较好，这是采用单头焊机焊接参数易于调整且焊接效果较稳定的结果。

梯网端环钢筋（$\phi^{CP}8$）拉应力和焊点抗剪力 **表 3.3-2**

项 目	试件数（件）	符号及单位	平均值	标准差	95%保证率
端环处钢筋拉应力	364	测试值 σ（N/mm^2）	605.93	25.22	564.44
		相对值 $\sigma/[\sigma]$	1.211	0.050	1.129
焊点抗剪力	711	测试值 S（kN）	20.02	4.38	12.81
		相对值 $s=S/[S]$	3.019	0.661	1.913
		相对值 $s_1=S/[S_1]$	1.594	0.349	1.020

注：1. 抗拉强度 $[\sigma]=500\text{N/mm}^2$（客户要求）；
2. $[S]=132A$（JGJ 114—2003）；$[S_1]=250A$（客户要求）。

3.4 CRB550 钢筋性能统计

1998 年 6 月开始，作者进行了 3 次焊接网钢筋性能的统计工作[36]。前两次是互为验证性的统计工作。第3次是单一原材料来源条件下进行的统计工作。此外，还进行了一些验证某种特性的小量的统计工作。这些统计分析工作是为了检验工厂质量管理工作的有效性，为更好地控制产品质量和完善产品质量管理工作提供可靠的资料。

冷拔光面钢筋焊接网较少使用，不具备做大规模统计的资料。同时，冷拔光面钢筋使用时间较长，经验丰富，性能稳定，目前进行大规模性能统计分析必要性也不大。因此，统计工作以冷轧带肋钢筋为主。格网和梯网属冷轧光面钢筋焊接网，可用作冷轧光面钢筋焊接网性能统计资料，参见第3.3节。

3.4.1　CRB550钢筋 σ_b 和 δ_{10} 检测值统计

反映钢筋焊接网的主要性能为CRB550钢筋的抗拉强度 σ_b、伸长率 δ_{10} 和焊点的抗剪力，制作过程中还需要了解CRB550钢筋的原材料HPB235钢筋的 σ_b 和 δ_{10} 的性能指标。钢筋性能主要包括CRB550钢筋及其原材料HPB235盘条的 σ_b 和 δ_{10} 的性能指标。

1. 统计规模

统计规模定为统计数据约4000组。由开始进行统计工作时向前追溯选取资料，达到约4000组为止。在生产任务较少时进行了第1、2次统计工作，时间为1998年11月和1999年7月。选取资料的时段为1998年6～11月和1999年4～7月，相应的资料组数分别为4000组和4594组。同时进行了同时间段的原材料性能的统计，选取资料的时间段较冷轧带肋钢筋提前15天。这是根据工厂实际运作条件确定的。第3次统计工作是在2005年12月进行的。因为在2005年8月至11月时段内，工厂进厂原材料来源单一，产品与原材料的对应性较好。

2. 资料选取

统计资料为统计时段内反映钢筋性能的全部测试资料，包括：原材料进厂检测、轧制和调直工序检测、焊接网工序检测和专项试验等的资料。轧制后检测资料，只在以冷轧带肋钢筋盘条出厂时才进行。调直检测资料包括调直后检测（不含调直调试过程的测试）资料和巡检（巡回检测）资料。焊接工序例行检测一般不进行钢筋检测（已在调直工序完成）。但焊接网巡检时须进行钢筋强度检测，此资料亦列入统计资料。专项钢筋试验资料为数极少，也选作统计资料。

原材料的统计数据为原材料进厂时的测试数据。第3次统计则为成品钢筋对应的原材料测试数据。

每个试件组的数据包括：抗拉强度、屈服强度（原材料）和伸长率。抗拉强度 σ_b 和伸长率 δ_{10} 的检测值均考虑了其应变时效的影响。原材料的抗拉强度 σ_b、屈服强度 σ_s 和伸长率 δ_{10} 均为进厂时的实测资料。

3. 统计结果

（1）产品性能

3次产品性能统计结果见表3.4-1，同期原材料性能资料的统计结果见表3.4-2。

（2）CRB550钢筋及其原材料性能离散性

CRB550钢筋及其原材料性能离散性见表3.4-3。

CRB550 钢筋性能统计分析 **表 3.4-1**

次序	测试组数	项目		钢筋直径 ϕ^R(mm)				
				全部	10.5	8.5	7.0	5.5
1	4000	抗拉强度 σ_b (N/mm^2)	均值 $\sigma_{\sigma b}$	605	595	608	603	614
			标准差 σ	27.0	27.2	25.9	27.6	27.6
			$(\sigma_b)_{95\%}$	561	550	565	558	568
		伸长率 δ_{10} (%)	均值 $\sigma_{\delta 10}$	10.4	10.4	10.3	10.2	9.8
			标准差 σ	1.1	1.1	1.0	1.1	1.0
			$(\delta_{10})_{95\%}$	8.6	8.5	8.7	8.7	8.2
2	4594	抗拉强度 σ_b (N/mm^2)	均值 $\sigma_{\sigma b}$	603	590	601	600	604
			标准差 σ	25.5	21.9	27.0	23.8	23.8
			$(\sigma_b)_{95\%}$	561	554	557	562	573
		伸长率 δ_{10} (%)	均值 $\sigma_{\delta 10}$	10.6	10.6	10.4	10.9	10.3
			标准差 σ	1.2	1.1	1.1	1.3	1.2
			$(\delta_{10})_{95\%}$	8.6	9.0	8.5	8.7	8.6
3	1825	抗拉强度 σ_b (N/mm^2)	均值 $\sigma_{\sigma b}$	606			602	618
			标准差 σ	26.7			25.0	27.6
			$(\sigma_b)_{95\%}$	562			561	573
		伸长率 δ_{10} (%)	均值 $\sigma_{\delta 10}$	10.2			10.5	9.6
			标准差 σ	1.1			1.0	0.8
			$(\delta_{10})_{95\%}$	8.5			8.8	8.3

注：$(\sigma_b)_{95\%}$——保证率为 95%的 σ_b；“全部”——不分直径的全部测试组的统计。

CRB550 钢筋制作同期原材料统计 **表 3.4-2**

次序	测试组数	项目		全部	ϕ12	ϕ10	ϕ8	ϕ6.5
1	678	抗拉强度 σ_b (N/mm^2)	均值 μ	468	463	468	470	465
			标准差 σ	18.6	18.0	19.1	16.1	20.5
		屈服强度 σ_s (N/mm^2)	均值 μ	306	302	306	308	304
			标准差 σ	17.4	12.6	15.4	17.2	24.4
		伸长率 δ_{10} (%)	均值 μ	36.7	37.9	35.6	36.6	36.3
			标准差 σ	2.5	2.5	2.2	2.4	3.2
2	656	抗拉强度 σ_b (N/mm^2)	均值 μ	458	452	444	467	465
			标准差 σ	18.9	17.8	15.3	20.9	21.7
		屈服强度 σ_s (N/mm^2)	均值 μ	300	290	286	312	307
			标准差 σ	23.2	22.9	19.1	18.2	21.4
		伸长率 δ_{10} (%)	均值 μ	29.1	28.6	29.9	28.9	28.8
			标准差 σ	2.6	2.3	2.2	2.7	2.7
3	486	抗拉强度 σ_b (N/mm^2)	均值 μ	465.0			463.3	474.5
			标准差 σ	16.76			16.76	13.67
		屈服强度 σ_s (N/mm^2)	均值 μ					
			标准差 σ					
		伸长率 δ_{10} (%)	均值 μ	28.21			28.08	28.71
			标准差 σ	2.01			2.03	1.84

CRB550钢筋及原材料性能离散性 表3.4-3

次序	项目		全部	ϕ^R10.5	ϕ^R8.5	ϕ^R7.0	ϕ^R5.5
1	σ_b离散系数C_v	轧后	0.0446	0.0457	0.0426	0.458	0.0450
		轧前	0.0397	0.0389	0.0408	0.0343	0.0441
	δ_{10}离散系数C_v	轧后	0.106	0.106	0.970	0.108	0.102
		轧前	0.0681	0.0660	0.0618	0.0656	0.0882
2	σ_b离散系数C_v	轧后	0.042	0.0371	0.0449	0.0397	0.0394
		轧前	0.0413	0.0394	0.0345	0.0448	0.0467
	δ_{10}离散系数C_v	轧后	0.113	0.104	0.106	0.119	0.117
		轧前	0.0890	0.0804	0.0736	0.0934	0.0938
3	σ_b离散系数C_v	轧后	0.0446			0.0420	0.0453
		轧前	0.0360			0.0362	0.0288
	δ_{10}离散系数C_v	轧后	0.1027			0.0984	0.0825
		轧前	0.0713			0.0723	0.0641

3.4.2 统计结果分析

1. CRB550钢筋性能的统计特点

统计资料表明，CRB550钢筋σ_b、δ_{10}的频率分布基本上是正态分布的。3次统计结果表明，钢筋的性能均达到现行标准的要求，钢筋质量较好。

由于原材料来源较广泛、生产厂家不同、生产炉批号各异，难于达到对原材料适用范围的要求，加之轧制过程中的人工调整，其分布规律略有偏离正态分布现象。一般的规律是分布曲线向钢筋性能适用范围偏移。

2. CRB550产品性能

表3.4-1表明，CRB550产品性能良好，产品合格率很高，说明原材料和相应轧制面缩率的选择、冷轧带肋钢筋的轧制工艺和调整措施是可行的。

3. 适用轧制面缩率

面缩率ψ=23%（ϕ^R7和ϕ^R10.5）时，钢筋抗拉强度较小，但伸长率更易于满足要求；ψ=28%（ϕ^R5.5和ϕ^R8.5）时，钢筋抗拉强度较大，为使伸长率满足要求，相应的调整工作量较大。从整体讲，ψ=23%更有利于简化生产过程和提高效率。

表3.4-2给出轧制面缩率在23%～28%内，钢筋性能的变化为：抗拉强度σ_b均值增加135～150N/mm^2，伸长率δ_{10}均值降低18%～19.5%。原材料的抗拉强度σ_b以选用430～480N/mm^{2}为宜。

3.5 焊接网混凝土构件裂缝的讨论

在我国钢筋焊接网推广应用初期，人们对焊接网使用高一级强度材料会影响焊接网混凝土抗裂能力的问题存有疑虑。结合推广应用中提出的具体问题和实际工程条件，进行了裂缝宽度验算。作者采用现行标准（《钢筋焊接网混凝土结构技术规程》JGJ 114—2003）

的裂缝宽度计算方法，对冷轧带肋钢筋焊接网配筋板构件的不同配筋的裂缝宽度进行了验算、比较和讨论，对混凝土收缩性裂缝的产生和防止进行了初步分析，帮助人们对钢筋焊接网改善混凝土裂缝性能的认识更为全面。

3.5.1 混凝土裂缝

1. 裂缝的类型

混凝土构件在受到外荷和（或）外部环境变化的影响，使构件产生的拉应力超过混凝土能承受的拉应力时，混凝土就会开裂。钢筋混凝土楼板的裂缝有两种类型，一类是在正常荷载条件下的裂缝；一类是由于混凝土性能形成过程中的收缩受到约束等原因而产生的裂缝。前者是钢筋混凝土构件正常使用中出现的裂缝，若裂缝宽度控制在允许范围内，属正常裂缝。后者是混凝土施工过程中及施工后的一段时间内由于混凝土性能的变化没有得到控制而产生的裂缝。混凝土不应出现由于施工原因而出现裂缝。两类混凝土裂缝产生的原因不同，性质不同，形态不同，后果也不同。

（1）由荷载产生的裂缝

钢筋混凝土构件是混凝土和钢筋两种材料组成的复合材料构件，在荷载作用下，钢筋和混凝土共同承受荷载产生的内力；混凝土还支撑着构件内的钢筋，以保持其在构件中的设计位置上，使二者共同发挥作用。同时混凝土还起到保护钢筋免于被腐蚀的作用。

钢筋有很好的抗拉和抗压性能，混凝土有良好的抗压性能。这两种材料的合理组合，可充分发挥它们各自的性能特点。钢筋所受的拉力是通过钢筋和混凝土之间的握裹力传递到混凝土上的。如果钢筋与混凝土之间的握裹力能保证两者之间变形一致性，混凝土内超过混凝土允许应变处将出现均匀分布的微细裂缝，钢筋起到了限制裂缝开展的作用。钢筋拉应力过大时，部分钢筋握裹力消失，裂缝宽度集聚而形成较宽的裂缝。当裂缝宽度超过容许值时会影响构件的正常使用，此情况不应出现。

由荷载产生的裂缝，视裂缝的宽度和规模，对结构正常使用产生不同的影响，可根据不同情况而采用不同的处理方法。有的裂缝也可能是建筑物破坏前的征兆，应引起重视。限制裂缝宽度的目的是使建筑物能正常使用，同时防止钢筋锈蚀。

结构性裂缝产生的原因，有时是设计的缺陷，更多为施工的原因。施工原因常为钢筋强度达不到设计要求，或钢筋安装位置不正确，以及混凝土强度达不到设计强度或过早拆模混凝土过早承受其自重等。

（2）由混凝土收缩产生的裂缝

混凝土的性能自浇筑后在整个正常使用的过程中是随时间变化的，混凝土收缩、强度增长、塑性降低。在混凝土性能变化过程中，若其收缩受到限制，混凝土会产生裂缝。这种裂缝常常在施工过程中出现，亦可在使用过程中出现。此类混凝土裂缝较为常见。

多年来人们对混凝土收缩裂缝问题进行了大量的试验研究和现场测试工作，总结了一套控制混凝土裂缝产生和发展的行之有效的措施。混凝土裂缝产生的原因是很复杂的，有时还存在设计方面的问题，要完全避免混凝土裂缝的产生似乎是很难做到的。

2. 板裂缝出现形态

板的结构性裂缝的出现有一定的规律，常出现在板拉应力较大处。楼板顶面会出现沿梁边距梁边一定距离的裂缝，两梁交叉处附近出现垂直于两梁相交处分角线向的斜裂缝。

楼板底面，两梁交叉处附近会出现接近分角线向的斜裂缝，板底中央出现平行于梁轴方向的裂缝。

板混凝土的收缩受限制产生的裂缝，有设计中存在的板约束较大的问题，更多的由于施工原因产生的，如混凝土配合比不当、浇筑措施不当、养护不及时等。板平面较长时常出现横长方向的裂缝，尤其在横向尺寸突变（尺寸减小）处，是板约束较大引起的裂缝。施工原因在梁区格的板内出现的裂缝常是不规则的，可出现斜向的裂缝，有时裂缝是贯穿的。过早拆模楼板出现的裂缝形态常类似于板的结构性裂缝。

3. 钢筋焊接网的作用

钢筋焊接网混凝土构件通常是面积较大，厚度较小的构件，配置的钢筋焊接网，钢筋直径较小，间距较小，且多为带肋钢筋。有时在构件的表面附近混凝土中也配置钢筋焊接网。这些钢筋焊接网混凝土构件的焊接网具有良好的分散裂缝和限制裂缝发展的作用，可起到限制由荷载和混凝土收缩产生裂缝的作用，是在实践中限制裂缝发展的措施之一。混凝土达到一定的强度而形成对钢筋的握裹力后，焊接网将起到限制和缓解混凝土收缩裂缝的产生和扩展的作用。在施工早期，由于施工的原因，混凝土强度的增长受到影响，或者混凝土达不到应有的强度，其握裹力和强度未达到防止裂缝产生和发展的程度时，焊接网有时也难于控制裂缝的产生和扩展。

3.5.2 荷载裂缝控制

由于钢筋焊接网使用的构件强度等级较低碳钢热轧盘条高一个级别，人们担心钢筋焊接网混凝土构件的抗裂性能是否能满足《规程》JGJ 114—2003 的要求。我们进行了多次钢筋焊接网混凝土楼板裂缝宽度验算。下面是这些验算的总结。

1. 最大裂缝宽度计算

(1) 计算方法[1]

钢筋焊接网配筋的混凝土板类受弯构件，按荷载效应的标准组合并考虑长期作用影响的最大裂缝宽度（mm）可按下列公式计算：

$$w_{\max}=\alpha_{CT}\psi\frac{\sigma_{sk}}{E_s}\left(1.9c+0.08\frac{d_{eq}}{\rho_{te}}\right) \tag{3.5-1}$$

式中 α_{CT}——受力构件特征系数，对带肋钢筋焊接网配筋的混凝土板，取 $\alpha_{CT}=1.9$，对光面钢筋焊接网配筋的混凝土板，取 $\alpha_{CT}=2.1$；

ψ——裂缝间纵向受拉钢筋应变不均匀系数，$\psi=\alpha-0.65f_{tk}/(\rho_{te}\sigma_{sk})$；当 $\psi<0.1$ 时，取 $\psi=0.1$；当 $\psi>1$ 时，取 $\psi=1$；对直接承受重复荷载的构件，取 $\psi=1$；

σ_{sk}——按荷载效应的标准组合计算的钢筋混凝土构件纵向受拉钢筋的应力，$\sigma_{sk}=M_k/(0.87A_sh_0)$；

E_s——钢筋弹性模量；

α——系数，对带肋钢筋焊接网，取 $\alpha=1.05$；对光面钢筋焊接网，取 $\alpha=1.1$；

c——最外层纵向受拉钢筋外边缘至受拉区底边的距离（mm）；

ρ_{te}——按有效受拉混凝土截面面积计算的纵向受拉钢筋配筋率，$\rho_{te}=A_s/(0.5bh)$；当 $\rho_{te}<0.01$ 时，取 $\rho_{te}=0.01$；

M_k——按荷载效应的标准组合计算的弯矩值；

d_{eq}——受拉区纵向钢筋的等效直径（mm），$d_{eq}=(\sum n_i d_i^2)/(\sum n_i \nu_i d_i)$；

ν_i——受拉区第 i 种纵向钢筋的相对粘结特性系数，对带肋钢筋取 $\nu_i=1.0$，对光面钢筋取 $\nu_i=0.7$；

d_i——受拉区第 i 种纵向钢筋的公称直径（mm）；

n_i——受拉区第 i 种纵向钢筋的根数。

（2）具体工程计算

进行了若干具体工程楼板的最大裂缝宽度的验算。其中，对某工程楼板的最大裂缝宽度进行了多种情况的最大裂缝宽度验算和比较。

该工程楼板配筋为 ϕ10@200，钢筋截面面积 $A_s=392.5\text{mm}^2$，板厚 $h=100\text{mm}$。验算时是以钢筋应力达到 210N/mm² 时计算得的 $M_k=5.7368\times10^6\text{N}\cdot\text{mm}$ 作为验算弯矩，相应的最大裂缝宽度 w_{max} 为 0.17mm。换算成冷轧带肋钢筋焊接网配筋时，以承受相同的弯矩为原则，要求钢筋应力≤360N/mm²，最大裂缝宽度 $w_{max}^R\leqslant0.2\text{mm}$。保护层厚度一律采用 $a=15\text{mm}$。换算成 3 种冷轧带肋钢筋焊接网和 1 种冷拔光面钢筋焊接网的配筋，以资比较。换算后资料见表 3.5-1。

配筋换算资料 **表 3.5-1**

项目	弯矩 M_k (10^6N·mm)	配筋	钢筋面积 A_s(mm²)	厚度 h (mm)	保护层厚度 c(mm)	有效高度 h_0(mm)
原设计	5.7368	ϕ10@200	392.50	100	15	80.0
焊接网设计	5.7368	ϕ^R7@150	256.43	100	15	81.5
焊接网设计	5.7368	ϕ^R7@160	240.41	100	15	81.5
焊接网设计	5.7368	ϕ^R6@125	226.08	100	15	82.0
焊接网设计	5.7368	ϕ^P7@150	256.43	100	15	81.5

其他参数按式（3.5-1）所规定数据和方法选用。分别计算了低碳钢热轧盘条配筋的最大裂缝宽度 w_{max} 和冷轧带肋钢筋配筋的最大裂缝宽度 w_{max}^R。计算结果见表 3.5-2。

裂缝最大宽度计算结果 **表 3.5-2**

焊接网配筋	钢筋截面积 A_s(mm²)	钢筋用量比 R(%)	配筋率 ρ(%)	最小配筋率 ρ(%)	最大裂缝宽度 w_{max}(mm)
ϕ10@200	392.50	100.0	0.3925	0.272	0.1646
ϕ^R7@150	256.43	65.33	0.2564	0.20	0.1822
ϕ^R7@160	240.41	61.25	0.2404	0.20	0.2008
ϕ^R6@125	226.08	57.60	0.2261	0.20	0.1990
ϕ^{CP}7@150	256.43	65.33	0.2564	0.20	0.2509

注：CRB550 按 $45f_t/f_y$ 计算的最小配筋率为 0.159%。

2. 讨论

（1）用低碳钢热轧钢筋 HPB235 配筋（ϕ10@200）的板构件，配筋率为 0.39%。当钢筋强度为 210N/mm²（5.73710⁶N·mm）时，$w_{max}=0.17\text{mm}$，与相应配筋的 CRB550

的最大裂缝宽度相当。但CRB550的配筋率降低较多。

(2) 改变CRB550配筋的钢筋直径和间距，可在满足 $w_{max} \leqslant 0.2mm$ 条件下，使CRB550配筋率降低更多（$\rho=0.23\%$），达到优化CRB550配筋，进一步降低钢筋用量的目的。相应于HPB235配筋的3种冷轧带肋钢筋CRB550配筋的相同板构件的 w_{max}^{R} 为 w_{max} 的1.06～1.18。略增加一些CRB550的配筋率（$\rho=0.256\%$），w_{max}^{R} 相当于 w_{max}。CRB550和HPB235的强度比为1.71，CRB550配筋节省材料的优势是非常明显的。所验算的其他几个工程的 w_{max}^{R} 均显示出上述规律。

3.5.3 混凝土收缩裂缝控制

1. 混凝土裂缝的形成

当混凝土构件的拉应变超过混凝土的容许拉应变时，即当 $r\varepsilon \geqslant [\varepsilon]$ 时，混凝土构件就会出现裂缝。其中 ε—构件的拉应变；r—约束系数；$[\varepsilon]$—混凝土的容许拉应变。

在混凝土浇筑和凝固后，从开始固化时混凝土的性能就在发生变化，直至使用过程中仍在进行。在浇筑后数天混凝土性能急剧变化，28d达到设计强度，2～3月后基本完成，3～4年后混凝土收缩完成。表3.5-3为与产生裂缝有关的混凝土应变特性。表3.5-3中第1、2项为致裂因素，第3～5项为抗裂因素。对构件的约束可为抗裂因素，亦可为致裂因素。上述因素是同时产生和发展的。如果在结构布置方面能缓解对构件的约束，同时在混凝土性能变化发展过程中，能充分利用混凝土的徐变性能，结合采用合理的混凝土配合比、合理的施工措施和养护措施，混凝土裂缝是可以得到控制的。

与开裂有关的混凝土性能 **表3.5-3**

序 号	项 目	应变 $\varepsilon \times 10^{-6}$
1	坍落度为18cm干缩率	600～800
2	混凝土温度每下降1℃的收缩率	12
3	C25混凝土（$f_t=1.27N/mm^2$）	45
4	混凝土弹性变形和徐变	300～400
5	调整混凝土配合比和养护影响	100～200

建筑物结构设计时已全面考虑建筑物使用条件和施工条件，一整套行之有效的控制裂缝措施应反映在设计文件中。这些措施的实施对裂缝的控制起到了良好的效果。

2. 混凝土裂缝的防止

(1) 施工措施

混凝土收缩是混凝土裂缝的主要原因。混凝土固化过程中及固化后混凝土内部的水分逐渐蒸发，其体积也随之收缩。表3.5-3中列出的混凝土收缩量和松弛量（如混凝土徐变等）的变化范围是比较大的。因此，在混凝土固化和强度增长过程中，采取措施使混凝土的收缩量减少，并合理而充分地利用混凝土的徐变性能，包括合理选择混凝土配合比，采用合适的施工方法，加强混凝土的养护，混凝土裂缝是可以得到控制的。

混凝土固化时水泥产生的水化热使混凝土温度升高，外部环境温度的变化等因素会使混凝土构件内部产生不均匀温度场和相应的温度应力，温度应力也是混凝土产生裂缝的重要原因之一。为了防止混凝土产生温度裂缝，对大体积混凝土构件的浇筑温升和温差分别作了≤28℃和≤25℃的规定。由于板类构件厚度较小，散热条件较好，混凝土板构件的浇筑温度和温差没有作具体的规定。南方温度变化不大，水化热温升的影响只有在出现温度冲击和构件周边的约束较大时才显现出来。

提高混凝土强度可提高混凝土的抗裂性能。提高混凝土强度常采用增加水泥用量的方法。但若水灰比不变，则其拌合用水量亦增加，收缩率也随之增大，从而降低混凝土的抗裂能力。因此提高混凝土强度，其早期强度较高可延缓裂缝发生，但如果收缩率没有得到控制，裂缝还可能发生。

（2）混凝土构件的约束

混凝土的干缩一般需经 3～4 年的时间才能全部完成。不同尺寸（厚度）的结构的干缩过程也不同。如果板构件四边嵌固于截面积较大的梁上，由于板混凝土的干缩变形较梁快，板的变形受到梁的约束而会出现裂缝。楼面的平面布置也会影响到单个楼板的约束条件。纵向尺寸和横向尺寸都很大的梁系楼面，处于结构中部的楼板易出现裂缝；纵向尺寸远大于横向尺寸时，结构中部的楼板易出现平行于横向的裂缝；在横向尺寸有突变（横向尺寸减小）时，横向裂缝常集中于横向尺寸突变的楼板附近。因此，在结构设计时采用约束较小的结构体系或采取必要的结构措施，可防止裂缝的产生。

（3）混凝土中的钢筋

混凝土中钢筋具有提高混凝土抗裂能力的性能。增加配筋率可减小钢筋混凝土的裂缝宽度，但对提高混凝土抗裂性能，避免裂缝产生的作用是有限的。较有效的防止裂缝开展的方法是采用预应力钢筋混凝土，预先施加压应力于混凝土来提高钢筋混凝土的抗裂性能。

（4）纤维混凝土

在混凝土中掺入某种纤维以改善其性能，这种混凝土叫做纤维混凝土。常用的有钢纤维混凝土，杜拉纤维（化学纤维）混凝土等。钢纤维混凝土仍属钢筋混凝土构件，钢纤维混凝土中钢纤维间力的传递是通过混凝土完成的，具有近乎于均质弹塑性体的性质。钢纤维混凝土的含钢率较高，具有良好的防裂性能。杜拉纤维混凝土属改性混凝土，混凝土表面≤0.3mm 的裂缝，不会引起表面杜拉纤维混凝土的开裂。常用于混凝土表面，防止其开裂。杜拉纤维混凝土不属结构用混凝土，使用时应注意可能由于结构裂缝被掩盖而危及结构安全。

3.5.4 钢筋焊接网混凝土抗裂性能的讨论

1. 高强度钢筋的使用

采用高强钢筋是钢筋工程的发展趋势，国外常用的钢筋级别为特征屈服强度为 400MPa 和 500MPa 的钢筋，我国常用为 335MPa 级别的钢筋，正在推广应用的钢筋级别为 400MPa 级钢筋。新修订的《混凝土结构设计规范》GB 50010—2002 中，混凝土最大裂缝宽度的表达式所计算出的 w_{max} 较修订前的为大。即使在这种情况下，并无因裂缝控制而限制高强度钢筋使用的问题。

钢筋焊接网具有更多的限制混凝土裂缝开展的性能，如使用的钢筋直径和间距较小、较良好的焊点抗剪（握裹力等）性能、焊接网的整体性等，使其限制裂缝开展的性能提高，优于同强度其他钢筋或钢筋制品和较低强度的绑扎钢筋。钢筋焊接网使用高强度钢筋的条件比同强度其他钢筋或钢筋制品更为优越。

2. 钢筋焊接网限制裂缝开展的作用

钢筋焊接网限制裂缝开展的作用主要反映在使用的钢筋直径和间距较小（与低强度钢筋相比），表面条件（有肋）所形成的握裹力较高等方面。焊接网焊点抗剪力可限制裂缝宽度在焊点间传递，使裂缝间距减小，裂缝宽度减小，与绑扎钢筋比较，这也是焊接网附加的限裂限制裂缝开展功能。焊接网常使用于有限制裂缝扩展要求的构件和构件表面，是构件表面限裂的重要措施之一。

3. 混凝土裂缝问题

混凝土裂缝是由于混凝土收缩和收缩受到约束而产生的。混凝土的收缩主要是在混凝土浇筑和浇筑后的一段时间内完成的，在这段时间内，采用合理的施工技术措施可改善混凝土的收缩性能，混凝土的裂缝是可控制的。

从混凝土的配合比设计、浇筑振捣技术、混凝土的养护、混凝土的温度控制直至混凝土施工的总体设计等都可影响到混凝土的收缩性能和结构的约束性能。良好的工程设计可改善混凝土的约束条件。从上述各个方面采取相应的措施是可以改善混凝土的抗裂性能。

4. 钢筋焊接网混凝土限裂的使用情况

在焊接网应用初期，对焊接网混凝土的质疑，实质上是对焊接网的材料冷轧带肋钢筋的质疑。这些质疑集中在高强度钢筋的应用对混凝土裂缝开展的不利影响的质疑。如前所述，这些问题已在焊接网应用初期解决。焊接网所具有的良好的防裂性能已同时为人们所肯定。

在实际工程中，钢筋焊接网常作为限制裂缝扩展的措施之一加以应用。彩天商住楼[30]纵向尺寸较大，但不宜使用横缝将其分割，采用预应力梁、钢筋焊接网楼板等技术措施，取得了良好的防裂效果。深圳市民中心[24]一、二层楼板防裂要求高，采用了钢筋焊接网混凝土、杜拉纤维混凝土等技术，亦取得了良好的效果。

第4章　钢筋焊接网制作

钢筋焊接网的制作是将钢筋焊接网的钢筋材料，经电阻熔焊工艺焊接成结构用钢筋焊接网，再经后续的裁剪、成形等工序，形成可安装或使用的钢筋产品。使用的钢筋材料为CRB550级冷轧带肋钢筋和CPB550级冷轧（拔）光面钢筋时，钢筋焊接网制作的工序为：选择钢筋材料→轧制→调直和截剪→焊接→裁剪成形→入库存放。HRB400级热轧带肋钢筋或外购CRB550时无钢筋轧制工序。我国使用的焊接网多为冷加工钢筋焊接网，焊接网厂多配备有钢筋冷加工设备。

焊接工序是焊接网制作的主要工序。焊接工序之前，为焊接工序作准备和提供钢筋材料的工序及相应的辅助工序；焊接工序之后为焊接网后续加工和库存工序，包括焊接网裁剪、成形、捆扎、运送入库等工序及相应的辅助工序。这些工序和设备构成了以焊网机为中心的焊接网生产线。随着钢筋焊接网应用的发展，焊接网生产线也得到了相应发展，目前达到了很高的自动化水平，从原材料盘条输入直至成品焊接网出厂，可全部实现自动化生产。同时，工程实践对焊接网设备提出新的要求，许多新型的焊网机应运而生，使焊网机增添了许多新型的不同功能的焊网机，构成了功能多样的焊网机大家族和自动化生产线。

钢筋冷加工为焊接网提供钢筋材料。以冷加工钢筋为材料的钢筋焊接网厂常配置钢筋冷加工设备，直接进行冷加工钢筋的加工。在设计钢筋轧制和焊接网焊接工艺和产品质量控制标准时，需要进行一些试验和统计工作，取得相应的数据，作为工艺设计和质量控制的依据。在第3章中的以钢筋轧制和焊接网焊接为中心试验研究工作和产品性能的统计分析工作，是作为建立和完善加工工艺和产品质量控制为目的进行的。

在焊网机使用过程中，要求使用者充分利用和灵活掌握焊网机的结构和性能，以提高焊网的产品质量和生产效率。同时也要求使用者根据自身的资源条件，合理装备各种设备，以优化资源配置。

4.1　加工设备

钢筋焊接网制作的主要设备包括轧制设备、调直设备及焊接成型设备（焊网机）。焊接成型设备是焊接网制作的主要设备，常简称为焊网机。

自引进钢筋焊接网技术以来，我国已研制出了一批焊网机，可满足我国当前钢筋焊接网的需求。有的大型焊接网企业或外资焊接网企业从国外引进了很先进的成套焊接网生产线，形成了很大的生产能力。

我国有较长的轧制设备和调直设备制造历史，经验较多。在热轧和冷拔光面钢筋加工设备的基础上，借鉴国外冷轧带肋钢筋轧制设备制造经验，研制出了适应我国情况的钢筋轧制设备。我国的钢筋焊接网厂和冷轧带肋钢筋厂多由国产设备装备起来的。

4.1.1　轧制设备

焊接网厂的轧制设备是生产冷加工钢筋的设备。钢筋焊接网常用的冷加工钢筋为CRB550和CPB550钢筋。采用HRB400钢筋为钢筋焊接网材料时，或外购CRB550和CPB550冷加工钢筋时，焊网厂不需配置轧制设备。

轧制设备由放线架、除氧化层装置、轧制机组、拉拔机（主动式轧制无此设备）、应力消除装置、钢筋剪截装置、收线装置等组成。轧制机组和拉拔机是轧制设备的主要设备。图4.1-1为滑轮式上料轧制设备布置图，图4.1-2为成品下落式轧制设备布置图。

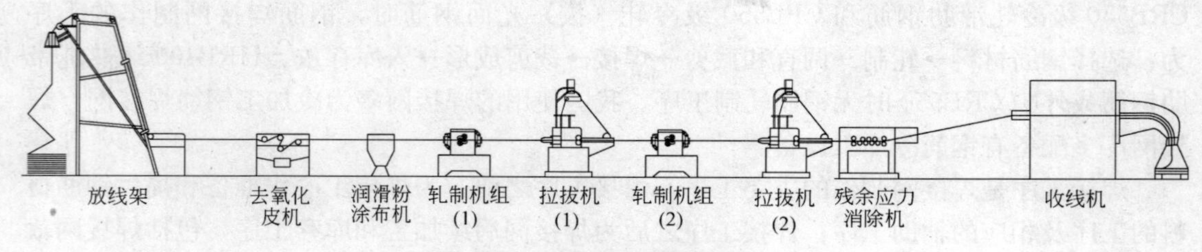

图4.1-1　滑轮式轧制设备布置

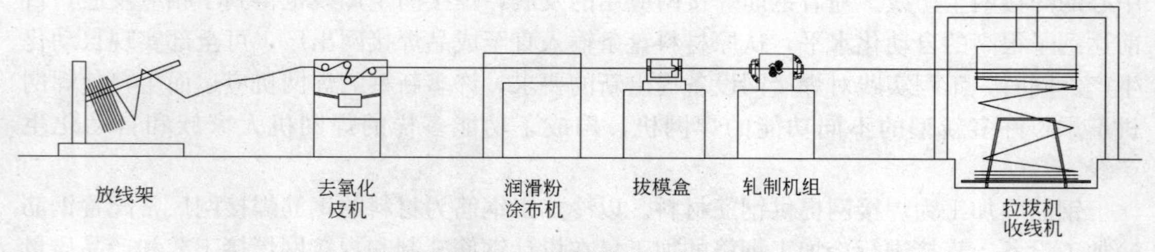

图4.1-2　下落式轧制设备布置

1. 轧制机组

(1) 主动式轧制机组

主动式轧制机组的轧制动力由轧制机组主轴提供。轧制机组由若干轧辊组组成，每个轧辊组可由两片或3片轧辊环组成，置于轧制机组机箱内，采用乳化液对轧辊片、齿轮、轧件进行润滑和冷却。轧辊组由两片轧辊环组成时轧件单向受压，3片轧辊环组成时轧件3向受压，受力较均匀。轧制时轧件变形的受力状态不同于拉拔式轧制，无拉拔轧制时有较大的轴向拉拔应力。3轧辊环轧制时变形区3向受压，有利于轧件轴向延伸和消除钢筋内可能存在的缺陷，轧制效果较好。轧制成品钢筋的强度略低，伸长率略大，可减少轧制工序中伸长率的调整工作量，有时甚至可不用消除应力装置。轧件穿模（轧辊环构成的模孔）时可直接穿入，无需压尖轧件。轧制后成品可直接按所需长度剪截；需成卷收线时，需配置收线设备，盘卷收存。

(2) 被动式轧制机组

被动式轧制机组是在冷拔光面钢筋加工设备的基础上，将拉拔装置改为轧拔装置而成，可生产光面钢筋或带肋钢筋。被动式轧制机组以轧制机组替换冷拔加工设备的拔模，由拉线机提供动力，将轧件通过轧制机组拔出。轧件通过轧制机组的轧辊环组，轧辊环组随轧件被拉拔而转动并轧制轧件。轧制机组的轧辊环组通常由3片轧辊环组成，轧件通过轧辊环辊轧的受力状态与通过拔模孔的受力状态不同，轧件轴向受拉和横向受压，在横截面上的压力和变形分布较均匀，成品钢筋的强度和伸长率均有所改善。除轧制机组外，其他设备，包括拉拔机，均类似于钢筋冷拔加工设备，操作简单。

一套轧制机组由两组轧辊环组组成，每组 3 片轧辊环，固定于机组支架上。每一轧辊环组完成一个钢筋减径道次或成型道次。每组轧辊环组的轧辊环可进行调整或更换，以满足钢筋直径和外形的要求。一套轧制机组的两组轧辊环组可完成两个不同的轧制（减径或成型）道次。轧制设备常配置两套轧制机组（图 4.1-1），构成 4 道轧制道次（3 道减径，1 道成型）的轧制工序。轧制机组的两组轧辊环组可进行轧辊组间轴线位置的调整，使其位于同一直线上，以防轧件受扭。第 1 套轧制机组通常为两道减径道次，轧辊环组成的模孔横截面分别为三角形和圆形，以达到轧制过程中轧件均匀变形的目的。第 2 套轧制机组亦为两个道次，减径道次和成型道次。减径道次为三角形横截面，成型道次为圆形带肋槽横断面，除达到轧制过程中均匀变形目的外，还可使带肋钢筋肋形饱满。有时也可配置一套拔模和一套轧制机组，构成 1 道减径调圆、1 道减径、1 道成型的 3 个道次的轧制工序（图 4.1-2），以避免由于原材料外形通条性不佳（椭圆度和直径变化等）引起的轧制机组轧拔时的振动、受力不匀和轧件受力不均匀，影响轧件质量和轧机寿命。

2. 拉拔机

冷拔光面钢筋加工的设备由拉拔机、拔模、收线装置组成，由拉拔机提供动力，加工件通过拔模模孔拉拔而出，生产出冷拔光面钢筋。被动式轧制设备的拉拔机与冷拔光面钢筋的拉拔机的功能完全相同。拉拔机通常按装备两套轧辊机组设计的。两套轧辊机组可分别配置两台拉拔机（图 4.1-1），也可只配置一台拉线机。配置一台拉线机时，拉拔机的卷筒可为 2 层或 3 层，第 1、2 层分别作为两套轧辊机组提供拉拔动力，第 3 层为应力消除装置提供动力。使用一套轧辊机组时，只使用第 1、2 层中的一层。选择两套轧辊机组面缩率的比例时，应根据拉线机卷筒的直径比确定。也有 1 层卷筒的拉拔机，只用于 1 套轧制机组的情况。此时可将调圆用的拔模装置串联于轧制机组之前，如图 4.1-2。此种轧制工序组合中轧件调圆有利于轧制机组的防震。

被动式轧制设备的拉拔机的收线装置可有多种布置形式：上升式、下落式和卧位卷线式等。上升式收线是钢筋轧制成品在拉拔机上卷筒被向上挤压而入收线架内；下落式收线是钢筋轧制成品由拉拔机下卷筒掉落入下置收线架上。卧式卷线式收线方式则需另行装置卧式卷线收线装置，在轧制设备的一端收线。若有必要，主动式轧制设备亦可布置卧式卷线收线装置。

3. 应力消除装置

应力消除装置分机械应力消除装置和低温回火应力消除装置等形式。

在轧制过程中的应力消除装置为机械应力消除装置，是用于消除残余应力的装置，同时也可调整轧制钢筋的强度和伸长率之间关系的作用，使钢筋的伸长率提高，同时降低钢筋强度。

应力消除装置是由两排轴线在两个互相垂直平面内的辊轮组组成，每组 7～9 个，每组在同一平面内分两列布置。竖向面内的辊轮上下相间布置，上列个数比下列少 1 个，下列固定，上列位置可调整。水平辊轮组的布置与竖向辊轮组相同。钢筋穿过两列辊轮间的间隙而反覆变形，达到消除残余应力的目的。应力消除装置布置于轧制机组之后。是否启动应力消除装置，根据轧制钢筋的伸长率和强度的实际情况而定。

低温回火应力消除装置为专用的电热回火炉。回火炉恒温温度不高于400℃，恒温持续1小时。由于低温回火装置复杂、炉内温度不均匀、与上下工序不连续、效率低，实践中很少采用。

4. 其他辅助装置

(1) 放线装置

放线装置可由放线盘、放线架组成（图4.1-1）。将原材料盘条放置在放线装置的放线盘上，钢筋线头通过放线架顶的滑轮引至下滑轮无螺旋扭弯地进入下道工序。有的放线装置无钢筋防扭装置，原材料钢筋直接从倾斜放线架上引至下道工序（图4.1-2）。

(2) 去氧化层装置

去氧化层装置是将原材料钢筋表面的氧化层去掉的装置。钢筋去氧化层后轧制，可使钢筋表面免受氧化层等物质沾污，影响钢筋轧制质量。这是钢筋轧制前必须完成的一道工序。去氧化层的方法通常是钢筋经反复弯曲，使其表面氧化层脱落。去氧化层装置由6个辊轮组成，4个固定，2个可移动；亦可为4个，2个固定，2个可移动。可根据钢筋规格和氧化层特点，调节可移动辊轮的位置，以调整钢筋的弯曲程度，达到良好的去氧化层目的。

(3) 润滑剂涂布装置

润滑剂涂布方法是在钢筋通过疏松的粉状润滑剂时，使其表面涂布上润滑剂。皂粉润滑剂涂布装置下部为润滑剂收集容器，通过竖向螺旋输送机构将润滑剂输送至钢筋通过的容器内，并借助于水平螺旋输送机构使之处于循环活动状态。润滑剂涂布装置布置在除氧化层装置之后，轧制机组之前。主动式轧制机组的润滑剂置于机箱内，同时润滑轧制机组的齿轮等部件。

(4) 卧式收线装置

卧式收线装置将轧制成型钢筋收卷，由拉线机提供动力或另配电机驱动收线装置卷筒。收线装置排线机构引导钢筋在卷筒上排列整齐。

(5) 剪截和计数装置

剪截和计数装置在主动轧制设备直接生产直条时配置。此装置与调直设备的装置相同。

4.1.2 调直设备

调直设备是将盘卷开卷、调直到所要求的直度和剪截成所需长度的设备。调直工序亦称为矫直工序、校直工序，都有一定的道理且也广泛地应用着。由于使用习惯，仍使用“调直工序”这个名称。

调直设备由盘卷线盘、调直机、剪截装置、定长和计数装置、承（收）线架等组成。调直机和剪截装置是调直设备中的主要设备，如图4.1-3。

1. 调直机

调直机是以钢筋高频变形达到调直目的的[21]。调直机由机架、前后导向轮、调直回转装置、剪截装置组成。调直回转装置由回转架和调直辊组成，是钢筋产生高频变形的装置。回转架是空心的构件，两端由两个轴承固定于调直机机架上。两组调直辊组以与回转

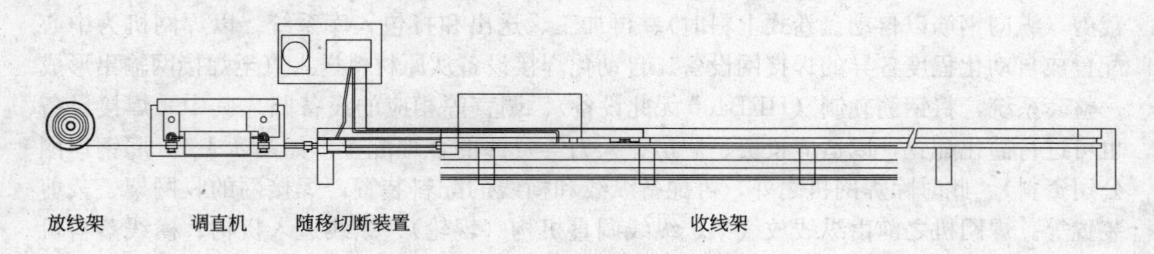

图 4.1-3 调直设备布置（平面）

架轴线成一定的角度的形式分别安装于平行于回转架轴线的平面上，每组 5～7 个。调直辊的个数、形状、尺寸和方向对钢筋的调直效果和钢筋性能调整效果（强度和伸长率的关系）影响较大。调直辊轴线与回转架轴线形成的角度和调直辊的位置（用作调整钢筋的变形量）是可调的，可根据钢筋的直径和直度要求进行调整。钢筋直径较大时，宜选用较小的角度；钢筋调直达不到要求时，可调整调直辊下压量，直至达到钢筋直度要求。各调直辊的下压量对称调整，中间轧辊下压量较大，两侧下压量小一些，并保持各下压量的整体平衡。被调直的钢筋穿过回转架空心部分和调直辊之间的间隙，回转架转动时对钢筋产生径向弯曲力和切向推进力，与主动导向轮一道，使钢筋被调直并向前推进。前后导向轮引导钢筋进入和引出调直回转装置并引入剪截装置。

2. 剪截装置

剪截装置有飞剪剪截头、随剪剪截头、固定剪截头等类型。常用的剪截方式为飞剪和液压随剪形式。飞剪剪截是将剪截刀具安装在飞轮上，在飞轮转动过程中剪截钢筋。液压随剪是在剪截刀具随钢筋向前行进过程中剪截，剪截后剪截头复位。飞剪和液压随剪均在钢筋行进过程中完成的，对钢筋行进的影响很小。固定剪截头剪截钢筋时，行进中的钢筋有瞬间停顿，钢筋瞬间受扭。各调直辊与钢筋的摩擦力常可分散钢筋受扭的影响，但钢筋受扭的影响仍然存在，有时还是很大的。同时各导向件的导向漏斗入口也可能会与摆动中的钢筋产生摩擦，损伤钢筋表面。

3. 其他装置

钢筋定尺机构可采用编码器测量定尺、光电码盘测长系统定尺、定位测长系统定尺等定尺形式。承料架用于收集和承接调直后的钢筋，也用作定位测长的支架。

主动轧制机组可直接生产直条钢筋，不需配置调直设备，只需在主动轧制机组后配置计数测长装置和收料架。

4. 其他形式的调直设备

为了提高 HRB400 钢筋直度，可采用类似于应力消除装置，用多辊轮组组成的调直装置（两辊轮组方向互成 90°角度），全自动主动送进，高速行进的调直形式。此种调直设备对 HRB400 钢筋的调直效果良好。这种调直设备亦可用于 CRB550、CPB550 钢筋，在全自动焊接网生产线中常采用此种调直设备。

4.1.3 焊接设备

焊接设备的配置随制作的焊接网的不同而异，也随生产自动化水平而不同。

1. 焊接设备组成

焊接设备主要设备为焊网机，焊网机之前为焊网机的配料系统，焊网机之后为焊接网裁剪（纵向钢筋以自动盘卷式上料时）、再加工、送出和打包入库系统。以焊网机为中心配置成自动化程度各异的焊接网设备。自动化焊接设备从原材料送入直至焊接网输出形成一整套系统，将钢筋轧制（HRB400无此设备）、调直等相应的设备归入其中。焊接设备也可进行简化配置，以适应投资、厂房、人力等资源的合理配置，如图4.1-4（邢钢焊网公司资料）。此时除焊网机之外，可配备纵线和横线的配料装置，焊接网的收网架、裁剪装置等。焊网机之前由纵线放线架、纵线调直机构（辊轮）、纵线送入机构、横线落料机构等组成；焊网机之后由焊接网牵引机构、裁剪机构、落网机构等组成。

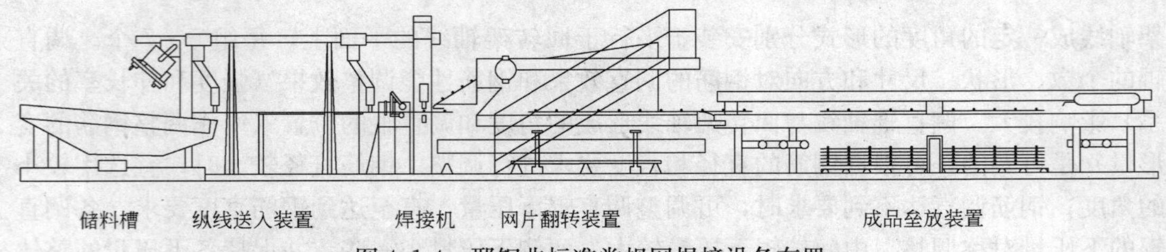

图4.1-4　邢钢非标准常规网焊接设备布置

2. 常规网焊接设备

(1) 焊网机[26][38]

焊网机为电阻焊接，用低电压大电流在很短的时间内加热焊件，使焊件局部熔合在一起，形成焊核，达到焊接的目的。钢筋焊接网的焊接工艺包括对焊件的加热和加压两个基本工序，通电和电极间加压是实现上述基本工序的方法。焊网机的基本动作为：电极预压焊件→通电加热并施压形成熔核→停止加热维持电极压力→去电极压力（下一焊接工序的准备）。电阻熔焊的主要焊接参数为焊接电流、焊接时间和焊接电极间的压力、焊件尺寸（钢筋直径）等。

焊网机的焊接电源由焊网机专用变压器提供。焊接网焊接用电功率很大，可采用多台较小容量的变压器组成若干组、变压器多档电流调节的方法运行，以适应不同钢筋直径的电流需求。焊接大直径钢筋时，若受供电功率限制，各焊点可分组分段通电施焊，以降低对焊接功率需求。分段分组焊接，虽将延长焊接时间降低生产速度，但以重量计的产量不会降低。

电极压力由加压气缸或液压缸提供。加压缸压力线性可调，通过程序控制。当焊接钢筋直径变化时，加压缸压力可通过可编程逻辑控制器PLC控制，以保证焊接质量。有的加压缸和焊接电极置于燕尾槽式横向轨道上，可根据需要横向移动，调整纵向钢筋间距。

焊接网的外形尺寸、钢筋间距的控制是实现焊接网质量的一个方面。纵向钢筋导向管布置和电焊极板的布置、纵筋对齐机构、纵筋滚轮夹紧机构、横筋落料和对齐机构、网片牵引机构等的精确度，各机构的协调和控制，可使焊接网的尺寸精度达到很高的水平。

焊网机的自动控制装置为焊接网的焊接工序和尺寸控制提供了良好的条件。钢筋焊接网制作工艺采用可编程逻辑控制器PLC作为它的控制中枢，进行全面的控制。

(2) 纵横筋进料系统

纵筋进料系统可为定尺下料后的钢筋直条进料，也可为焊接网材料盘卷进料，甚至冷加工钢筋原材料盘卷进料，视焊网机系统的配置和自动化程度而定。

钢筋直条进料的装置有进料架、进料导管（导筋管，内有阻尼装置）、对齐挡板（或对齐机构）等装置。纵筋置于进料架上，按设计要求分别插入设计间距相应的导筋管，至触及对齐挡板止。在导筋管上的阻尼装置可消除网片拖动时产生的惯性位移，以保证网片纵向间距精度。这种纵线进料装置可机械化生产，也可人工操作。还有自动化程度更高的进料装置。

焊接网材料盘卷或冷加工盘卷直接进入焊接网生产线时，经辊轮组调直工序连续进入焊接网的自动化生产线。这种配置可简化纵筋进料程序，提高效率。

横筋进料系统因设备配置的成网设备而异，可布置于焊网机上游侧、下游侧，或同时布置于生产线的上、下游侧，一个横筋进料系统供应一个焊网设备。同时布置于上游侧和下游侧并同时进料和焊接，由两台焊网设备并联同时进行两排焊点的焊接，可提高焊接速度。横筋进料系统由分料器、自滑轨式或链条接送式或磁碟式等落送料机、定位器组成。计算机控制该机构实现横筋自动供料。横筋进料系统垂直于纵筋的送进方向，单独配置一个横筋料仓，定长横筋吊运入料仓，整齐地堆放于其中。横筋经料仓底部的倾斜滑道依次送入上电极下方。

（3）网片步进拖动和剪截

网片步进拖动是按设计所需的横筋间距（含裁剪间距）将焊接网连续地向前拖进，以保证设计所需的横筋间距和剪截位置。拖进尺寸可根据需要进行自动调整。网片步进拖动采用伺服系统、机械与气缸组合或液压组合作为牵引动力，网片步进尺寸和速度均可以精确控制。裁剪装置布置在焊网机之后，焊接网到达裁剪位置时，裁剪装置自动剪截。

（4）焊接网传送系统

焊接网传送系统的工作内容包括焊接网成品的传送、翻转、叠放、捆扎、系标识卡、库存等，并由相应的装置组成。将成品焊接网传送、翻转、叠放在送网小车上，叠垒至规定的数量后捆扎、系标识卡，送入仓库库存。

（5）焊接网成形

焊接网成形是焊接网的再加工，包括焊接网的裁剪、折弯成形、成形焊接网的组合安装等，通常有拗网机、裁剪机、组合样架等组成。

3. 自动钢筋骨架焊接设备

自动钢筋骨架焊接机是生产用于生产三角形钢筋骨架混凝土肋型楼板和叠合板、预制混凝土楼板，以及异型构件的三角形钢筋骨架和结构的钢筋桁架构件等。钢筋骨架焊接生产线可从盘卷钢筋材料经调直、弯曲成型、焊接、裁剪等工序自动完成。自动钢筋焊接笼滚焊机是生产用于钢筋混凝土排水管、预应力混凝土管、混凝土桩及电线杆等构件用的螺旋网的设备。自动滚焊机可高效地自动化生产，尺寸准确，焊接质量良好。

4. 单头焊网设备

单头焊接机可用于格网、梯网等焊接网类型的制作。

格网有别于箍筋笼，是将梁柱内同一横断面内的箍筋或其他要求钢筋焊接成网的焊接网类型。格网的钢筋直径较小和结构较简单时，可用常规焊网机生产，再用剪网机裁剪成所需外形尺寸。直径较大和格网结构较复杂时，现有的焊网机容量不足，以专用焊网机生产为宜。采用单头焊网机的方案也是较好的解决方法之一。钢筋很大时，有时所要求的单头焊网机的容量也很大。在可满足产量要求条件下，单头焊机是常用的较为现实的配置方法之一。

单头焊接系统属半自动性质，设备由焊接机、材料槽、样框、配料台、焊接台、成品台组成。材料槽设有两个槽，分别盛装纵向和横向钢筋。配料架上置有样框，样框可在配料架的辊轮上纵向移动。样框上有纵横向钢筋定位槽和钢筋端头限位器，使钢筋准确定位。焊网台用于焊件的焊接，样框置于其上。焊网台可沿导轨横向移动，样框则可在焊网台上纵向移动，形成样框相对于焊头可纵横向自由移动。

土体加筋梯网钢筋直径较小，可用常规焊网机焊接成网后裁剪而成。梯网端环形状特殊，不便于在焊网机上焊接，常用单头焊机完成。焊接系统由配有拗网机的弯网台、焊网裁剪、焊接台、单头焊机组成。网片置于弯网架上，送入拗网机将钢筋端头弯成环形，裁剪成单片梯网，置于焊网台上，送入单头焊机焊接端环，成品下架包装。梯网的热浸锌由另外厂家完成。

4.2 CRB550 钢筋轧制

钢筋焊接网常用的冷加工材料为 CRB550 冷轧带肋钢筋和 CPB550 冷拔（轧）光面钢筋。钢筋焊接网工厂常配备有钢筋冷加工设备，轧制为钢筋焊接网制作的组成工序之一。CRB550 钢筋和 CPB550 的加工工艺基本相同。CRB550 冷轧带肋钢筋加工条件和工序更为全面，这里主要说明 CRB550 冷轧带肋钢筋加工工序，CPB550 冷轧光面钢筋加工可参照使用。我国使用的焊接网多为冷加工钢筋焊接网，焊接网厂多配备有钢筋冷加工设备。

冷加工钢筋加工过程及钢筋结构形成的各个环节，包括母材的化学成分和结构选择、加工变形量及其施加过程（变形量、加工道次、加工方法和形式等）、完善钢筋性能（应变时效、应力消除、调直等）措施相应的设备。本节试图从上述几个方面说明作者所采用的措施和经验。

4.2.1 母材

1. 化学成分

CRB550 和 CPB550 冷加工钢筋的原材料为低碳钢热轧光圆盘条。HPB215、HPB235 等牌号盘条的含碳量不同、抗拉强度不同，它们所使用的轧制面缩率 ψ 不同，工艺过程也略有差别。影响冷加工性能的主要因素之一为原材料的含碳量[41]。轧制面缩率 ψ 相同时，低含碳量的牌号轧制成品抗拉强度 σ_b 偏低，伸长率 δ_{10} 偏高；反之高含碳量的牌号轧制成品抗拉强度 σ_b 较大，伸长率 δ_{10} 偏低。国外有用低碳钢热轧钢筋含碳量作为钢筋牌号，例如 K12 为含碳量为 0.12%的低碳钢热轧钢筋，选择冷加工钢筋原材料更为方便一些。实践和试验结果表明，原材料的适用含碳量为 0.12%～0.16%，相应的抗拉强度为 430～480N/mm²。在此范围以外原材料的轧制工艺参数较难控制，需采用辅助的装置和工序，工作繁琐，效率低。因此常采用偏下限含碳量的 HPB235 盘条作原材料。使用上述适用含碳量的盘条轧制工艺的设计较为灵活，甚至可不需配置或启动消除应力装置。原材料盘条含碳量每增加 0.05%，其抗拉强度约相应提高 40N/mm²，它们的关系有一定的规律性。由于钢筋强度可即刻在工厂里测出，且可与成品的强度直接联系起来，生产中常以抗拉强度指标选择原材料。

此外，HPB235 盘条的其他化学成分亦应控制。锰（Mn）、硅（Si）等提高钢筋强度的元素的含量很少，通常用碳当量来反映它们的影响，且规定了它们含量的上下限。硫（S）磷（P）等有害元素对钢筋的延伸率等性能有不利的影响。现行国家标准规定了它们的容许含量上限：0.045%。为提高冷加工钢筋的质量，曾有降低 S、P 容许含量的建议。因这种改变有一定的难度而没有实现。实践表明，按现行国家标准关于 S、P 含量的容许上限的规定，合理选择 HPB235 钢筋的含碳量和加工工艺，CRB550、CPB550 钢筋产品可以达到较好的质量。

2. 冶炼和热轧

低碳钢热轧盘条的冶炼方法也会影响到冷加工钢筋的性能。由于冶炼中脱氧制度不同，冷加工效果亦不同。有报道提出，HPB215 沸腾钢盘条较镇静钢的轧制冷加工效果更好（未考虑时效影响）。最近的试验表明沸腾钢盘条轧制的 CRB550 钢筋对应变时效较为敏感[41]。试验表明 HPB235 镇静钢高线盘条更宜于作为冷加工钢筋的原材料。

低碳钢热轧盘条按使用的热轧轧机的不同，可分为高速线材轧机生产的低碳钢无扭控冷热轧盘条（俗称高线）和普通复二重轧机及其他轧制机型生产的普通热轧盘条（俗称普线）等类别。它们均有 HPB195、HPB215、HPB235 等牌号。生产低碳钢热轧盘条的轧机和工艺不同，盘条的组织和结构不同，性能差别很大。高速线材质量高，塑性好，盘条通条性波动小（约 20MPa），盘重大（1000～2000kg），直径公差小（±0.1～±0.2mm），氧化层薄，是生产冷加工钢筋的较好材料。复二重轧机（含改造后的轧后控冷）轧制的普线的化学成分虽与高线接近，但由于轧制工艺不同，性能不稳定。生产冷轧（拔）钢筋时，要求对每一盘卷原材料进行钢筋性能和尺寸的测试，在此基础上进行轧制工艺设计。即使可用调整轧制工艺的方法来提高轧制产品的质量，但由于普线的盘重小，直径公差大，材料测试和工艺调整工作量非常大，在实际应用中很难办到。实践表明，普线不宜作为冷加工钢筋的原材料。

3. HPB235 盘条

HPB235 小直径盘条的规格为 ϕ6.5、8、10、12mm，含碳量为 0.14%～0.22%。如果采用 1mm 级差的 CRB550 级钢筋直径系列，在上述盘条规格范围内选择处于适用范围内的面缩率 ψ，生产出合格产品的难度很大，成本很高。多年的实践表明，CRB550 级冷轧带肋钢筋直径系列最小级差宜用 0.5mm，使 HPB235 小直径盘条轧制 CRB550 钢筋的 ψ 处于适用范围内，使 CRB550 钢筋具有良好的性能指标。CRB550 产品直径与母材直径对应关系见如表 4.2-1。

CRB550 与低碳钢热轧盘条直径对应关系　　**表 4.2-1**

HPB235 直径(mm)	6.5	8	10	12
CRB550 直径(mm)	5.5	7	8.5	10.5
轧制面缩率 ψ(%)	28.4	23.4	27.8	23.4

4. 专用原材料

CRB550 和 CPB550 钢筋专用原材料是根据钢筋冷加工要求设计，由钢厂专门生产的。它可克服 HPB235 盘条前述不足之处，使冷加工钢筋质量和效率达到较高的水平。专用原材料在发达国家已广泛使用，我国也已部分使用。大部分厂家仍在使用钢材市场供应的国标牌号低碳钢盘条 HPB235 作母材。

设计专用母材需考虑盘条含碳量、适用轧制面缩率和钢筋直径等的相互关系。这三个因素是相互关联的。盘条含碳量是主要因素，盘条含碳量确定后，适用轧制面缩率和钢筋直径也就确定了。原材料规格应按最优的母材含碳量的范围及和轧制面缩率的适用范围为条件确定。

专用原材料也有适用含碳量范围的问题。由于钢厂轧制设备和工艺的原因，钢筋规格也要根据钢厂的实际条件选定。选定专用材料的规格后，仍存在冷轧过程中的调整问题，但工作量远较使用 HPB235 原材料为少。

1997 年母材联营网建议的母材直径如表 4.2-2[39]。这些原材料规格应是参照目前热轧低碳钢盘条和 CRB550 的轧制设备、工序和规格选择的。

CRB550 与专用母材直径对应关系（母材联营网建议）　　表 4.2-2

专用母材直径 ϕ(mm)	5.5	7.0	8.0	9.0	10.2	11.40
CRB550 直径 ϕ^R(mm)	5	6	7	8	9	10
轧制面缩率(%)	17.35	26.53	23.44	20.99	22.14	23.05

根据实践，HPB235 热轧盘条的含碳量在 0.12%～0.16%范围内，且面缩率 $\psi=23\%$（相当于 $\phi8\rightarrow\phi^R7$、$\phi12\rightarrow\phi^R10.5$ 的 ψ）时，CRB550 的轧制效果较好。建议母材与轧制钢筋直径之间的对应关系采用表 4.2-3 的数值。

CRB550 与专用母材直径对应关系（轧制面缩率取为 23%）　　表 4.2-3

CRB550 直径 ϕ(mm)	5	6	7	8	9	10	11	12
专用母材 ϕ^Rmm	5.70	6.80	8.00	9.10	10.30	11.40	12.50	13.70

以上两种原材料规格选择方法同属于由 CRB550 规格确定原材料规格的方法。两种方法均给原材料的含碳量（即抗拉强度）留有一定的调整空间；后者留的更多一些，轧制工艺更规范一些。

还有一种可用的选用原材料规格的方法。根据钢厂现有钢坯的含碳量（在适用范围内）和适用面缩率，按照 CRB550 规格和冷加工规律规定原材料规格。此法应由钢厂做原材料的设计。这种确定原材料规格的方法，可使原材料的适用含碳量的范围有所扩大，但对 CRB550 的生产带来很多不便。

4.2.2　轧制工序

1. 加工特点

低碳钢冷加工工艺经历了一个发展的过程，由冷拔发展为冷轧，表面由光面发展为带肋，轧制动力由被动发展为主动等的过程。

冷拔光面钢筋是通过冷拔模由拉伸机拉拔而成。这是我国最早使用的冷加工钢筋品种。冷拔工序是钢筋通过小于钢筋直径的模孔，使钢筋直径变小的加工方法。钢筋通过模孔时，钢筋四周受压和轴向受拉。钢筋与模孔壁的滑动摩擦力较大，钢筋中心部分更易于沿钢筋轴线方向延伸，使钢筋横截面上的应变不均匀，钢筋截面外缘附近的应力集中和残余应力现象较为突出，影响到钢筋的性能。在工程中通常使用小直径的冷拔光面钢筋。

冷轧钢筋是用轧制工艺加工而成的产品。冷轧钢筋可为光面钢筋，亦可为带肋钢筋，由使用的轧辊环片的轧面形状决定。弧形轧面用于生产光面钢筋，带肋槽弧形轧面用于生产带肋钢筋。冷轧钢筋的轧制工序可为被动的，也可为主动的。被动轧拔工序时，钢筋由拉拔机拉拔，使之通过轧辊组构成的轧孔轧拔成型。钢筋通过3片轧辊环片形成的间隙（即钢筋成型横截面），由拉拔机拖曳，轧辊环片被动转动。钢筋与轧辊环片间为滚动摩擦，钢筋四周受压和沿轴线受拉，拉力较冷拔工序为小，钢筋横截面上的应变较均匀，受力状况较冷拔光面钢筋为好。

主动连轧工序与被动辊拔工序的不同点为轧辊组是主动的，钢筋不需拉拔，轧件经轧辊组自动咬入，经几组轧辊组完成减径和成形工序。有时为使轧制过程稳定亦可以很小的力拉拔钢筋，使钢筋承受微张力。轧辊组可由两片或3片轧辊环组成，可使轧件受压状态更为均匀。主动连轧可改善轧件可能存在的裂纹、裂隙等缺陷。主动连轧加工的钢筋延性较好，强度略有降低。

2. 冷加工道次

冷加工道次就是加工件在加工工序中的加工次数。冷拔时的加工道次通常为2次，被动辊拔时道次可为2～6次，主动连轧时为3～4次。试验表明，钢筋冷加工效果与总加工面缩率有关。多道次加工使钢筋经受多次较小的应变，可使钢筋横截面上的应变分布较均匀，达到提高加工件性能的目的，是钢筋质量控制的主要方法之一。但轧制道次过多将影响加工效率，常用的道次为4道。多道次加工的另一个原因是减小加工件的拉拔拉力，可避免在加工过程中钢筋过度变形和拉断现象。

冷拔工序1个道次配置1个拔模。被动轧机的每个轧辊机组由两组轧辊环组组成，为2个加工道次。第一轧辊组为三角形轧辊环组，减径并轧成三角形截面，第2轧辊环组为圆形截面（中间截面，最终截面为圆形时为最终截面）或带肋截面（最终截面为带肋截面时）。主动轧机各轧制道次的轧辊组安装在轧制机箱内，可根据需要设定加工的道次。

3. 钢筋表面

冷加工钢筋表面可分为光面钢筋和带肋钢筋两种。CPB550冷拔光面钢筋表面光滑，无突变，性能测试值较高，焊点抗剪力也较高。CRB550带肋钢筋因握裹力要求而轧制成外凸肋形，外形有突变，表面残余应力和应力集中较为明显，对钢筋性能测试值有影响，有时甚至会出现低于冷拔光面钢筋测试值的情况。带肋钢筋的焊点抗剪力也较光面钢筋为小。

4. 轧制工序

常用轧制工序为：①开卷放线、对焊接线→②除氧化层→③涂布润滑粉→④轧制调试→⑤轧制→⑥应力消除→⑦收卷（或剪截计数）→⑧取样检验→⑨入库。

第①道工序时将母材盘条开卷，置于倾斜或竖直的放料架上，引出的线头与穿过除氧化层装置、润滑涂布装置、轧制机组的引线对焊，焊后用砂轮修圆，引线固定于拉线机卷筒，拖曳盘条线头通过上述装置。若为连续轧制，可将上个盘条的线尾与下个盘条的线头对焊即可。使用主动式轧机时，盘条线头可直接由轧机箱的导孔插入，无需引线穿导。随后相继完成第②、③道工序。

第④道工序是某批或某炉号的盘条开始轧制时必须进行的工作，批号或炉号不明确时逐盘调试。调试工作内容包括：根据母材的性能和直径初选轧制总面缩率、轧制道数、每道轧制工序的面缩率。试轧时需截取试件，测试钢筋直径（带肋钢筋用称重法）、钢筋外形尺寸、钢筋性能。合格后开始轧制；否则重新调试，直至合格为止。

第⑤道工序为轧制工序。如前所述，轧制工序可由2道、4道、6道等几种道次组成。最后一道为成型工序，其余轧制道次按圆形（母材外形）→三角形→圆形→……的次序进行，成型工序之前必须是三角形。使用一个轧制机组2道次时，道次间面缩率比例以保证2道次的衔接和成型道次肋形饱满为准。各轧制机组间轧制面缩率比例应按拉拔机卷筒直径的比例确定。各轧制道次面缩率的总和为轧件的设计面缩率（即总面缩率），应根据拉拔机卷筒直径的比例分配总面缩率，并确定各道次面缩率之间的比例。主动式轧机的轧制道次由轧制箱内的轧辊片组数确定。

第⑥道工序为应力消除工序，也是调整钢筋强度和伸长率关系的工序。轧件轧制后的σ_b和δ_{10}的指标符合轧制控制指标时，可不启动应力消除工序，轧件自由通过应力消除装置。需调整强度σ_b、δ_{10}伸长率时，可用辊轮的下压量调节。下压量大，伸长率增加，强度减小。

第⑦道工序为收卷工序。主动式轧机生产直条钢筋时应启动剪截装置。

第⑧道工序为检测工序，用于直接以盘卷形式出厂（主动式和被动式轧机）和以直条形式出厂（主动式轧机）时。钢筋性能检测指标应达到考虑钢筋应变时效的指标（参见第4.4.1钢筋质量的控制）。

4.2.3　调直工序

1. 调直过程

调直工序是将盘条钢筋通过调直机后使其直度达到要求，且按尺寸裁截下料的工序。调直过程中钢筋的变形也是消除残余应力过程，钢筋应力状态得以改善的过程。

钢筋调直是钢筋通过调直机回转架时反复弯曲变形，消除钢筋收线成卷时的变形，使钢筋达到所要求的直度。调直也是钢筋冷加工塑性变形的过程，但受力方向和变形形式与轧制工序不同。轧制时钢筋受四周径向力的挤压和（或）轴向受拉，使之直径变小并沿轴向延伸；调直时钢筋受单侧横向压力，另一侧（对侧）受拉，钢筋是受弯的。在行进的过程中钢筋通过回转架多对辊轮间隙，使钢筋周期性地反复受弯，达到钢筋调直的目的。同时，在钢筋周期性受拉和受压的变形过程中，使钢筋在轧制过程中残存的残余应力得以消除。调直的另一种方法是钢筋通过与应力消除装置相同的互相垂直的两组辊轮组，达到调直的目的，调直机制与调直机相同。常用于HRB400钢筋的调直，特别是盘卷直接上焊接网自动化生产线的情况。调直常出现一些附带的现象，如钢筋沿纵轴螺旋形扭曲，钢筋沿纵轴波浪式弯曲等。这些现象，对光面钢筋和带肋钢筋都存在，但带肋钢筋更突出一些。钢筋沿纵轴螺旋扭曲是由于调直机回转体的转动带动的，较难避免，但不影响钢筋的直度。钢筋沿纵轴波浪式弯曲可用调整回转体滚轮的下压量来调整。就总体而言，钢筋的直度和钢筋性能的变化是调直过程中调整的主要内容。

2. 调直工序

调直工序：①开卷→②穿线→③应力消除→④调直→⑤调直调试→⑥剪截和计数→⑦捆扎→⑧入库（或入焊接工序）。

第①、②道工序是连续操作的。将轧制钢筋盘卷置于盘架上，引出线头，穿过导轮、回转架，从固定于回转架上的辊轮间穿过，调整各辊轮的下压量。调整后的辊轮下压量可以是不均匀的。调整后开动机器试调直。截取调直后钢筋试件，测试其直度和力学性能

(σ_b、δ_{10})，合格后设定钢筋长度和计数器，进行调直；否则，重新调整辊轮的下压量，重新测试，直至合格。有时会出现钢筋达到了直度要求而钢筋性能达不到要求的情况。有两种情况：(1) 强度偏大，伸长率偏小，应加大下压量。若加大下压量会使钢筋直度达不到要求时，不宜继续加大下压量，宜与应力消除工序配合进行调整；(2) 强度偏小，伸长率偏大，减小下压量。上述两种措施达不到要求时，暂停调直工序，并回溯到轧制工序，改变轧制面缩率。

第③道工序为应力消除工序，是调直工序的辅助工序，也可认为是独立的调整钢筋性能的工序。调直工序是以达到钢筋直度要求为目的的工序，但是，在调直过程中，钢筋的性能会发生变化，强度降低，伸长率提高。必须重视这个事实，使钢筋的直度和性能在调直过程中同时达到要求。在调整辊轮下压量会引起不良后果时（钢筋直度达不到要求、钢筋性能异常变化等），宜启动应力消除工序。应力消除工序的设置实质上是将调直工序过大的辊轮下压量调整一部分到应力消除工序，分两次完成钢筋性能的调整。

第④、⑤、⑥道工序是连贯的，调试调直和应力消除工序之后，再调试钢筋长度和计数装置，调试工作完成，调直工序即可正常运行。

第⑦、⑧道工序是调直工序的成品处理工序。以 CRB550 钢筋为最终产品时，将钢筋捆扎，附上标签入库。为中间产品时，将钢筋附上标签，按规定要求进入下道工序。

HRB550 热轧带肋钢筋的调直工序与 CRB550 钢筋相同。HRB400 钢筋在调直过程中亦有强度降低和伸长率增大的现象。调直过程的强度降低可达 $50N/mm^2$。由于 HRB400 钢筋的强度和伸长率有较大的富余度，在通常情况下调直工序对钢筋强度的影响小于钢筋强度富余度，不会影响到钢筋的质量。由于钢筋通条性的问题，钢筋强度波动达 $20N/mm^2$。HRB400 钢筋强度较低时，应考虑调直工序对钢筋强度的影响。

4.2.4 钢筋性能的调整

在正常情况下，冷加工钢筋的性能不需要进行特殊的工艺处理，即可达到所要求的性能要求。

HPB235 低碳钢热轧盘条的含碳量和力学性能有一定波动范围，其直径也允许有一定的偏差，钢筋的冶炼和轧制过程中还会出现钢筋通条性问题，因此钢筋市场上供应的 HPB235 低碳钢热轧盘条不一定是生产 CRB550 钢筋最合适的材料。合理选择原材料可基本解决上述问题。否则上述问题有时会在轧制过程中出现钢筋性能的调整问题。调整的过程就是利用冷加工钢筋的生产直至性能稳定的整个过程中采取一些措施，使钢筋内部结构的变化趋于改善钢筋性能的方向发展。

1. 轧制工艺的调整

钢筋轧制工艺的调整，主要是钢筋的轧制面缩率的调整，有时也可进行轧制道次的调整（有条件进行此调整时）。通常增加面缩率可使钢筋的强度增加，伸长率降低；增加轧制道次可使钢筋的强度略为降低，伸长率略为增加。轧制工艺设计时应留足调直过程中钢筋性能变化对钢筋产品质量的影响。轧制道次的增加可改善伸长率等钢筋性能。在选择轧制设备时应综合考虑轧制道次减少引起的轧制设备投资的减少，以及轧辊组等的磨损和轧制后钢筋性能调整费用的增加，从而选择较优的方案。

CRB550 钢筋焊接网重量（相当于截面积）的允许偏差为±4.5%，相应的 σ_b 的变化幅度约为±20N/mm²，δ_{10}的变化幅度不到±0.5%。利用钢筋重量的允许偏差，进行轧制面缩率的调整，可作为钢筋性能调整措施之一，但σ_b和δ_{10}调整量很小，在实际操作中效果不明显，很少应用。

轧制精度、多道次轧制等轧制工艺过程中的措施可改善产品性能的均匀性，从某种意义上说也是对钢筋性能调整措施。

2. 调直工艺的调整

在调直过程中，CRB550和CPB550钢筋强度降低约30～80N/mm²，伸长率升高约3%～5%。在进行钢筋轧制和调直工艺设计时应重视调直工序的这个特性，使产品达到较高的质量。此特性亦可用于钢筋性能的调整，即调直过程是调整钢筋的强度和伸长率的相互关系的主要措施之一。

调整的方法是，在满足钢筋直度要求的条件下，控制钢筋在调直过程中的变形量（即调直辊下压量），以达到消除残余应力，提高伸长率，控制σ_b和δ_{10}之间的关系的目的。这种调整方法是很有效的。在轧制后钢筋性能达到钢筋质量控制要求时，调直工序满足钢筋直度要求即可。σ_b偏大，δ_{10}偏小时，可用加大下压量进行调整，并观察对钢筋直度的影响。δ_{10}很小时，例如$\delta_{10}<5\%$时，要调整到$\delta_{10}>9.5\%$是非常困难的，此情况应已在轧制工序中加以解决，在调直工序中不应出现。较有效的方法是改变产品的规格，如加大产品的直径（减小轧制面缩率）等。σ_b和δ_{10}均偏小时，问题更为复杂，大多是为原材料选择时造成的，亦需用改变产品的规格来解决。上述两种情况为原材料选择的问题，应在母材选择时解决，或改变产品的规格，以免使后续工序费工、费时而得不到预期的结果。

CRB550和CPB550钢筋伸长率的提高有一定的限度。调直时钢筋变形量过大，将使钢筋遭受到另一次变形硬化，使钢筋的强度和伸长率均下降，达不到调整钢筋性能的目的。如果增加一道机械应力消除工序分担调直变形量仍不能解决问题，可用低温回火消除残余应力的方法。实践中不常用低温回火消除残余应力，应以选用较低含碳量原材料为宜。

HRB400钢筋在调直过程中也有强度降低和伸长率增加的现象。由于热轧带肋钢筋的强度和伸长率有较大的富余度，在通常情况下调直工序不会降低到影响钢筋质量的程度。但在热轧带肋钢筋的强度较低（接近570N/mm²）时，应考虑调直工序对钢筋强度的影响。此时，调直工序应仔细设计，使之保证钢筋强度不低于标准指标的要求。调直工序的设计可参照冷轧带肋钢筋调直工序进行设计。

3. 应力消除工艺的调整

应力消除可分为低温回火消除残余应力和机械消除残余应力两种。采用低温回火的方法消除残余应力，改善钢筋局部应力状态，提高伸长率，是很有效的。但在实践中使用，尚有一些具体问题需要解决。例如，回火温度均匀性对钢筋通条性的影响问题。另外，低温回火的投资较大，在冷加工系统中增加热处理工序，在工序设计和管理上也存在一些具体问题。因此，在实践中很少采用。

机械应力消除是用反复机械变形的方法来消除冷加工钢筋的应力集中和残余应力，改善冷加工钢筋的应力状态。调直工序也是应用同样的原理使钢筋达到直度要求的目的，但变形量较调直工序为小。机械应力消除和调直工序对钢筋性能的影响是相同的，即钢筋强度降低和伸长率提高，是调整钢筋强度和伸长率关系较有效的工序。在满足直度要求的前提下，可根据轧制后钢筋的性能选择钢筋调直变形量来控制钢筋的性能，以达到提高钢筋质量的目的。在调整量较大时，可综合考虑调直工序和机械消除应力工序的共同作用，分次进行调整，合理调整两个工序的变形量，以达到更优异的结果。

4.3 焊　网

4.3.1 点焊焊接机制

钢筋焊接网是采用电阻熔焊点焊焊接而成的，这种焊接形式[19]不使用电焊焊条等焊接物质。电阻熔焊质量反映在焊核直径、焊核的焊透率（焊核高度与焊件厚度或钢筋直径之比）和焊核内部质量，在数值上反映在焊点的抗剪力上。

电阻熔焊点焊是在钢筋交叉点置于上下电极之间，施加电极压力和通电加热形成焊点的过程，组成以加压和加热（通电）为基本条件的点焊焊接循环。可进行加压和加热的不同时段和量值的组合，构成不同的焊接循环，达到不同要求的焊接效果。各焊接循环均包括3个基本阶段：预压阶段、焊接阶段和锻压阶段。电阻熔焊的主要焊接参数为焊接电极间焊件所受的压力 F、焊接电流 I_w 和焊接时间 T_w，焊件尺寸（钢筋直径）和对焊点的要求是决定上述参数的基础。

1. 预压阶段

预压是通电之前在焊接网钢筋交叉点处通过电极对钢筋施压，使钢筋间良好接触和建立导电通道，保持接触电阻的稳定，为通电加热作准备。电极压力应达到足够量值，否则可能出现由于接触电阻过大而产生焊接前期飞溅。预压时间不宜过长，以提高焊接效率。

2. 焊接阶段

在电极施加的压力和强大焊接电流作用下，在焊件接触面上形成真正的物理接触点，并随着通电加热而不断扩大，接触面消失，形成熔化核心。熔核的形成与焊接电流的电流密度分布和散热条件有关。在焊接过程中，电极是由铜或铜合金制成，内有冷却水通过，散热条件较好，电极及电极附近焊件温升较慢。焊件接触面上电阻大，电流密度较集中，散热条件差，温升快，焊件金属一般由此处开始熔化，逐渐形成熔核。点焊情况下，熔核四周为高温塑性金属所包围，形成封闭熔核四周的塑性金属环，可防止熔核内熔化金属飞溅出去。加热停止后熔化金属结晶形成焊核。

3. 锻压阶段

加热停止后，熔核金属以与散热方向相反的方向结晶，使交叉处接触面熔化金属结晶而融合在一起，形成焊核。在熔核结晶期间，仍保持一定时间的电极压力，可使熔核结晶在电极压力作用下进行，焊接区的压缩变形能够抵消液态金属的冷凝收缩量，使生长的晶体彼此紧密接触，避免焊核形成缩孔、气孔和裂纹等缺陷，起到锻压的作用。

4. 飞溅

在电阻焊焊接过程中，可能会出现焊件熔化铁水从熔核中喷射出的飞溅现象。飞溅是焊接网焊接常见的现象之一。飞溅时熔化铁水喷出，可出现焊件压陷和降低焊点抗剪强度等结果。

电极压力 F 较小时，由于预压力不足，焊件间接触不良，接触电阻太大，局部熔化金属在压力作用下喷出，产生焊接前期飞溅。焊接电流 I_w 过大时，在通电的一瞬间，焊件间金属迅速熔化，熔核周围的塑性环来不及形成，或熔核直径与焊透率过大，在电极压力作用下亦会出现飞溅现象。焊接时间 T_w 过长时会导致焊件过热，在电极压力作用下也会引起飞溅。产生飞溅的焊接电流上限值是随电极压力的增大而增大。在调整焊接参数时应综合考虑这些因素。

图 4.3-1[19] 反映了电阻熔焊的电极压力 F 和焊接电流 I_w 之间的关系。在选定电极压力 F 条件下，I_w 的增大，会使相应于 F 的点进入飞溅区，应避免这种现象发生。

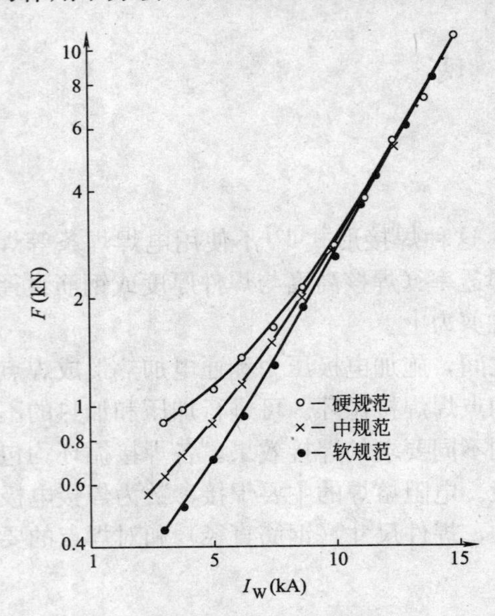

图 4.3-1　点焊焊接电流与电极压力的关系

4.3.2　焊接规范和焊接参数选择

1. 焊接参数

(1) 焊接电流 I_w

焊接电流 I_w 是焊件热量的来源。焊件电流增加，焊核直径增大，焊件焊透性提高，焊点抗剪力增大。焊接电流过小，焊件间形不成焊核或焊核过小，焊点焊不透，抗剪力低；焊接电流过大，可导致焊点过热，在电极压力作用下可产生飞溅，使焊点强度下降，影响焊接质量。

(2) 电极压力 F

焊接电极和焊件间的压力（以下简称“电极压力”）是电阻熔焊的条件之一。在电极压力作用并持续一定时间，可使焊件紧密接触。焊件接触条件会影响焊点接触电阻和焊件内部电阻，影响热源的强度和分布，同时会影响电极的散热效果和焊接区的塑性变形。

当其他参数不变时，随着电极压力的增加，电极—焊件、焊件—焊件间接触面积增大，使焊接区加热减弱，散热增加，熔核尺寸减小，强度和稳定性下降。如果在增加电极压力的同时，相应增大焊接电流，随着电极压力的增大，焊点强度不变，稳定性提高。同时，大的电极压力能显著消除焊点内外缺陷和改善金属组织。当电极压力过小时，电极压力尚不足以克服焊件的刚性，两焊件接触不良，使焊点的发热量不稳定，焊件质量也因此而不稳定。同时，由于很大一部分电极压力被用于克服焊件的弹性变形，实际用于锻压熔核金属冷却结晶的压力不足，因而焊核可能产生裂纹等缺陷。焊件预压可减少焊件间的接触点，热量（除部分散失外）将逐渐积累，使熔核逐渐扩大，达到所要求的尺寸。

当焊接规范增强时，应使用较大的电极压力。在不受焊网机容量限制时亦应采用较大的电极压力。

(3) 焊接时间 T_w

焊接时间 T_w 是焊接的通电时间，它对焊点熔核尺寸的影响与焊接电流基本相似，但程度有些区别。焊接时间同时影响焊件的析热和散热。在规定的时间内，焊接区内析出的热量增加，焊接电流增大。通电时间加长，可使焊件熔核增大，焊透性提高。焊接电流和通电时间过小，焊件间形不成熔核或熔核过小，焊点抗剪力低；焊接电流和通电时间过大，可导致焊点过热，在电极压力作用下引起飞溅，焊件压陷，也会降低焊点的抗剪强度。

(4) 焊接件尺寸

钢筋直径是选择焊接参数的依据，所有的焊接参数都与钢筋直径有关。应根据焊接直径选择焊接的电极压力、焊接电流和焊接时间。实践中总结出来的焊接参数的经验表达式常以钢筋直径为自变量。

(5) 电极工作面

常用的电极头为圆锥形、球面形和平面形。钢筋焊接网用的电极头为平面形的，有时沿钢筋轴线方向加工有V形槽，使电极头与焊件接触更好，也有利于钢筋定位。

2. 焊接规范

点焊焊接规范是指完成一次点焊循环焊接工艺参数的组合。点焊焊接规范可有多种，每种参数组合均可完成点焊的焊接过程，但焊接效果是不一样的。由于钢筋焊接网的材料性能不同，钢筋的表面特性不同，以及不同标准对焊接质量的要求不同，它们焊接过程的参数需要根据实际条件和具体要求进行选择和调整。图 4.3-2[19] 为点焊循环焊接工艺参数组合成的两个焊接规范。

(1) 软规范和硬规范

从“低电极压力、小电流、长时间”的所谓软规范到“高电极压力、大电流、短时间”的所谓硬规范之间，可组合成各种规范。钢筋焊接网实践中，更乐于采用接近于“高电极压力、大电流、短时间”的所谓硬规范，以改善焊核的形成过程和提高焊接网焊点的质量。

(2) 电流脉冲规范

在点焊过程中，完成一次通电过程称为一个电流脉冲。在一个点焊循环中，形成熔核的电流可由一个或几个主电流脉冲组成。各个电流脉冲完成特定的功能，如预热、焊接、缓冷、回火等。可根据不同的焊件材料和尺寸，不同的焊接要求，设计相应的电流脉冲规范。单电流脉冲是基本的电流脉冲，如图 4.3-2[19]。钢筋焊接网常用单电流脉冲，脉冲为矩形的或带有预热和缓冷性质的梯形脉冲。

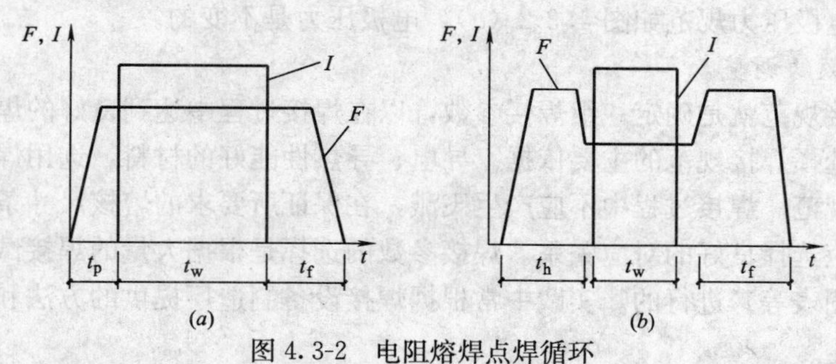

图 4.3-2 电阻熔焊点焊循环

(a) 基本点焊循环；(b) 加大预压力和锻压力的点焊循环

I—焊接电流；F—电极压力；t—焊接时间；t_p—预热时间；

t_w—焊接时间；t_f—缓冷时间

双电流脉冲可分为预热和后热两种规范，根据电流加入的时间和所起的作用而定，如图 4.3-3[19]。后热双脉冲电流规范是在熔核冷却结晶时再施加一个较小电流脉冲缓冷，延

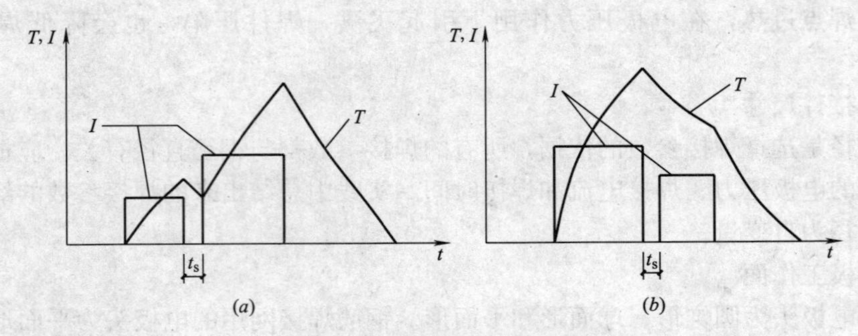

图 4.3-3　双脉冲电流规范

(*a*) 预热电流规范；(*b*) 后热电流规范

I—焊接电流；*T*—焊点温度；*t*—焊接时间；t_s—电流脉冲间隔时间

缓熔核冷却结晶速度，提高锻压作用，用于焊点较多或有淬火倾向的材料。预热双脉冲电流规范是在焊接电流脉冲之前施加一个较小的（40%～50%）电流脉冲，对焊接区材料进行预热提高其塑性变形能力，使电极能更好地压紧焊件，避免在接通焊接电流脉冲时产生飞溅或烧毁焊件及电极。两电流脉冲之间的时间间隔 t_s 尽可能短或为零。这种规范常用于焊接厚度较大、材料常温强度较高、焊接区刚性较大或表面氧化膜较多的焊件。

格网焊接时采用了双脉冲电流规范。

热轧带肋钢筋在调直过程中，也同时起到了去氧化层的作用，但去氧化层作用不彻底，还可能残留一些氧化层。是否可用双脉冲规范解决这个问题，有待实践证实。

（3）电极压力规范

电极压力规范包括电极压力量值和施加时机两方面的内容。电极压力量值和施加时机对点焊熔核形成和焊接质量影响较大。电极压力量值应根据所选定焊接规范，结合焊件的具体条件选定。电极压力施加时机则由点焊的工艺要求选定。焊点通电前需将焊件压紧，使焊件紧密接触，通电时使焊件保持受压，停电后使熔核维持一段的锻压时间。各电极压力规范中的预压、通电压力和锻压的电极压力可以是不同的，如图 4.3-2 所示。图 4.3-2（*a*）为常用的基本焊接规范，图 4.3-2（*b*）为电极压力前期和后期加大的焊接规范。钢筋焊接网采用的电极压力规范如图 4.3-2（*a*），电极压力是不变的。

3. 焊接参数的调整

在选择焊接规范就是确定一组焊接参数，以在焊接过程中达到良好的焊接效果。焊件的物理性能是选择焊接规范的主要依据。导电、导热性能好的材料，选用焊接电流大，通电时间短的硬规范。焊接过程中不应产生飞溅，在保证所要求的熔核尺寸条件下，焊接电流和电极压力应选择良好的对应关系。焊接参数的选择是根据大量的焊接试验资料总结的规律（公式、图表等）进行的。实践中常根据焊接设备制造厂提供的方法和建议选择焊接网的焊接参数。

（1）焊接参数初选

可根据焊件材料的性能，应用相应的焊接规范表、焊接规范图表、焊接工艺算尺或公式进行焊接参数初选。焊网机出厂时均提供有焊接规范各参数的确定方法。作者使用的焊网机之一，天津建科生产的 GWC3300 焊网机，推荐的焊接规范各参数的估算公式为：

$$I_w = d \qquad (4.3\text{-}1)$$

$$t_w = d^2/10 \tag{4.3-2}$$

$$F = 50d - 100 \tag{4.3-3}$$

式中 I_w——焊接电流（kA）；

t_w——焊接时间（周波 20ms）；

d——焊接钢筋直径（mm）；

F——电极压力（kg）。

式（4.3-1）～式（4.3-3）为经验公式，使用时各参数需进行调整。

（2）焊接参数调整

提供上述经验公式的厂家都强调，用上述经验公式计算得的焊接参数都必须通过现场工艺试验进行检验与调整。根据作者的经验，焊接参数的调整工作有时是很大的。作者用的钢筋焊接网材料主要是冷加工钢筋，它们的材质较接近，调整工作主要集中在调试焊网机时进行。焊接条件变化时，再进行微调。冷轧带肋钢筋和冷拔光面钢筋的焊接参数有些差别，需根据具体条件进行必要的调整。

4.3.3 焊接工序

1. 常规焊接网

焊接网生产线的配置不同，焊接工序也略有不同。焊接网基本生产线由纵线放线架、纵线调直装置、纵线送入装置、焊网机、横线落料装置、焊接网牵引装置、剪截装置、落网装置等组成，相应的焊接网基本焊接工序如下：

②横线供料→④落线

焊接工序：①纵线供料→③送线——→⑤焊接→⑥剪裁→⑦叠放→⑧捆扎→⑨加标识牌→⑩成品库。

第①、②道工序为纵线、横线的供料工序。这些工序视焊接网生产线情况而定。轧制工序（冷加工钢筋）和调直工序（冷加工钢筋和热轧钢筋）可为独立的工序，也可纳入全自动焊接网生产线的纵线和横线的供料工序，其基本内容相同。轧制工序和调直工序需满足自动生产线焊接工序⑤、送线工序③和落线工序④的衔接要求。轧制设备的生产能力通常比焊网机大，为充分发挥轧制设备的生产能力，轧制设备可同时为两套焊接网自动生产线供料。

第③道工序为纵线送入工序。人工送入时，先将纵线放在纵线送料架上，将纵线人工穿入纵线导筋管直至挡线板为止。自动化焊网机可使纵线自动就位、对齐和送入。

第④道工序为横线落线工序。焊接时横线一般在纵线之上，横线总是置于高处的储料台上，并对齐后自动滚落到纵线上。横线落线装置的配置视焊接设备配置 1 套或 2 套焊网机而定，焊接生产线可配置 1 套或 2 套横线供料系统。配置 2 套时，横线供料系统分别布置在焊网机之前和之后；配置 1 套时，有的横线储料台布置在焊接主机之前，有的布置在焊接主机之后，视焊机配置出网设备条件而异。

第⑤道工序为焊接工序。根据推荐的焊接参数，结合以往的实践经验，设定焊接参数试焊，观察试焊过程及其焊接结果，是否出现“飞溅”、焊点铁水被挤出、焊点压陷、焊点过热或不足等现象，同一横线上的各焊点是否相同，是否出现异常现象，并截取焊件试件送检。根据所观察到的现象和检测结果调整焊接参数再次试焊，直至满意的焊接过程和焊点抗剪力测试结果合格，才开始施焊。

第⑥道工序为剪裁工序。在纵线以盘卷式连续送进连续生产时，焊接网需按焊接网纵向长度剪裁，亦应设定自动剪截工序。

第⑦、⑧、⑨道工序人工完成时可一次完成。焊接网从网片架上抬下，同时翻转（需翻转时）、捆扎、附标识牌。全自动生产线时有专门的装置完成这些工序。

2. 其他焊接网

其他焊接网种类很多。这里介绍格网和挡土墙土体加筋梯网。加工过程是半机械化的。

（1）格网

格网钢筋直径大，网面积较小，使用常规焊网机焊接后裁剪，需用大容量的焊机，有时达不到理想的效果。采用单头焊接可以解决这个矛盾。

格网焊接工序包括：①定尺截料→②运入储料槽→③在配料台的样框上配料→④配好的料随样框移至焊接台上→⑤焊接→⑥焊好的网片送至成品台→⑦卸下网片，样框回送至配料台→⑧打包成品。

格网焊接工序亦可在同一生产线上双向进行，以避免样框的来回搬运。此时生产线的始点和终点同时用作生产的始点和终点，焊接完成后折回始点卸网，同时在终点配料并移至焊接台上焊接、折返、卸网。此时配料台和成品台同时互用。

格网钢筋外购时可按定长定购，不需工序①，本厂轧制时需工序①。储料槽有两个槽，将纵横筋分别储入其中。样框上有纵横向钢筋定位槽，钢筋两端处有钢筋限位装置，可准确配置钢筋。配料后将样框移至焊网架，进行第⑥道工序。借助于焊网台的横向移动和样框的纵向移动可将纵横向钢筋的任一交点移至点焊机焊头处进行逐点焊接。焊接台可放置若干个配置好纵横钢筋的样框，可连续生产若干片网片。整个过程为人工操作。

钢筋直径较大时宜采用双脉冲电流焊接规范。箍筋网钢筋直径为 $\phi^{CP}16$，直径较大，采用配置电容量 250kVA 单头焊机，仍需用双脉冲电流规范，第 1 个脉冲为额定电流的 70%，第 2 脉冲为额定电流的 96%，两脉冲的时间间隔为 2 周波，焊接效果较为满意。实践证明，该单头焊机容量仍偏小。

（2）加筋土体梯网

加筋土体梯网常用 $\phi^{CP}8$、$\phi^{CP}9$ 等钢筋焊制而成，常用常规焊网机焊接成网后裁剪，端环由单头焊机焊接而成。常用工序为：①常规焊网机焊网→②上弯网台→③弯钢筋端环→④裁剪成梯网→⑤上焊接台→⑥焊接→⑦成品包装。

梯网可先用焊网机焊成常规焊接网，弯端环后裁剪成梯网，弯折端环并焊接端环。梯网横筋的伸出长度为 50mm，，可在梯网之间裁剪梯网横筋。从运输和安装方便出发，横筋伸出长度有减短的趋势。若横筋伸出长度小于 25mm，两梯网外侧钢筋仍焊成 25mm（焊网机最小纵筋间距为 50mm），剪截时剪去多余部分。工序②、③弯折网端钢筋时分两次进行，第 1 次弯小倾角（焊接处）短直筋，第 2 次弯弧形端环。工序④裁剪梯网时，梯网横筋伸出长度大于 25mm 时沿梯网间中点剪断；伸出长度小于 25mm 时宜两次裁剪，使伸出长度达到所要求的长度。焊接工序⑥与格网的焊接工序相同。梯网的钢筋直径小，用单脉冲电流规范，焊机的容量也较小。

4.4 焊接网制作质量控制

焊接网质量控制包括钢筋质量和焊接网成网质量控制。焊接网质量控制是在生产过程的控制点上进行。

4.4.1 钢筋质量控制

1. CRB550 钢筋

CRB550 钢筋的质量包括钢筋的外形质量和性能质量。钢筋的外形质量在钢筋成形后检测。CRB550 钢筋在生产过程中的性能是变化的，从 HPB235 钢筋的性能变成为 CRB550 钢筋稳定后的性能。轧制和调直过程中钢筋的性能在变化，轧制、调直后钢筋的性能还在变（应变时效）。CRB550 钢筋的质量控制应在钢筋性能变化的关键点上设置质量控制点和相应的性能指标，才能全面地控制钢筋的质量，达到现行国家标准所要求指标的目的。以下是作者所在企业内部钢筋质量控制的具体作法和标准。

（1）原材料控制点

原材料控制点设置在原材料进厂时。原材料应为大钢厂生产的低碳钢无扭控冷热轧盘条（高线），$\sigma_b=430\sim480N/mm^2$（相应的含碳量：0.12%～0.16%），$\delta_{10}>22\%$。专用原材料按专用原材料的规定控制。

适用范围以外的原材料需经论证，论证采用改变产品规格和相应面缩率可达到产品性能后方可采用，并设计相应的工艺，按专用工序生产。

（2）轧制控制点

轧制控制点设置在轧制工序调试阶段处。轧制调试时应检测轧制后钢筋的强度 σ_b、伸长率 δ_{10}、钢筋直径和外形，应达到 $\sigma_b>590N/mm^2$，$\delta_{10}>7\%$（考虑调直工序对钢筋性能影响后的指标），钢筋表面肋形丰满，钢筋的外形偏差和重量偏差满足《冷轧带肋钢筋》GB 13788—2000 的要求。达不到要求时应进行轧制参数的调整，直至达到上述指标后才开始轧制。

（3）调直控制点

调直控制点设置在钢筋调直工序调试时。钢筋调直后立即测试其强度和伸长率，其数值应达到 $\sigma_b>550N/mm^2$（未考虑钢筋应变时效的指标），$\delta_{10}>9.0\%$（考虑钢筋应变时效后的指标），调直后钢筋外形不应出现影响使用的损伤。达不到时，调整调直参数，直至达到上述指标后才开始调直工序。

（4）成品网控制点

成品网控制点设置在成品网下架时。分几种情况控制。

① 正常生产控制时，在开始焊接某种网片型号时，进行网片焊点抗剪力的检测和网片外形尺寸的检验（见第 4.4.2 焊接网质量控制）。因在调直工序时已对钢筋性能进行控制，不再进行钢筋性能的检测。

② 巡回抽检时，网片焊点抗剪力的检测和网片外形尺寸的检验同前，钢筋性能的检测应根据钢筋调直后已发生的时效数值来确定控制标准。如抽检时在调直工序 2 周后进行，厂内控制标准取为 $\sigma_b>570N/mm^2$，$\delta_{10}>8.5\%$（时效已基本完成，仅考虑钢筋可能

出现的测值离散性)。巡检在调直工序2周以内进行时，钢筋质量控制指标应考虑钢筋应变时效的影响。

③ 质检部门检验时，按质检部门提出的内容和标准进行，通常按《钢筋混凝土用钢筋焊接网》GB/T 1499.3—2002的规定执行。

(5) 其他控制点

钢筋焊接网的其他质量控制点包括厂内为达到某些质量控制目的，或客户要求而设置的质量控制点。这些控制点的质量控制指标通常为《钢筋混凝土用钢筋焊接网》GB/T 1499.3—2002的要求，即σ_b＞550N/mm^2，δ_{10}＞8%。

直条钢筋出厂时，调直工序已进行质量控制，按调直工序的检测资料出厂。质检部门组织的监测，按《冷轧带肋钢筋》GB 13788—2000的要求，即σ_b＞550N/mm^2，δ_{10}＞8%进行。

在采用HPB235专用母材时，母材的强度、含碳量、直径已控制在一定的范围内，轧制后钢筋的质量较稳定，上述钢筋质量控制可适当简化。CPB550钢筋可参照CRB550钢筋的质量控制方法进行。钢筋外形以钢筋圆度和表面缺陷等指标控制。

2. HRB400钢筋

HRB400钢筋的质量控制点可设置在材料进厂和调直工序两个控制点。

(1) 材料控制点

材料控制点可设置在进料时或钢筋调直前。控制点设置在进料时，应在进料时对钢筋的性能和外形进行测试，并设立材料档案，供调直时使用。控制点设置在钢筋调直前（不常用）时，在调直前对钢筋的性能和外形进行测试，为调直工序提供资料。考虑到钢筋通条性和调直工序钢筋强度的降低，控制指标应为：σ_b＞620N/mm^2，δ_5＞14%。钢筋的重量、外形、长度、表面特性，应符合《冷轧带肋钢筋》GB 13788—2000的要求。

(2) 调直控制点

钢筋调直的过程亦为冷变形的过程，也存在应变时效问题。调直工艺和轧制工艺的目的是不同的，钢筋的变形量和条件不同，调直工序钢筋性能时效应较轧制工序为小，再综合考虑钢筋通条性问题，控制指标为：σ_b＞590N/mm^2，δ_5＞17%。钢筋的重量、外形、表面特性、长度，应符合《冷轧带肋钢筋》GB 13788—2000的要求。

(3) 其他控制点

HRB400钢筋的其他控制点可参照CRB550钢筋设定。涉及调直工序的按调直控制点的指标执行；其他情况按《冷轧带肋钢筋》GB 13788—2000执行。

4.4.2 焊接网质量控制

1. 成品网焊接质量控制点

成品网焊接控制点设置在焊接网下生产线处或焊接网调试处。

焊接参数选定后，在成品网控制点上按《钢筋混凝土用钢筋焊接网》GB/T 1499.3—2002的规定，截取焊点抗剪力试样，进行焊点抗剪力检测，焊点抗剪力须达到要求。焊点抗剪力的控制指标为≥$0.3\sigma_{p0.2}A$（A为焊点处较大钢筋的截面积）单位为N。

焊接成网后，测试成品网外形尺寸、对角线和钢筋间距，称量成品焊接网的重量，统计成品网的焊点和开焊点。上述检测数值均应满足《钢筋混凝土用钢筋焊接网》GB/T

1499.3—2002的规定。

在焊接网正常生产过程中，钢筋质量控制点已设置在调直控制点时，在成品网控制点可不进行钢筋性能质量的检测。

格网和梯网，根据客户的要求，控制点设在生产前的调试点处，并配合客户组织的抽检，抽检对象为格网和梯网成品。

2. 成品网焊接质量监测

在产品质量保证体系中有巡回监测项目时，监测控制点设在成品网下线处，或成品存放处。此时，需对成品网进行全部项目的监测。钢筋性能的监测标准需考虑钢筋应变时效的影响。检测的内容与成品网焊接质量控制点相同。

第5章 焊接网布置

焊接网布置是原设计构件配筋以焊接网形式的具体体现。焊接网布置应使焊接网的受力条件、锚固、搭接和构造要求满足设计要求，而不是原结构构件的重新设计。

结构构件的构造规定是实现它们的功能的具体措施。不同工程的工作条件不同，荷载不同，结构不同，施工条件和经验也不尽相同，构件具体的构造规定是有差异的，但总的原则是一致的。在焊接网布置时应满足这些构造规定。在本章第5.1节中将详细阐述这些规定，焊接网具体布置中不再列出这些规定的要求。在本章焊接网布置中只反映这些构件焊接网的布置形式，不再示出具体的构造要求和相应尺寸。

5.1 焊接网布置的规定

5.1.1 一般规定

钢筋焊接网构造规定是以《钢筋焊接网混凝土结构技术规程》JGJ 114—2003[1]、《混凝土结构设计规范》GB 50010—2002[3]及相关的国家标准为主要依据。

1. 保护层

（1）板、墙类构件纵向受力钢筋的混凝土保护层厚度（从钢筋外边缘算起）不应小于钢筋的公称直径，且应符合表5.1-1的规定。

纵向受力钢筋的混凝土保护层最小厚度（mm）[1]　　表5.1-1

环境类别		混凝土强度等级		
		C20	C25～C45	≥C50
一		20	15	15
二	a	—	20	20
	b	—	25	20
三		—	30	25

注：1. 处于一类环境且由工厂生产的预制构件，当混凝土强度等级不低于C20时，其保护层厚度可按表中的规定减少5mm，但不应小于15mm；处于二类环境且由工厂生产的预制构件，当表面采用有效保护措施时，保护层厚度可按表中一类环境值取用。

2. 构造钢筋的保护层厚度不应小于表中相应数值减10mm，且不应小于10mm；梁、柱中箍筋、构造钢筋的保护层厚度不应小于15mm。

3. 基础中纵向受力钢筋的保护层厚度不应小于40mm；当无垫层时不应小于70mm。

4. 有防火要求的建筑物，其保护层厚度尚应符合国家现行有关防火规范的规定。

（2）桥面铺装、道路、地坪、挡土墙、沟渠等表面行车及有其他要求的构件的受力钢筋的混凝土保护层最小厚度应符合相应的现行标准的确定。

2. 最小配筋率

(1) 钢筋焊接网混凝土结构受弯构件、偏心受拉构件、轴心受拉构件中的纵向受拉钢筋的最小配筋率，不应小于0.2%和$45f_t/f_y$（%）两者中的较大者。受弯构件受拉钢筋的配筋率应按全截面面积扣除受压翼缘面积$(b_f'-b)h_f'$后的截面面积计算。

(2) 钢筋焊接网混凝土剪力墙的竖向和水平向分布钢筋的配筋应符合下列要求：

除满足第（1）条的规定外，一、二、三级抗震等级的剪力墙竖向和水平向分布钢筋的配筋率均不应小于0.25%；四级抗震等级剪力墙不应小于0.2%；当钢筋直径为6mm时，分布钢筋间距不宜大于150mm；当分布钢筋直径不小于8mm时，其间距不应大于300mm；部分框支剪力墙结构的剪力墙底部加强部位，竖向和水平向分布钢筋配筋率均不应小于0.3%，钢筋间距不应大于200mm。

(3) 桥面铺装、道路、地坪、挡土墙、沟渠等表面行车或有其他要求的构件的受力钢筋的最小配筋率应符合相应的现行标准。

3. 锚固

钢筋焊接网的锚固可分为受力要求的锚固和构造要求的锚固两类。不同锚固类型、不同钢筋品牌的锚固长度和构造要求不同。

(1) 带肋钢筋

对冷轧带肋钢筋及热轧带肋钢筋焊接网，当计算中为受力钢筋时，若在锚固长度范围内有不少于一根横向钢筋，且此横向钢筋至计算截面的距离不小于50mm（图5.1-1）时，或在锚固长度内无横向钢筋时，钢筋的最小锚固长度l_a应符合表5.1-2的规定。

纵向受拉带肋钢筋焊接网最小锚固长度 l_a（mm） **表 5.1-2**

钢筋焊接焊接网类型		混凝土强度等级				
		C20	C25	C30	C35	C40
CRB550级钢筋焊接网	40d	40d	35d	30d	28d	25d
	30d	30d	26d	23d	21d	20d
HRB400级钢筋焊接网	45d	45d	40d	35d	32d	30d
	35d	35d	31d	28d	25d	23d

注：1. 当焊接网中的纵向受力钢筋为并筋时，其锚固长度应按表中数值乘以系数1.4后取用。
2. 在任何情况下，锚固区内有横筋的焊接网的锚固长度不应小于200mm；锚固区内无横筋时焊接网钢筋的锚固长度，对冷轧带肋钢筋不应小于200mm，对热轧带肋钢筋不应小于250mm。
3. d为纵向受力钢筋直径（mm）。

(2) 光面钢筋

对冷拔光面钢筋焊接网，当计算中为受力钢筋时，在锚固长度范围内应有不少于两根横向钢筋，且较近一根横向钢筋至计算截面的距离不小于50mm（图5.1-2）条件下，钢筋的最小锚固长度l_a应符合表5.1-3的规定。

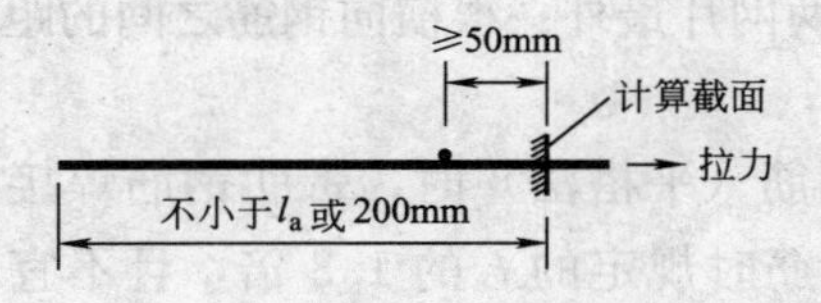

图5.1-1 受拉带肋钢筋焊接网的锚固

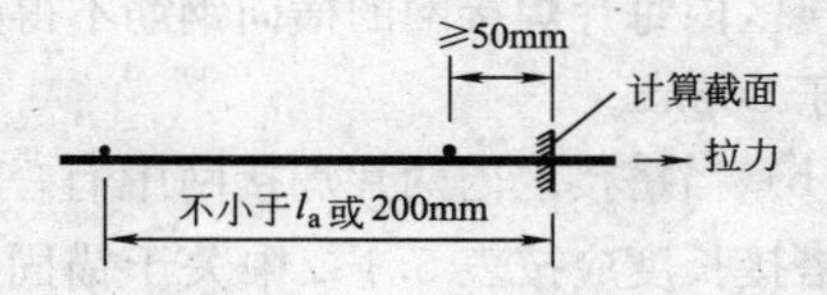

图5.1-2 受拉光面钢筋焊接网的锚固

纵向受拉冷拔光面钢筋焊接网最小锚固长度 l_a（mm）　表 5.1-3

钢筋焊接网类型	混凝土强度等级				
	C20	C25	C30	C35	C40
焊接网钢筋最小锚固长度	35*d*	30*d*	27*d*	25*d*	23*d*

注：1. 当焊接网中的纵向受力钢筋为并筋时，其锚固长度应按表中数值乘以 1.4 后取值；
2. 在任何情况下焊接网的锚固长度不应小于 200mm；
3. *d* 为纵向受力钢筋直径（mm）。

（3）补足用绑扎钢筋

当采用 CRB550 级或 HRB400 级钢筋作为钢筋焊接网的受拉钢筋的附加绑扎钢筋时，其最小锚固长度应符合表 5.1-2 中关于锚固长度范围内无横筋的有关规定。

4. 搭接

钢筋焊接网的搭接是锚固部位紧靠构件表面的一种锚固形式，对钢筋焊接网的搭接要求是以锚固的要求为基础的。

（1）搭接类型

钢筋焊接网的搭接分为叠搭法、扣搭法和平搭法三种形式。叠搭法是在网片的搭接位置上将两片网片叠垒在一起的搭接方法，如图 5.1-3（*a*）。平搭法是在两片网片中的某一片网端部少焊若干根钢筋，安装时将少焊横筋的网片安装在已安装网片的搭接位置（焊足钢筋的一端）上，使两片网的横向钢筋和纵向钢筋分别在同一个平面内的安装方法，如图 5.1-3（*b*）。扣搭法是在搭接位置上将两片网片扣在一起，使两片网的横向钢筋互相扣住的搭接方法，如图 5.1-3（*c*）。

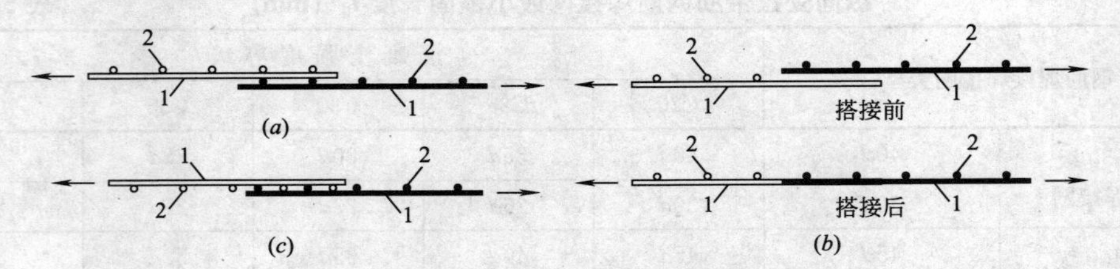

图 5.1-3　钢筋焊接网的搭接类型

（*a*）叠搭法；（*b*）平搭法；（*c*）扣搭法

1—纵向钢筋；2—横向钢筋

（2）受力钢筋的搭接

① 冷轧带肋钢筋焊接网及热轧带肋钢筋焊接网在受力钢筋时受拉方向的搭接应符合下列规定：

（a）两片焊接网末端之间钢筋搭接接头的最小搭接长度（采用叠搭法或扣搭法），不宜小于表 5.1-2 规定的最小锚固长度 l_a 的 1.3 倍［图 5.1-4（*a*）］，且不宜小于 200mm；在搭接区内每片焊接网的横向钢筋不得少于一根，两网片最外一根横向钢筋之间的距离不应小于 50mm。

（b）当搭接区内两片焊接网中有一片无横向钢筋（平搭法）时，带肋钢筋焊接网的最小搭接长度应按表 5.1-2 中关于锚固区无横向钢筋时规定的 l_a 的 1.3 倍，且不宜小于 300mm［图 5.1-4（*b*）］。

（c）当搭接区内纵向受力钢筋的直径 $d \geqslant 10$mm 时，其搭接长度应按上述计算值增加 $5d$。

② 冷拔光面钢筋焊接网在受力钢筋时受拉方向的搭接应符合下列规定：

在搭接长度范围内每片焊接网的横向钢筋不宜少于 2 根，两片焊接网最外边横向钢筋间的搭接长度不宜小于一个网格宽度加 50mm（图 5.1-5），也不宜小于表 5.1-3 中规定的最小锚固长度的 1.3 倍，且不宜小于 200mm。

冷拔光面钢筋焊接网的受力钢筋，当搭接区内一片焊接网无横向钢筋且无附加钢筋、网片或附加锚固构造措施时不得采用搭接。

③ 非受力方向分布钢筋的搭接

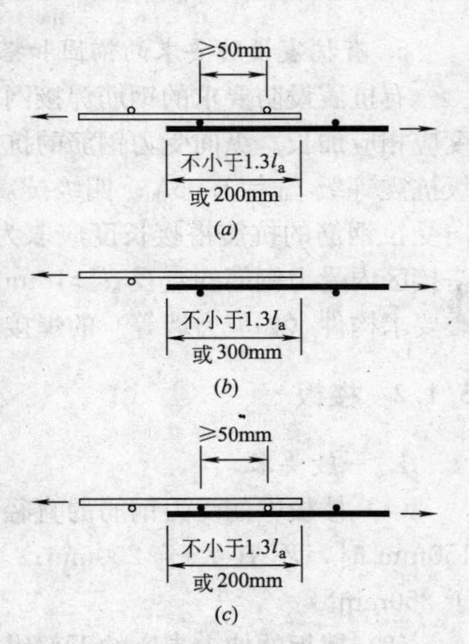

图 5.1-4 充分利用钢筋抗拉强度带肋钢筋焊接网搭接

（a）叠搭；（b）平搭；（c）扣搭

带肋钢筋焊接网在非受力方向的分布钢筋的搭接，当采用叠搭法［图 5.1-6（*a*）］或扣搭法［图 5.1-6（*b*）］时，搭接范围内每片焊接网至少应有一根受力主筋，搭接长度不宜小于 $20d$（d 为分布钢筋直径）且不宜小于 150mm；当采用平搭法［图 5.1-6（*c*）］且一片焊接网在搭接区内无受力主筋时，其搭接长度不宜小于 $20d$，且不宜小于 200mm。当搭接区内分布钢筋的直径 $d>8$mm 时，其搭接长度应按本条的规定值增加 $5d$ 取值。

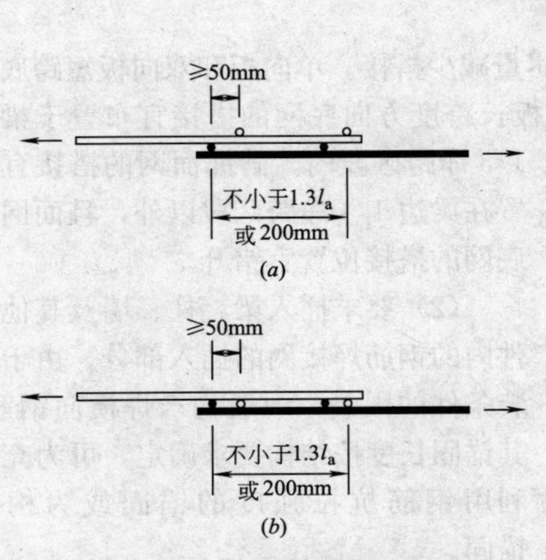

图 5.1-5 光面钢筋焊接网搭接

（a）叠搭；（b）扣搭

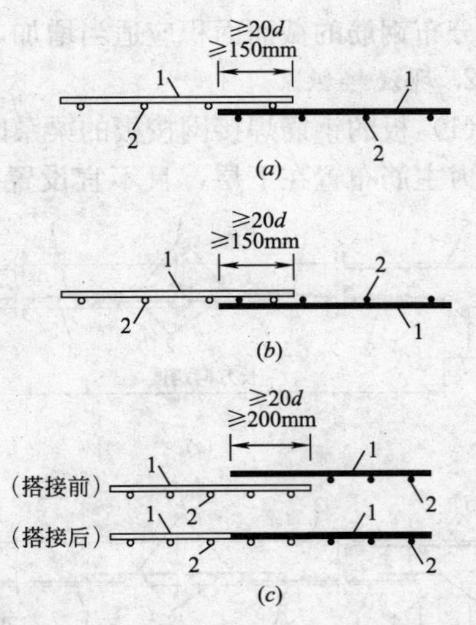

图 5.1-6 钢筋焊接网在非受力方向的搭接

（a）叠搭；（b）扣搭；（c）平搭

1—纵向钢筋；2—横向钢筋

④ 受压方向钢筋的搭接

钢筋焊接网在受压方向的搭接长度，应取受拉钢筋搭接长度的 0.7 倍，且不宜小于 150mm。

5. 有抗震设防要求的锚固和搭接

有抗震设防要求的钢筋焊接网混凝土结构构件，其纵向受力钢筋的锚固长度和搭接长度应相应加长。纵向受力钢筋的抗震锚固长度 l_{aE}为：一、二级抗震等级 $l_{aE}=1.15l_a$；三级抗震等级 $l_{aE}=1.05l_a$；四级抗震等级 $l_{aE}=1.00l_a$；l_a为纵向受拉钢筋的锚固长度。纵向受拉钢筋的抗震搭接长度应取为 $l_{lE}=1.3l_{aE}$，l_{lE}为纵向受拉钢筋的抗震搭接长度。当搭接区内受力钢筋的直径 $d\geqslant$10mm 时，其搭接长度应按上述计算值增加 5d 采用。有抗震要求构件（如剪力墙等）的焊接网布置图中的 l_a应取为 l_{aE}。

5.1.2 楼板

1. 一般要求

（1）楼板中的受力钢筋的直径不宜小于 5mm，其间距应符合下列要求：当板厚 $h\leqslant$150mm 时，不宜大于 200mm；当板厚 $h>$150mm 时，不宜大于 1.5h，且不宜大于 250mm。

（2）楼板的伸入支座的下部纵向受力钢筋，其间距不宜大于 400mm，截面面积不应小于跨中受力钢筋截面面积的 1/2。锚入支座的锚固长度不宜小于 10d（d 为纵向受力钢筋直径），且不宜小于 100mm。焊接网最外侧钢筋距梁边的距离不宜大于该方向钢筋间距的 1/2，且不宜大于 100mm。

（3）当按单向板设计的底网及单向受力设计的面网时，单位长度上分布钢筋的截面面积不宜小于单位宽度上受力钢筋截面面积的 15%，且不宜小于该方向板的截面面积的 0.1%，分布钢筋的直径不宜小于 5mm，间距不宜大于 250mm。对于集中荷载较大的情况，分布钢筋的截面面积应适当增加，其间距不宜大于 200mm。

2. 现浇楼板

（1）板的钢筋焊接网按板的梁系区格布置，尽量减少搭接。单向板和双向板短跨底网的受力主筋布置在下层，且不宜设置搭接。双向板长跨度方向底网的搭接宜布置于梁边 1/3 净跨区段内。满铺面网的搭接宜设置在梁边 1/4 净跨区段以外，且面网与底网的搭接位置宜错开。

（2）要求插入梁、柱、墙及其他构件内的钢筋焊接网的插入部分，由于安装条件的限制，一般均未焊横向钢筋，其锚固长度按结构要求确定，可为充分利用钢筋抗拉强度的锚固或为构造锚固。

（3）双向板短跨方向的下部钢筋焊接网（底网）两端钢筋应锚入相应梁（梁区格的长梁）中；底网的长跨方向端部钢筋亦应锚入相应梁（梁区格的短梁）中，必要时可用连接网或用绑扎钢筋锚入支座，如图 5.1-7。

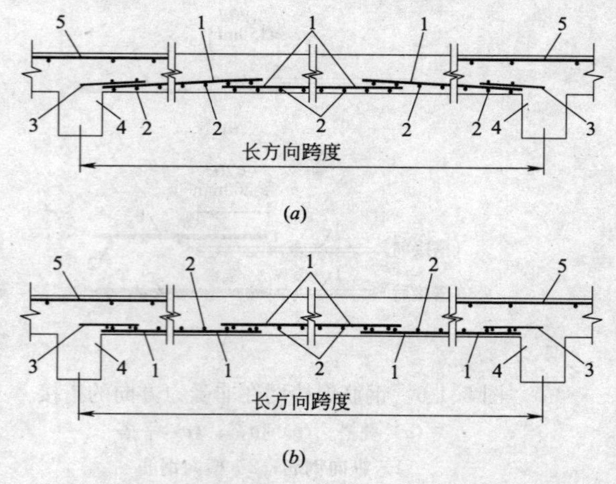

图 5.1-7　钢筋焊接网在双向板长跨方向的搭接

（a）叠搭法搭接；（b）扣搭法搭接

1—长跨方向钢筋；2—短跨方向钢筋；3—伸入支座的连接网；4—支承梁；5—支座上部钢筋

（4）现浇双向板带肋钢筋焊接网亦可采用双层组合网布置方式：

① 将双向板的纵向钢筋和横向钢筋分别与另加的成网架立钢筋焊接成纵向网和横向网，安装时分别插入相应的梁中，纵向网和横向网组合成的组合焊接网的配筋和钢筋间距与原双向配筋和间距相同，如图 5.1-8。

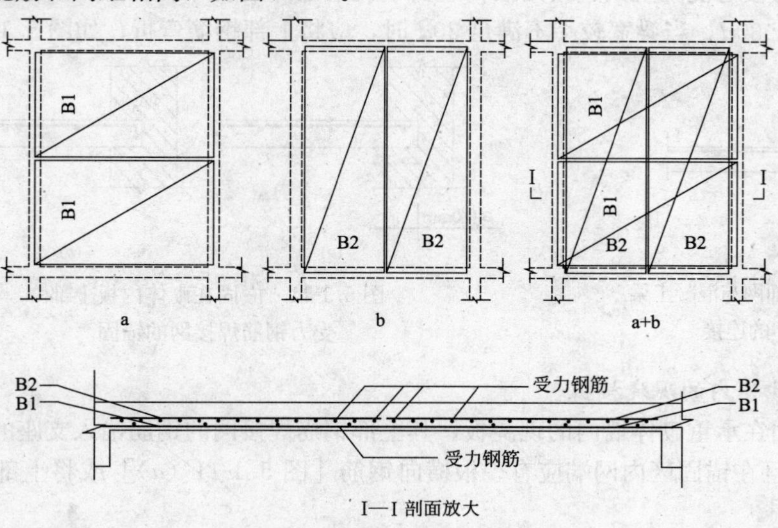

图 5.1-8 底网双层网布置 A

② 将纵向钢筋和横向钢筋分别采用 2 倍原配筋间距焊成纵向网和横向网，安装时分别插入相应的梁中，使纵向网和横向网组成的组合焊接网的配筋和钢筋间距与原配筋和钢筋间距相同，如图 5.1-9。

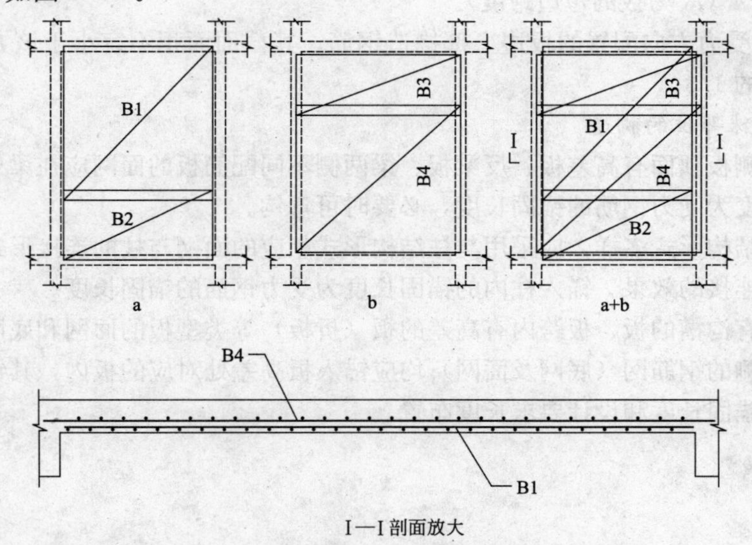

图 5.1-9 底网双层组合网布置 B

（5）楼盖周边与混凝土梁或混凝土墙整体浇注的单向板或双向板，应沿周边在板上部布置构造钢筋焊接网，其直径不宜小于 7mm，间距不宜大于 200mm，且截面面积不宜小于板跨中相应方向受力钢筋截面面积的 1/3；该钢筋自梁边伸入板内的长度，不宜小于受力方向（或短跨方向）板计算跨度的1/4。在板角处应沿两个垂直方向布置上部构造钢筋焊接网，该钢筋伸入板内的长度应从梁边（或柱边、墙边）算起。上述上部构造钢筋应按受力钢筋锚固在梁内（或柱内、墙内）。

（6）当端跨板与混凝土梁连接处按构造要求设置上部钢筋焊接网时，其钢筋伸入梁内的长度不宜小于30d，当梁宽较小不满足30d时，应将上部钢筋弯折，如图5.1-10。

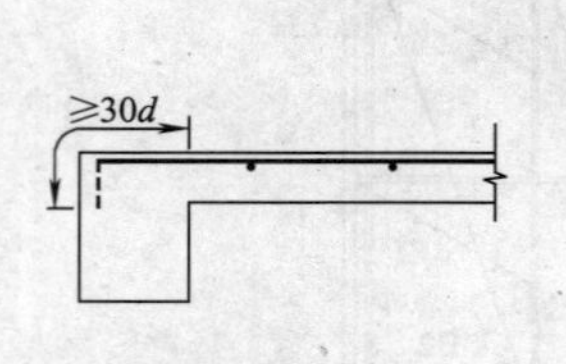

图5.1-10　板面网与混凝土梁（边跨）的连接

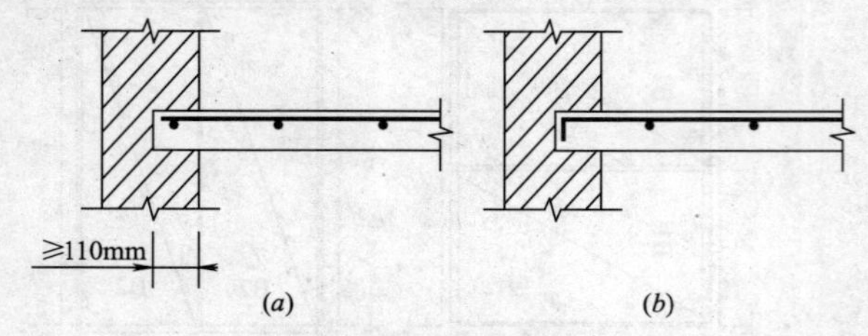

图5.1-11　嵌固在砌体内板上部受力钢筋焊接网的锚固

3. 嵌固在砌体内的现浇楼板

（1）对嵌固在承重砌体墙内的现浇板，其上部钢筋焊接网的钢筋锚入支座的长度不宜小于110mm，且在锚固区内网端应有一根横向钢筋［图5.1-11（a）］或将上部钢筋弯折［图5.1-11（b）］。

（2）嵌固在砌体墙内的现浇板沿现浇边在板上部配置的构造钢筋焊接网，应符合下列规定：

① 焊接网钢筋直径不宜小于5mm，间距不宜小于200mm，该钢筋垂直伸入板内的长度从墙边算起不宜小于$l_0/7$（l_0为单向板的跨度或双向板的短边跨度）。

② 对相邻两边均嵌固在墙内的板角部分，构造钢筋焊接网伸入板内的长度从墙边算起不宜小于$l_0/4$（l_0为板的短边跨度）。

③ 沿板的受力方向配置的板边上部构造钢筋，其截面面积不宜小于该方向跨中受力钢筋截面面积的1/3。

4. 楼板特殊部位的构造

（1）梁两侧板顶面有高差板、反梁板、梁两侧不同配筋板的面网应在梁处断开，面网锚入梁中的长度为受力钢筋的锚固长度，必要时可弯钩。

（2）柱的结构形式多样，应采用与柱结构形式相应的面网与柱的连接形式，以达到所要求的板和柱连接的效果。锚入柱内的锚固长度为受力钢筋的锚固长度。

（3）板边有沟槽的板、板跨内有高差的板（折板）等类型板的面网和底网，在板面高程有突变处两侧的钢筋网（底网及面网）均应锚入板高差处对应的板内，其锚入长度均应按受力钢筋的锚固长度和设计要求长度布置。

5.1.3　剪力墙

1. 一般规定

（1）当构件截面的长边（长度）大于其短边（厚度）的4倍时，宜按墙的要求进行设计。墙的混凝土强度等级不宜低于C20。

（2）钢筋混凝土剪力墙的厚度不应小于140mm。对剪力墙结构，墙的厚度尚不宜小于楼层高度的1/25；对框架-剪力墙结构，墙的厚度尚不宜小于楼层高度的1/20。

(3) 剪力墙厚度 t 大于 140mm，小于 400mm 时，应配置双排分布钢筋；结构中重要部位的剪力墙，当其厚度不大于 140mm 时，亦宜配置双排分布钢筋；当 t 大于 400mm，不大于 700mm 时，宜采用三排配筋；t 大于 700mm 时，宜采用四排配筋。

(4) 钢筋焊接网混凝土剪力墙的抗震设计，应根据设防烈度、结构类型和房屋高度，按现行国家标准《混凝土结构设计规范》GB 50010—2002 的规定采用不同的抗震等级，并应符合相应的计算要求和抗震结构措施。

(5) 钢筋焊接网用作钢筋混凝土房屋结构剪力墙的分布钢筋时，其适用范围应符合下列要求：

① 可用于无抗震设防的钢筋混凝土房屋的剪力墙、抗震设防烈度为 6 度、7 度和 8 度的丙级钢筋混凝土房屋的框架-剪力墙结构、剪力墙结构、部分框支剪力墙结构和筒体结构中的剪力墙。

② 抗震房屋的最大高度：当采用热轧带肋钢筋焊接网时，应符合现行国家标准《混凝土结构设计规范》GB 50010—2002 中的现浇钢筋混凝土房屋适用的最大高度的规定；当采用冷轧带肋钢筋焊接网时，应比《混凝土结构设计规范》GB 50010—2002 规定的适用最大高度低 20m。

③ 筒体结构中的核心筒和一级抗震等级剪力墙底部加强区，宜采用热轧带肋钢筋焊接网。

④ 边缘构件的纵向钢筋应采用热轧带肋钢筋。

(6) 抗震等级一、二级的冷轧带肋钢筋焊接网剪力墙，底部加强部位墙肢底截面在重力荷载代表值作用下的轴压比分别小于 0.2、0.3 时，底部加强部位及相邻上一层的墙两端和洞口两侧边缘构件沿墙肢的长度不应小于 $0.1h_w$（h_w为墙肢长度），其配箍特征值不应小于 0.1，且应符合构造边缘构件底部加强部位的要求。

2. 焊接网的布置

(1) 锚固和搭接

① 钢筋焊接网上下侧与梁或暗梁相连接，两侧与柱、或暗柱、或约束边缘构件、或构造边缘构件相连接，其连接应为受力钢筋的连接（锚固）；剪力墙内钢筋焊接网的搭接亦应为受力钢筋的搭接。

② 墙体中钢筋焊接网在水平方向钢筋的搭接可采用叠搭法、平搭法（光面钢筋不用）或扣搭法，其搭接长度应符合受力钢筋的搭接的有关规定。

③ 剪力墙钢筋焊接网的布置，可按一楼层为竖向单位进行布置。其竖向钢筋搭接可设置在楼层面之上，搭接长度应符合关于受力钢筋的搭接规定，且不应小于 400mm 或 $40d$（d 为竖向分布钢筋直径）。在搭接范围内，下层伸出的焊接网不设水平分布钢筋（即为平搭），搭接时应将下层网的竖向钢筋与上层网的钢筋绑扎牢固。如图 5.1-12。其他位置焊接网竖向钢筋的搭接，与水平向钢筋的搭接方法和要求相同。

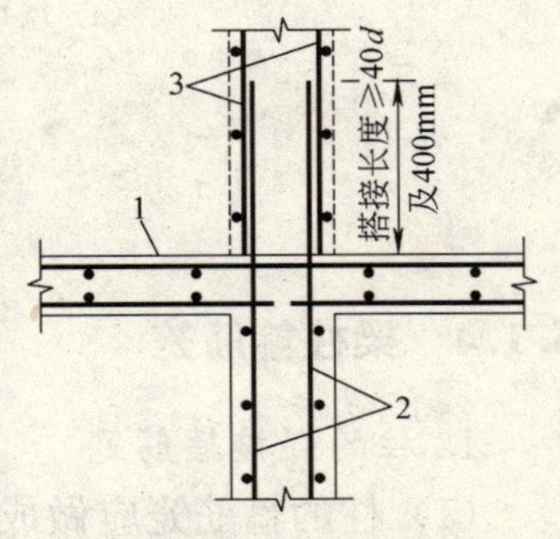

图 5.1-12 墙体钢筋焊接网的竖向搭接
1—楼板；2—下层焊接网；3—上层焊接网

(2) 带肋钢筋焊接网在墙体端部的构造应符合下列规定：

① 当墙体端部无暗柱或端柱时，可用现场绑扎的“U”形附加钢筋连接。附加钢筋的间距宜与钢筋焊接网水平钢筋

的间距相同，其直径可按等强度原则确定。附加钢筋的锚固长度不应小于受力钢筋的最小锚固长度，如图 5.1-13（*a*）。

② 当墙体端部设有暗柱时，可将焊接网水平分布钢筋设置在暗柱外侧，伸入暗柱中的长度为受力钢筋的锚固长度（含弯钩），其末端应设有垂直于墙面的 90°直钩，直钩长度为 $5d$～$10d$，且不小于 50mm，锚入暗柱内，如图 5.1-13（*b*）。对于相交墙体及设有端柱（柱面和墙面不在同一平面）的情况，可将焊接网的水平钢筋直接伸入墙体相交处的暗柱或端柱中［图 5.1-13（*c*），图 5.1-13（*d*）］。端柱柱面和墙面不在同一平面时，布置方法与暗柱相同［图 5.1-13（*e*）］。

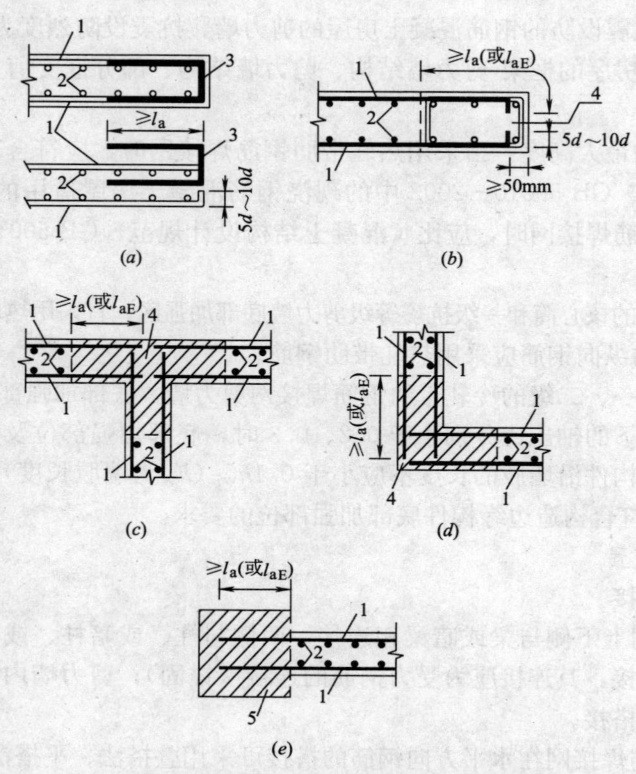

图 5.1-13　钢筋焊接网在墙体端部及交叉处的构造

（*a*）墙端无暗柱；（*b*）墙端设有暗柱；（*c*）相交墙体（T形）；
（*d*）相交墙体（L形）；（*e*）墙端设有端柱
1—焊接网水平钢筋；2—焊接网竖向钢筋；
3—附加联接钢筋；4—暗柱；5—端柱

5.1.4　梁柱箍筋笼

1. 柱的焊接箍筋笼

（1）柱的箍筋笼应做成封闭式，并应在箍筋末端做成 135°的弯钩，弯钩末端平直段不应小于 $5d$，d 为箍筋钢筋直径；当有抗震要求时，平直段长度不应小于 $10d$（图 5.1-14、图 5.1-15）。柱高范围内的箍筋笼长度可采用一段或分成数段，应根据柱高、焊网机和弯折机的工艺参数确定。

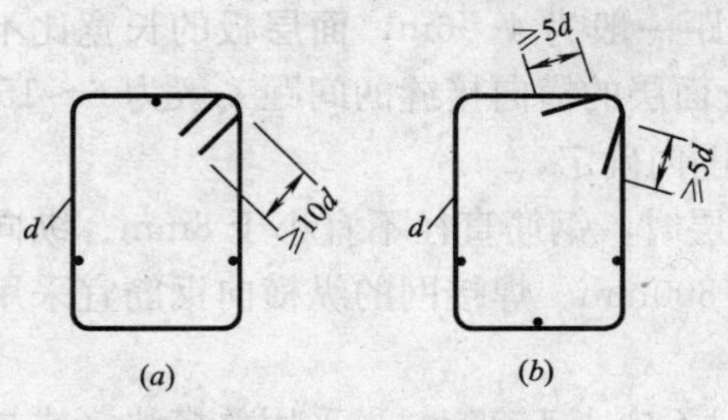

图 5.1-14 封闭式箍筋笼

(a) 有抗震要求；(b) 无抗震要求

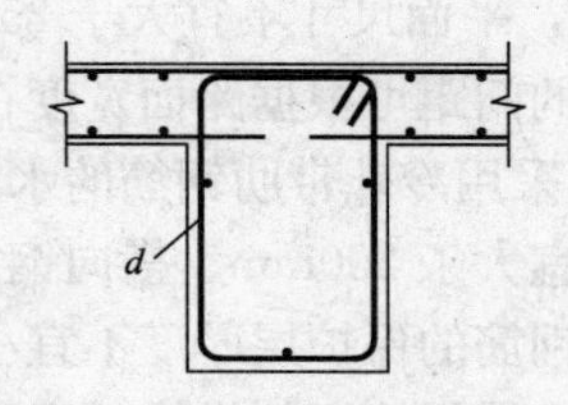

图 5.1-15 梁内封闭式箍筋笼

(2) 箍筋笼的箍筋间距不应大于 400mm 及构件截面的短边尺寸，且不应大于 15d，d 为纵向受力钢筋的最小直径。

(3) 箍筋直径不应小于 $d/4$，d 为纵向受力钢筋的最大直径，且不应小于 5mm。

(4) 柱对箍筋有特殊要求时，尚应符合相应标准的规定。

2. 梁的焊接箍筋笼

(1) 有抗震要求梁的箍筋应做成封闭式的（图 5.1-15）。有时，封闭式箍筋笼箍筋末端应做成 135°弯钩，弯钩端头平直段长度不应小于 10d，d 为箍筋直径［图 5.1-14（a）］；对一般结构的梁箍筋平直段长度不应小于 5d，d 为箍筋直径，并在端部弯成稍大于 90°的弯钩［图 5.1-14（b）］。当梁与板整体浇筑，且无抗震设防要求、无计算要求的受压钢筋及不需进行受扭验算时，可采用“U”形开口式箍筋笼（图 5.1-16），但开口箍筋的顶部应布置连续的焊接网。

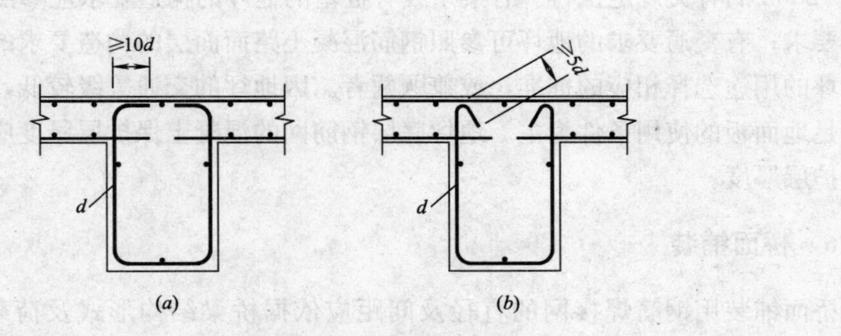

图 5.1-16 梁内“U”形开口箍筋笼

(2) 箍筋直径：当梁高大于 800mm 时，箍筋直径不宜小于 8mm；梁高不超过 800mm 时，箍筋直径不宜小于 6mm；梁中配有计算需要的纵向受压钢筋时，箍筋直径尚不应小于 $d/4$，d 为纵向受压钢筋的最大直径。

(3) 梁的箍筋间距应符合《混凝土结构设计规范》GB 50010—2002 的有关规定。

5.1.5 道路和地坪

1. 混凝土路面

(1) 钢筋混凝土路面面层

钢筋混凝土路面面层用钢筋焊接网的最小直径及最大间距应符合现行行业标准《公路水泥混凝土路面设计规范》JTG D40—2002[6] 的规定。

① 普通水泥混凝土路面面层的横向接缝的间距一般为4～6m，面层板的长宽比不宜超过1.30，平面尺寸不宜大于25m²。钢筋混凝土面层的横向接缝的间距一般为6～15m。纵向接缝的间距可根据路面宽度在3.0～4.5m范围内确定，

② 当采用冷轧带肋钢筋的水泥混凝土路面面层时，钢筋直径不宜小于8mm、纵向钢筋间距不宜大于200mm、横向钢筋间距不宜大于300mm。焊接网的纵横向钢筋宜采用相同直径。钢筋的保护层厚度不宜小于50mm。

带肋钢筋焊接网的搭接长度，当采用平搭法时不应小于35*d*，当采用叠搭法（或扣搭法）时不应小于25*d*，*d*为搭接方向钢筋直径，且在任何情况下不应小于200mm。

(2) 连续配筋混凝土路面面层

连续配筋混凝土路面面层的纵向配筋率通常为0.6%～0.8%；其纵向和横向钢筋均应采用带肋钢筋，直径为10～18mm。

纵向钢筋设在面层表面下1/2～1/3厚度范围内，横向钢筋位于纵向钢筋之下；纵向钢筋的间距不应大于250mm、不应小于100mm或集料最大粒径的2.5倍；横向钢筋的间距不应大于800mm；边缘钢筋至纵缝或自由边的距离一般为100～150mm。

(3) 钢筋混凝土路面补强用的焊接网可按钢筋混凝土路面面层用焊接网的有关规定执行。

2. 地坪

厂房及厂区内地坪的构造规定应按照《混凝土结构设计规范》GB 50010—2002、《钢筋焊接网混凝土结构技术规程》JGJ 114—2003及《公路水泥混凝土路面设计规范》JTG D40—2002的有关规定执行。有梁系或有桩基的地坪的构造要求应参照建筑工程地面板的构造要求；有交通要求的地坪可参照钢筋混凝土路面面层的构造要求的规定。设计时应根据地坪的用途选择相应的标准，或兼顾两者。因地坪的交通等级较低，地坪的构造要求宜以满足地面板的使用条件为主。地坪底层钢筋网的混凝土保护层厚度应取基础纵向受力钢筋保护层厚度。

5.1.6 桥面铺装

桥面铺装用钢筋焊接网的直径及间距应依据桥梁结构形式及荷载等级确定[1][6][8]。钢筋焊接网的钢筋间距宜采用100～200mm，直径宜采用6～10mm。钢筋焊接网的纵向和横向钢筋宜采用相等间距。钢筋焊接网顶面的保护层厚度不宜小于20mm。桥面铺装用钢筋焊接网常用规格见表5.1-4[1]。桥面铺装焊接网的搭接长度应不小于35*d*（平搭）和25*d*（叠搭或扣搭），且在任何情况下不应小于200mm。

5.1.7 其他建筑物

挡土墙、沟渠、涵洞及市政工程其他构筑物的钢筋焊接网构件应按照《混凝土结构设计规范》GB 50010—2002、《公路路基设计规范》TJG D30—2002[7]、《公路钢筋混凝土及预应力混凝土桥涵设计规范》JTG D62—2004[8]的有关规定执行。

(1) 挡土墙、涵洞等构件受力主筋的最小混凝土保护层：Ⅰ类环境为30mm，Ⅱ类环境为40mm，Ⅲ、Ⅳ类环境为45mm。

桥面铺装钢筋焊接网常用规格 **表 5.1-4**

荷载等级	铺装形式	钢筋间距（mm）	钢筋直径（mm）	重量（kg/m²）
城—A级 汽车—超20级 挂—120级	无沥青面层的混凝土桥面铺装	100×100	8～10	7.90～12.33
	有沥青面层的混凝土桥面铺装	100×100	6～9	4.44～9.98
		150×150	7～10	4.03～8.22
城—B级 汽车—超20级 挂—100级	无沥青面层的混凝土桥面铺装	100×100	8～9	7.90～9.98
	有沥青面层的混凝土桥面铺装	100×100	6～7	4.44～6.04
		150×150	7～8	4.03～5.26
汽车—15级及其以下荷载	无沥青面层的混凝土桥面铺装	150×150	8～10	5.26～8.22
	有沥青面层的混凝土桥面铺装	150×150	6～7	2.96～4.03

（2）挡土墙的钢筋混凝土构件的混凝土强度等级不应低于C20；扶壁式挡土墙配置于墙内的主筋，直径不宜小于10mm（带肋钢筋）；锚定板挡土墙的锚定板宜采用钢筋混凝土板。加筋梯网的长度、钢筋直径、横筋直径和间距应满足抗拔稳定的要求，且采用镀锌防蚀。

（3）沟渠、涵洞的洞径（或高度）为1m及以上时应采用双层钢筋布置。构件的混凝土强度等级不应低于C20。

（4）悬臂式、扶壁式挡土墙立壁的顶宽不得小于200mm，底板厚度不应小于300mm；扶壁式挡土墙分段长度不宜超过20m，每一分段宜设3个或3个以上的扶壁；加筋土挡土墙墙面板厚度不应小于80mm，平面线形可采用直线、折线、曲线或它们的组合，相邻墙面间的内夹角不宜小于70°；锚杆挡土墙肋柱间距宜为2.0～3.0m；肋柱上的锚杆数可设计为双层或多层，锚杆可按弯矩相等或支点反力相等的原则布置。

5.2 焊接网布置基本方法

5.2.1 布置原则和工作内容

1. 布置原则

钢筋焊接网布置应按设计配筋要求布置在焊接网所覆盖的面积内，且满足构件钢筋的受力要求、构造要求和安装要求，以及工厂制作要求和运输要求；钢筋焊接网的布置宜尽量采用标准网，以及采用便于焊接网布置设计、制作和安装的焊接网型号和布置形式，以提高焊接网的生产效率和安装效率。

钢筋焊接网布置图是在建筑物设计图纸的基础上进行的，不是结构的重设计。设计图纸上的内容和要求及相关的设计变更是钢筋焊接网布置的依据。焊接网布置执行的标准为《钢筋焊接网混凝土结构技术规程》JGJ 114—2003及相关的现行国家和行业标准的有关规定。

2. 工作内容

(1) 选择布置方案

在焊接网布置时，应根据构件的受力情况、配筋布置、配筋覆盖面积，制定布置方案和布置方法，选定焊接网布置的纵向和横向，选定搭接、锚固及其他连接方法。

(2) 焊接网尺寸的确定

根据焊接网的布置、搭接、锚固、连接形式确定焊接网尺寸，按照焊接网配筋确定焊接网钢筋的布置、间距、伸出长度，确定焊接网的折弯成形和组合方法、裁剪的位置和方法。

(3) 绘制焊接网布置图

焊接网布置图的绘制是在焊接网布置同时进行的，在最后确定焊接网尺寸后完成的。在布置图中尚需说明应说明的技术要求、安装要求和安装方法等。供安装用的焊接网布置图还需在图中标明焊接网的安装分区。焊接网布置图为提交给需方（建设方，或承建方）的资料，作为焊接网安装和检验安装质量的依据。

(4) 制作表

将焊接网的尺寸和数量以表格的形式列出，供焊接网制作使用。制作表的内容包括焊接网钢筋直径、间距、伸出长度、钢筋总长度、各类型焊接网片数、总重量等。还另表提供钢筋下料表。焊接网制作表和钢筋下料表为工厂制作的依据。

(5) 材料表

焊接网材料表由焊接网型号（类型）、配筋（钢筋直径和间距）、片数、总重量等内容组成，是焊接网布置图的组成部分，为提交给需方（建设方，或承建方）的资料之一，作为焊接网数量验收的依据（另附有检验资料作为产品出厂的依据）。

3. 基本布置方法

焊接网的基本布置方法是焊接网布置的基础，建筑物和构件的焊接网布置均可由这些基本布置方法组合而成。基本布置方法包括焊接网搭接布置、焊接网与其他构件连接布置，焊接网的成型组合裁剪绑扎等的布置，常规焊接网基本布置方法，组合网基本布置方法等。其他类型的焊接网，如格网、梯网等，它们的布置由设计单位完成；螺旋网、格架梁网等的布置可参阅相关资料进行。剪力墙焊接网的布置条件与其他构件焊接网略有不同，但也可按上述基本布置方法进行布置。还有一些适用于剪力墙焊接网的具体布置方法将于剪力墙焊接网布置中说明。

5.2.2 常规焊接网布置

多年的实践形成了常规焊接网包括搭接、锚固和网片布置等一整套布置方法和相应的一整套的安装方法。这种布置方法是通用的布置方法，其他类型焊接网亦可采用此种布置方法，或采取某些措施后的布置方法。作者做了一些常规焊接网布置的总结工作[42]，其他单位也做了一些相应的工作[34][28]，结合经验，在本节中进行焊接网布置的概括和总结。

1. 搭接布置

焊接网的搭接是决定焊接网布置的重要因素之一。各种搭接形式的特点、布置方法和安装顺序是不相同的，在布置时应予以考虑。

搭接布置分为单向搭接和双向搭接两种，单向搭接布置为焊接网只在一个方向布置有搭接的布置形式，常用于板、墙等尺寸较小及只允许在一个方向搭接的构件；双向搭接为焊接网两个方向均需布置搭接的布置方法，常用于面积尺寸较大的构件。

搭接布置形式可分为叠搭、平搭、扣搭及混合搭接等布置形式。

(1) 叠搭布置

叠搭是焊接网常用的搭接方法。搭接处每片网至少要有一根横筋。叠搭处网片两端可一端在下，另一端在上，亦可两端均在上或均在下，布置灵活，方法简单，安装方便。网片型号不受网片两端位置（在上或在下）的影响，网片型号较少，如图 5.2-1。

双向搭接时，常按焊接网一端在上另一端在下的顺序布置。布置时可能会出现搭接处多层钢筋叠垒的现象，见图 5.2-1。可采用错开搭接和混合搭接的方法避免。

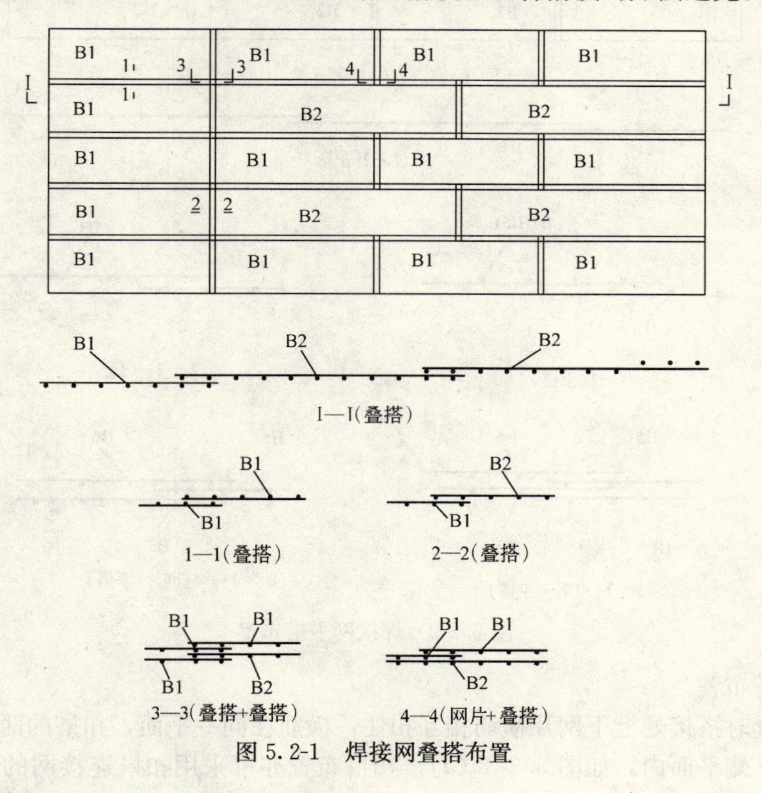

图 5.2-1 焊接网叠搭布置

(2) 平搭布置

平搭布置时各网片的纵筋和横筋分别布置在同一平面上，网片两端中有一端需少焊若干根横筋。布置时该端须布置在下，另一片焊接网有横筋端布置在上面，布置和安装顺序有严格要求。焊接网布置较复杂，网片型号也因此而增加，如图 5.2-2。平搭布置的另一个特点是，不论是单向搭接布置还是双向搭接布置，均不会出现钢筋叠垒现象，搭接处均为 2 层钢筋组成，平搭的纵横钢筋分别在同一平面上。要求焊接网纵横向钢筋在同一平面内或钢筋的混凝土保护层较小时常用此搭接形式。

进行双向平搭布置时常用一些简单的方法来确定焊接网的类型，如图 5.2-2。图中在焊接网的 4 个周边用“＋”和“－”表示焊接网周边的状态，“＋”表示该边先安装，焊有横筋，"—"表示该边后安装，未焊横筋。焊接网4个周边的安装状态完全相同时为同一型号的焊接网。图5.2-2及其他需说明平搭关系的焊接网布置图均可用此法表示。亦可在布置图中说明焊接网安装始点和安装方向来说明安装顺序。有时在焊接网布置图中可绘出焊接网钢筋剖面，以示安装顺序（参见图5.9-4）。

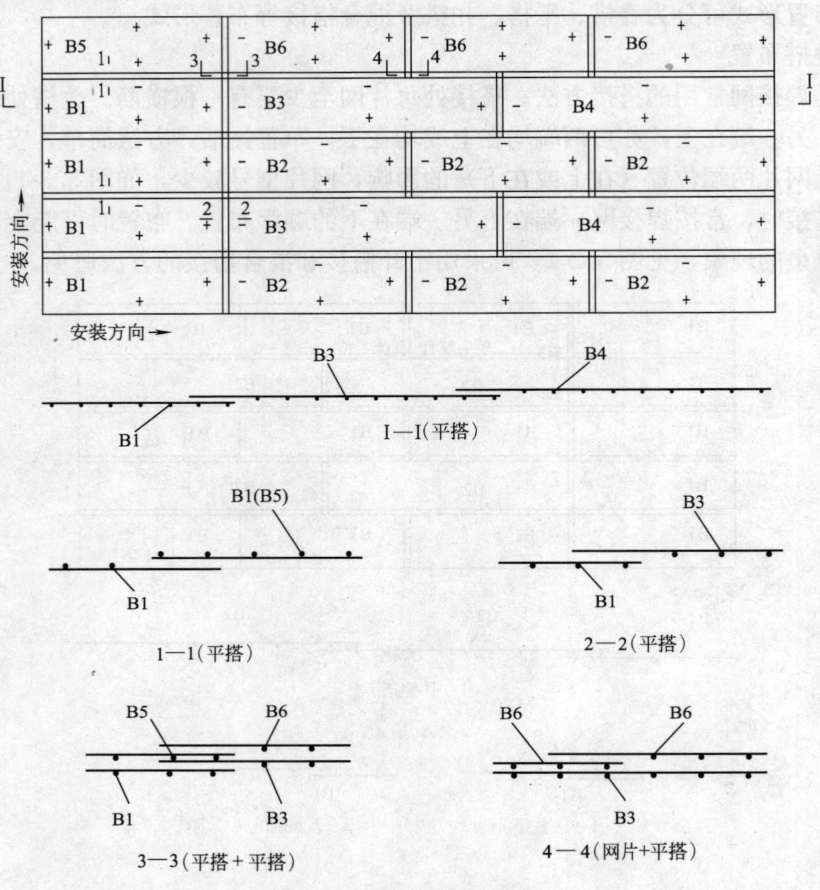

图5.2-2　焊接网平搭布置

（3）扣搭布置

扣搭布置时搭接处上下网片横筋相互扣住，横筋在同一平面，扣搭的两网片的纵筋分别在横筋上下侧平面内，如图5.2-3（*a*）。扣搭布置亦可采用扣搭连接网的方法布置，如图5.2-3（*b*）。扣搭布置仅用于一个方向的搭接布置，其布置顺序和安装顺序有特殊要求。须用双向搭接布置扣搭布置时，可采用扣搭和平搭混合的布置方法，如图5.2-3（*c*）。布置时应注意连接网相交处网片的布置，使两个方向钢筋达到所要求的搭接形式和长度。

（4）混合搭接布置

混合搭接布置是指几种搭接形式同时使用的布置方法。混合搭接布置的搭接形式、锚固形式、布置方法和安装顺序兼有各种搭接布置的特点，常用于解决某种搭接方法出现问题的情况。焊接网布置时宜采用同一种搭接或一种搭接为主的布置方法，以简化布置和安装。为减少搭接处钢筋的叠垒层数，可采用如图5.2-1～图5.2-3中的混合搭接布置方法。平搭布置搭接处的钢筋层数总是两层，在混合布置中常用于调整其他搭接形式存在的布置问题和减少搭接处的钢筋层数情况。

(5) 搭接处的叠垒高度

焊接网采用不同的搭接方法，搭接处可能出现的焊接网层数为4层（纵、横向叠搭，图5.2-1中的3—3剖面）、3层（纵、横向叠搭错开，纵向平搭和横向叠搭，或相反，图5.2-1中的4—4剖面）、2层（仅有纵向或横向一个方向叠搭，一个方向叠搭和一个方向平搭）和1层（纵、横向平搭，图5.2-2），相当于叠垒的钢筋为8层、6层、4层和2层。焊接网布置时应验算搭接处混凝土保护层厚度，权衡各种搭接形式的适用条件，选择合理的搭接形式和位置。

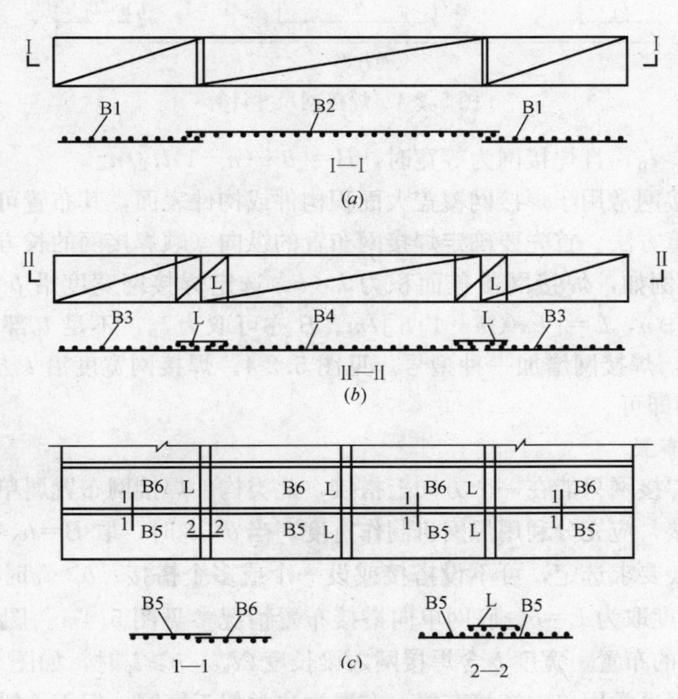

图5.2-3　焊接网扣搭布置

(*a*) 扣搭布置（1）；(*b*) 扣搭布置（2）；(*c*) 扣搭和平搭组合布置

2. 焊接网的尺寸

在阐述焊接网布置和计算焊接网尺寸时，常需使用一些焊接网相关尺寸及其符号。符号说明如下：l—焊接网整个覆盖面的长度；b—焊接网整个覆盖面的宽度；l_{as}—梁底网钢筋入支座的锚固长度；l_a—钢筋的锚固长度；l_l—搭接长度；l_p—制造（或运输）最大宽度；L，B—分别为某一焊接网的长度和宽度；m，n—分别为焊接网覆盖面长向和横向焊接网片数，见图5.2-4。

钢筋焊接网的尺寸由构件的受力条件和配筋、焊接网制作和运输、覆盖面特点等因素确定。

单向搭接焊接网常用于焊接网覆盖面积为长条形或焊接网某一方向不允许搭接的情况。焊接网覆盖面积为长条形，且其宽度 $b \leqslant l_p$ 时，焊接网宽度 B（含焊接网的搭接长度、锚固长度、弯钩长度等，下同）一般取为 $B=b$。焊接网长度 L（含焊接网的搭接长度、锚固长度、弯钩长度等，下同）由焊接网制作和运输限值、安装和受力条件、标准网长度（或推荐长度）确定。采用等长焊接网可减少焊接网类型，应优先考虑。此时，$L=[l+$

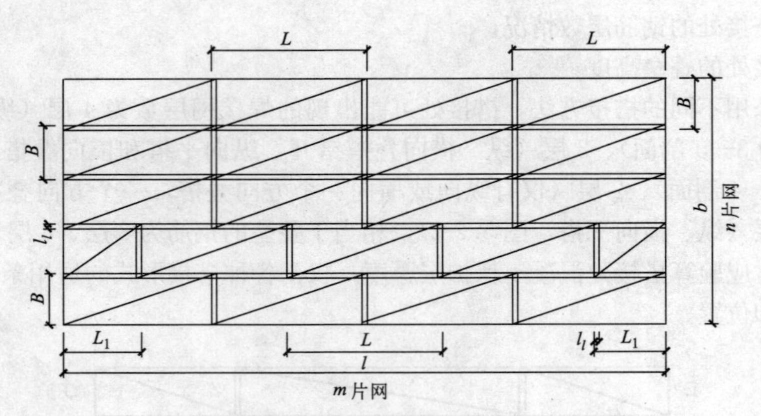

图 5.2-4　焊接网尺寸计算

$(m-1)l_l]/m$。$b>l_p$，且焊接网为等宽时，$B=[b+(n-1)l_l]/n$。

双向搭接焊接网常用于焊接网覆盖大面积构件或构件表面，其布置可参照单向焊接网的布置和尺寸计算方法。首先要确定焊接网布置的纵向（顺焊接网的长方向）和横向（顺焊接网的短向）。例如，焊接网覆盖面积为 $l\times b$，选定焊接网宽度沿 b 方向布置，可取 $B=[b+(n-1)l_l]/n$，$L=[l+(m-1)l_l]/m$。B 亦可取为 l_p，不足 l_p 部分取为另一型号焊接网的宽度 B'，焊接网增加一种型号。见图 5.2-4。焊接网宽度沿 l 方向布置时，将 b 与 l，m 与 n 互换即可。

3. 单向搭接布置

有些构件的焊接网只能在一个方向上搭接，此类构件焊接网布置属单向搭接布置。为减少焊接网的搭接，应充分利用焊网机制作宽度。当 $b\leqslant l_p$ 时，取 $B=b$，L 可按配筋覆盖长度或运输和安装要求选定，可不设搭接或设一个或多个搭接。$b>l_p$ 时，取焊接网宽度 $B=l_p$，焊接网长度取为 $L=b$。底网单向搭接布置情况参见图 5.4-1。图 5.4-1（*a*）为单向板 $b\leqslant l_p$ 时底网的布置，宽度 b 含焊接网入梁长度 $2l_{as}$；$b\geqslant l_p$ 时，如图 5.4-1（*b*）布置。骑梁布置的板面网也常用单向搭接布置，布置方法类似于底网，但无入梁要求。骑梁面网单向搭接布置情况参见图 5.4-15。焊接网的尺寸计算见单向搭接布置焊接网尺寸计算项。受结构限制，面排剪力墙网多采用单向搭接的布置形式。在一般情况下，剪力墙的宽度总大于 l_p，布置方法属焊接网的单向搭接布置形式。

4. 双向搭接布置

大面积配筋构件焊接网覆盖面积较大，两个方向的尺寸都较大，通常需布置纵向和横向搭接，即双向搭接布置。双向搭接布置常用于满铺面网的屋面和楼板、桥面铺装、道路路面、地坪等。焊接网布置时，应综合考虑焊接网配筋和布置区外形的特点和受力的特殊要求，选择合适的焊接网类型（标准网和非标准网）、布置的纵向和横向、搭接形式，使焊接网布置更为合理。

大面积不规则焊接网布置应考虑包括焊接网的不规则配筋和不规则布置区外形等情况。这些不规则因素均会影响到焊接网的布置。布置时，首先应将焊接网配筋覆盖区分为规则区和不规则区，规则区内按规则区的布置方法进行布置，不规则区则按具体的配筋和布置区条件进行布置，尽可能地减少焊接网的型号和简化安装条件。

5. 异形面焊接网布置

圆形、扇形、弓形、曲线边界、折线边界及规则形状布置后余下的不规则区等焊接网布置区，均属焊接网不规则布置区。但圆形、扇形、弓形、曲线边界、折线边界等布置区尚有其特点，有一定的规律可循。圆形楼板等类型的布置区底网宜辐射布置，且常用组合网的布置形式；面网在板面上侧，配筋骑梁布置时焊接网沿梁轴布置，配筋满铺时焊接网常为双向搭接布置，焊接网布置常可不受梁系布置的影响，可辐射布置，亦可正交布置。桥面铺装、道路、地坪等圆弧形的焊接网布置区，不论是单层或是双层焊接网布置，均可采用辐射布置或正交布置。辐射布置时，应使最小搭接处的搭接长度满足设计要求。可参照以下列举的具体布置方法进行布置。

5.2.3 组合网布置

组合网是为适应实际工程需要而出现的焊接网布置形式。使用组合网的目的是为了较好地满足构件的受力要求、简化安装、适应制作能力、不均匀配筋、统一焊接网尺寸等要求。组合网是常规网的发展，常规网的布置方法可用于组合网。

1. 组合网的特点

(1) 组合网类型

双层组合网分为A型和B型两种类型。A型组合网是将纵筋和横筋分别用架立筋焊接成纵向网和横向网，安装后组合成原配筋的焊接网，如图5.2-5。A型组合网为单向搭接布置。A型组合网的架立筋的间距很大，在搭接处通常无横向钢筋，组合网的焊接网搭接只能用平搭，成网钢筋一般不搭接。A型组合网为常用的组合网，除注明外，组合

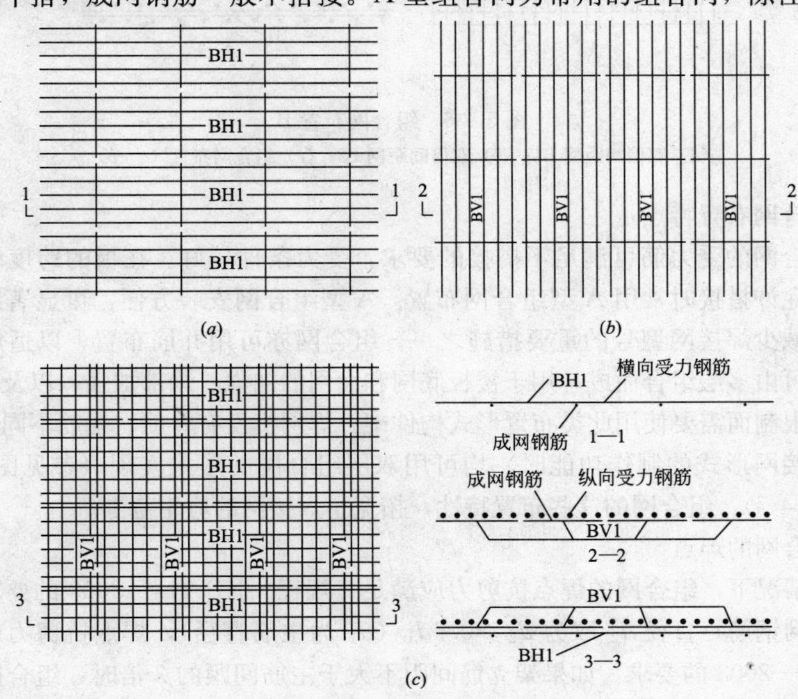

图 5.2-5 组合网布置A

(*a*)、(*b*) 横向网布置；(*c*) 组合网布置 (*a*+*b*)

网均指A型组合网。

B型网是将纵向筋和横向筋分别以原间距2倍焊接而成，安装后组合成原配筋的焊接网，如图5.2-6。B型组合网搭接可单向布置，亦可双向布置。在楼板跨度较大时B型组合网较难实现两个方向不搭接的要求。B型组合网的纵向筋和横向筋的计算高度相同，与常规网比较，有一组配筋（为下层钢筋）的计算高度应减少该钢筋直径。为保证B型组合网钢筋间距均匀，焊接网钢筋入梁位置精度要求较高，安装不便，实践中很少采用。

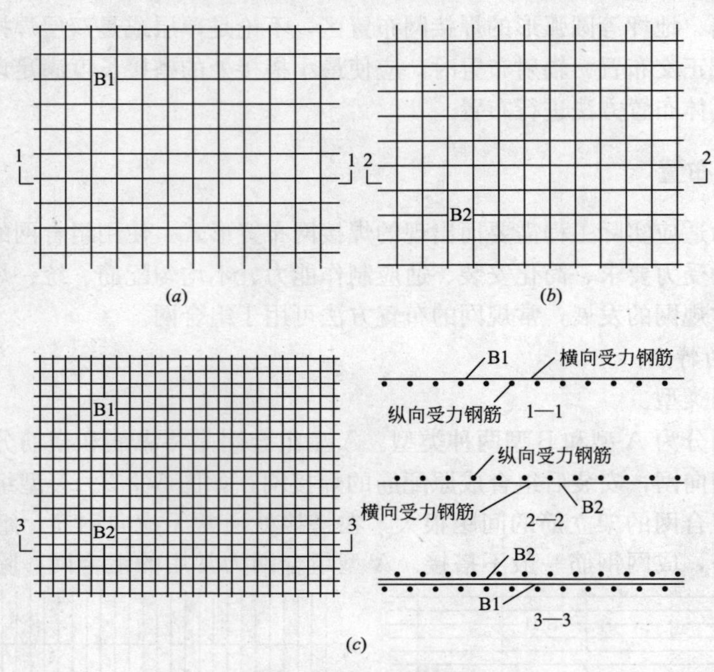

图5.2-6　组合网布置B

(*a*) 双倍间距网B1；(*b*) 双倍间距网B2；(*c*) 组合网布置 (*a*+*b*)

(2) 组合网布置特点

A型组合网的受力筋可满足不搭接的要求，受力条件较好。在板的跨度较大或两个方向钢筋不允许搭接时常用A型组合网布置。A型组合网安装方便，可显著地减少网片型号，成为减少焊接网型号的重要措施之一。组合网亦可用并筋布置，以适应配筋的要求。组合网可由多层组合而成，用于楼板底网和面网的加强、局部加强，以及其他由于焊接网布置的限制而需要使用此类布置形式构件中。焊网机没有并筋、钢筋不同长相间布置的网片等焊接网形式的制作功能时，均可用双层组合网的形式实现（参见图5.4-3、图5.4-5～图5.4-7）。组合网的这些布置特性，拓宽了焊接网的应用范围。

(3) 组合网的焊点

在一般情况下，组合网的焊点抗剪力应满足《规程》JGJ 114—2003的要求。组合网架立筋（成网钢筋）直径d_2取为$d_2 \geqslant 0.6d_1$（d_1为主筋直径），焊点抗剪力应满足《规程》JGJ 114—2003的要求。如果架立筋间距不大于主筋间距的2倍时，组合网的焊点数与相应的常规网的焊点数基本相同。组合网焊点抗剪力可满足抗剪力受力要求的规定，组合成具有常规焊接网所有的性能的焊接网。

有的标准（如美国 A185-02 等标准）规定 d_2 不满足 $d_2 \leqslant 0.6d_1$ 时，焊点抗剪力不受标准的抗剪力限制。我国《规程》JGJ 114—2003 对组合网亦有取标准焊点抗剪力的 0.8 倍的规定。这些规定应理解为满足焊接网成型要求的规定。按国外的标准，如果架立筋的焊点仅受成网要求的限制，焊接网钢筋直径的关系可不受 $d_2 \geqslant 0.6d_1$ 的限制。但在实践中仍按 $d_2 \geqslant 0.6d_1$ 的要求选用 d_2 更能保证焊接网的成网要求。

（4）焊网机制作容量

组合网的横向成网钢筋直径较原配筋为小，且网的宽度较小，焊接时所需的焊网机容量亦小。为规整和标准化焊接网尺寸和安装方便起见，组合网单片网有趋于选用更小宽度的趋势。此时单片网一次焊接的焊点数更少，所要求的焊网机的容量将更小。因此，组合网可在焊网机容量较小条件下制作，或者在焊网机容量较大时可采用更大的钢筋直径的组合网。

（5）组合网安装效率

BRC 亚洲公司做了组合网和绑扎钢筋安装效率的比较，结果如表 5.2-1[34]。

绑扎钢筋和组合网安装效率比较　　**表 5.2-1**

序号	内　容	绑扎钢筋	组　合　网
1	配筋及要求	6m×6m 板，双层双向配筋，ϕ^R13@100	6m×6m 板，双层双向配筋，ϕ^R13@100
2	提供的配筋	面筋及底筋 ϕ^R13，钢筋间距 100mm，1t	面网及底网，20 片 F13100，1t
3	安装人员组成	4 人	4 人
4	安装时间	8h 或 21.3 人时/t	0.5h 或 1.33 人时/t

组合网的安装时间约为绑扎钢筋的 1/16。组合网面网和底网各绑扎 10 片 F13100 网片（见表 5.2-2），与常规网布置的安装效率相当。若考虑常规网布置的焊接网入梁、入柱等具体布置条件，组合网安装效率将更高。

F 网（组合网 A）序列　　**表 5.2-2**

序号	BRC 系列	主要钢筋			成网钢筋		重量 (kg/m²)	备注
		直径 (mm)	间距 (mm)	截面积 (mm²)	直径 (mm)	间距 (mm)		
1	F13075	13	75	1770	8	800	14.39	单筋
2	F13100	13	100	1327	8	800	10.92	
3	F13125	13	125	1062	8	800	8.83	
4	F13150	13	150	885	8	800	7.44	
5	F12075	12	75	1508	8	800	12.33	
6	F12100	12	100	1131	8	800	9.37	
7	F12125	12	125	905	8	800	7.60	
8	F12150	12	150	754	8	800	6.41	
9	F11075	11	75	1267	8	800	10.44	
10	F11100	11	100	950	8	800	7.96	
11	F11150	11	150	634	8	800	5.47	
12	F10075	10	75	1047	7	800	8.60	

续表

序号	BRC系列	主要钢筋			成网钢筋		重量 (kg/m²)	备注
		直径 (mm)	间距 (mm)	截面积 (mm²)	直径 (mm)	间距 (mm)		
13	F10100	10	100	786	7	800	6.54	单筋
14	F13W075	2×13	75	3541	8	800	28.29	
15	F13W100	2×13	100	2655	8	800	21.34	
16	F12W100	2×12	100	2262	8	800	18.25	并筋
17	F11W100	2×11	100	1901	8	800	15.42	
18	F10W100	2×10	100	1571	7	800	12.71	

2. 组合网尺寸

(1) 搭接布置

组合网的使用可使焊接网搭接布置大为简化，一般情况均可布置为无搭接或单向搭接。组合网布置时只有在以下情况才设置搭接：焊接网过长不便于运输和安装时；双向板长跨度的B型组合网长度超过焊网机的制作宽度（或运输）限制时，组合网需搭接。

(2) 尺寸

组合网按纵向网和横向网分别制作，网片较长，受安装要求的限制（主要是受焊接网重量的限制），焊接网宽度亦较小，一般均可满足制作和运输条件的要求。在一般情况下，组合网的长度由焊接网所覆盖面的长度和宽度决定，即纵向网的长度由覆盖面长度决定，横向网长度由覆盖面的宽度决定。单片焊接网的宽度可按安装重量、统一尺寸、焊网机容量等要求定，覆盖面的长度过大时，焊接网的长度可考虑由结构要求确定。例如，大跨度楼板底网的纵向长度由板的跨度确定，楼板面网的长度可采用若干跨的长度（以满足网片运输和制作限值为限），搭接布置在钢筋受力较小处。横向网的长度与纵向网长度的选用方法相同。有其他限制时，按限制条件确定。

组合网钢筋直径大单片长度较长时，单片网片重量较大，可采用较小的网宽，例如1～1.5m的宽度，以便于安装。采用较小的宽度亦可使网片规格统一，达到减少网片类型的目的；还可以减少一次焊接的焊点个数，减小所要求的焊网机容量。有些国家采用了统一的网片宽度，构成了另一系列的标准网。

表5.2-2为BRC亚洲有限公司采用的F网[34]（组合网A）序列。上述组合网较广泛地应用于配筋较大的大跨度楼板、停车场楼板、无梁楼板等情况。

3. 组合网布置

组合网布置时常需明确表示单片网主筋的方向，实践中用V表示纵向（竖向），H表示横向（水平向）。如用BV表示纵向底网，BH表示横向底网，TV表示纵向面网，TH表示横向面网，余类推。其他表示方法与常规网同。下面说明组合网布置的基本内容。

(1) 双层组合网布置

双层组合网布置是基本的组合网布置。图5.2-5所示为双层组合网的典型布置。组合网的受力钢筋布置在所要求的位置上，如在板底网短跨（横向）钢筋布置在下侧，长跨

（纵向）钢筋布置在上侧。短跨焊接网的成网钢筋布置在受力筋下侧的混凝土保护层内，成网钢筋亦可布置在受力筋上侧，长跨焊接网的成网钢筋布置在受力筋上侧的混凝土（纵向网）内。有特殊要求时按特定要求布置。图 5.1-8、图 5.1-9 为楼板底网的典型布置形式，在布置中较多地使用了常规网的布置方法。

组合网受力钢筋是单向的，不存在常规网不能两个方向受力钢筋同时入梁、柱等其他构件的问题。组合网的长度可根据构件的尺寸和受力要求确定，可取较长的长度；宽度可根据制作（焊网机容量）、安装、统一尺寸等要求确定，通常选用较小的统一宽度。组合网布置时，常规网的一些作法也可用于组合网。

图 5.2-7 所示[34]为板底面和顶面双向配筋的双层组合网布置现场图片。底网和面网的纵向为并筋网，横向为单筋网（普通组合网）。组合网的宽度较小，成网钢筋间距较大。

图 5.2-7　底网和面网组合网布置（纵向为并筋）

（2）多层组合网布置

多层组合网布置是双层组合网布置的发展。构件配筋较大或构件配筋需局部加强时，横向筋和纵向筋分别布置为单层网片有困难时，每个方向的钢筋可分别布置成两层网，构成由多层网组合而构成所要求的配筋的焊接网布置形式。有时这是焊网机无并筋焊接功能、不同长度钢筋焊接功能或焊接容量不足，以组合网布置形式解决上述问题的方法。

图 5.2-7 的纵向网为并筋网。当焊网机无并筋焊接性能时，可将并筋网分别焊成两片，安装时将成网钢筋错开（分别在纵筋的上、下侧）。

多层组合网的具体布置参见图 5.4-3、图 5.4-5、图 5.4-6。

多层组合网的布置与双层组合网基本相同，常规网的一些布置方法也可用于多层组合网。多层组合网是为了弥补焊接网布置或制作困难时的一种权宜之计，宜少用。否则会增加安装工作量，影响安装效率。

（3）焊接网与绑扎钢筋的组合

有时单向焊接网也可与另一方向的绑扎钢筋组合，以达到更合理的布置效果和安装。单向焊接网与绑扎钢筋现场布置如图 5.2-8 所示。此时焊接网安装效率降低，宜少用。

图 5.2-8 单向焊接网与绑扎钢筋布置

5.2.4 重型网布置

重型网是指单片焊接网的面积较大的网片，常用于较大的构件中。重型网不仅面积大，且钢筋直径较大，单片网重量也较大。重型网需用吊装设备安装，重型网布置的安装效率较高。重型网布置是构件配筋率较大、人工费用较高和需要缩短现场安装时时间情况下的较好的焊接网布置形式。由于重型网布置的搭接较少，钢筋用量也相应地减少。

重型网的布置方法与常规网和组合网的布置方法基本相同，但重型网也有其自身的布置特点。

在确定重型网尺寸、满足制作和运输限值条件下，应尽量选用较大的焊接网尺寸。重型网的钢筋直径较大，宜采用平搭搭接形式，以避免叠搭等其他搭接形式在搭接处钢筋叠累层数多和叠累高度大，以及网片同向受力钢筋不在同一平面上等缺点。重型网常采用充分利用钢筋强度的更较长的搭接长度（如一些欧洲国家常用的），以统一搭接长度和较灵活地布置搭接位置。同时还可达到统一焊接网尺寸、减少焊接网型号和方便焊接网安装的目的。

楼板重型网布置可参见第六章图 6.2-19。重型网底网的布置与常规网相同，面网的布置略有不同。重型网面网不用整片角网布置，而采用角网与短梁骑梁面网整片布置形式，先行布置，然后布置长梁骑梁面网的布置方法，如图 6.2-19 所示。设计有要求时，板角处长梁上需布置骑梁补足焊接网或补足绑扎钢筋（图中尚未安装）或用梁两侧网片钢筋延伸至梁上搭接。

重型网常用于地坪等大面积构件中，其布置方法与常规网相同。地坪重型网的施工过程参见第六章图 6.2-22、图 6.2-23。在图中亦可见重型网的布置形式。双层重型网基础焊接网的布置和施工过程参见图 6.2-24。上述图中重型网搭接的布置，搭接均为平搭，搭接长度较长。

分段施工的构件常以分段长度作为重型网长度计算的依据（尚需考虑搭接长度），布置方法与常规网相同。隧洞和边坡分段施工的重型网布置和施工过程参见第六章图 6.2-26～图 6.2-28。

5.2.5 焊接网与其他构件的连接

钢筋焊接网混凝土构件之间，或与其他混凝土构件之间的连接通常由焊接网的钢筋来实现。常用的连接形式有：焊接网钢筋锚固于其他构件中、焊接网钢筋穿过其他构件、连接网连接等。钢筋焊接网混凝土构件之间的连接常由焊接网钢筋在构件中以锚固的形式实现，钢筋锚固有困难时用连接网连接。由于焊接网在锚固处需专门处理，有锚固要求的焊接网多属非标准网类型。

1. 锚固于其他构件中

钢筋焊接网构件可将其焊接网钢筋锚入其他构件中，以实现焊接网构件与其他构件的连接。如楼板底网、楼板端部面网、板顶面有高差面网、剪力墙水平筋在端柱（暗柱）等处的连接均属此类连接。锚固长度及是否设置弯钩则按设计要求或构造要求确定。需锚入已安装钢筋内的锚固钢筋，受限于安装条件，通常不设弯钩，且钢筋锚入部分无横筋。

焊接网的宽度含锚固长度，如图 5.2-9。有锚固要求焊接网可用两种方法布置：一种是对包括有锚入要求网片（总长度含锚固长度）的全部焊接网进行布置，决定焊接网尺寸后再对有锚入要求的网片进行修改（如去掉横筋、加弯钩等），构成另一型号的网片；另一种是有锚入要求的网片单独布置。此时，在满足设计要求条件下，可充分利用有锚入要求网片尺寸，以调整其他网片尺寸的作用，使其他网片尺寸趋于统一，达到焊接网的标准化和减少焊接网型号的目的。

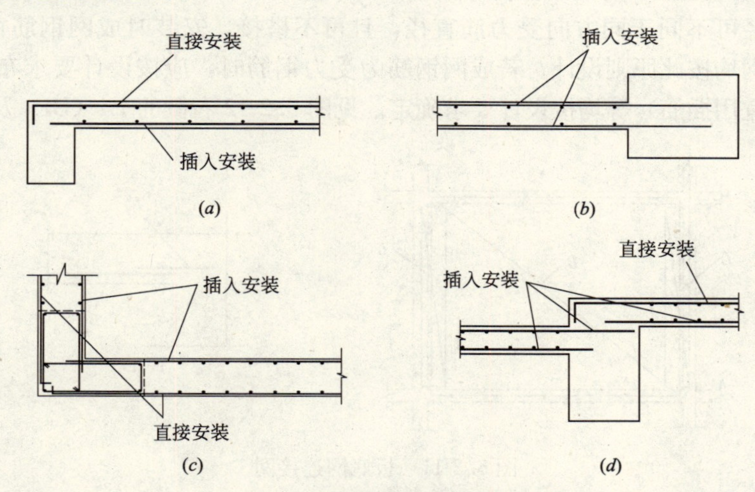

图 5.2-9 焊接网与构件的连接
(*a*) 锚固入端梁；(*b*) 锚固入柱；
(*c*) 锚固入边缘构件；(*d*) 梁两侧有高差板焊接网锚固

2. 不间断穿过其他构件中

焊接网穿过其他构件也是构件连接的一种形式。有两种焊接网不间断的穿过形式：一种是从其他构件已安装钢筋表面穿过，如过梁面网等；另一种是从其他构件已安装钢筋中穿过，如穿过梁筋的底网和剪力墙网、穿柱面网等焊接网均属此类。通过其他构件表面的焊接网，如面网，可取消梁上横筋（避免架在梁箍筋之上，影响受力筋就位），焊接网直接置于梁构件受力筋之上，如图 5.2-10。板底网等需穿过其他构件（如梁等）已安装钢

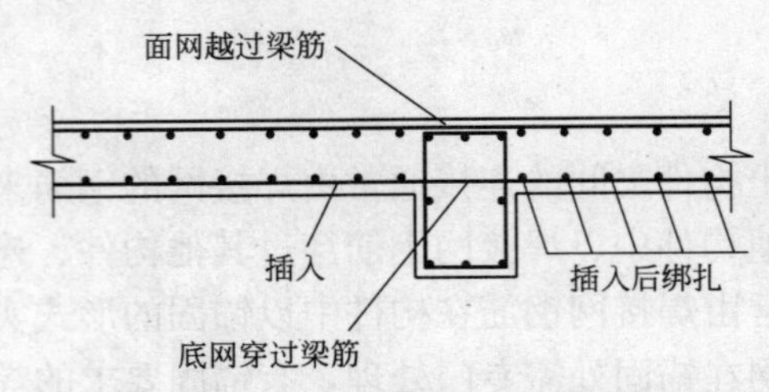

图 5.2-10　网片钢筋不间断过梁

筋时，穿过其他构件钢筋的网片，其横筋暂不焊，安装时插入其他构件已安装的钢筋，之后补绑扎伸出其他构件部分的横筋。其他的穿过形式见连接网连接形式。

3. 连接网连接形式

连接网有多种应用形式，以达到不同的连接和布置目的。连接网亦称为附加连接网，这是相对于板底网以架立筋将需插入梁中的钢筋焊接成网的连接网而言。连接网也用于扣搭搭接，称为扣搭连接网。连接网已广泛应用于板底网、面网、剪力墙网等多种焊接网布置中，已成为网与网、网与构件连接的常用网片。有时连接网的成网钢筋为受力钢筋，因此以称为连接网为宜，在需指明其附加作用时才冠之以“附加”二字。

(1) 锚入其他构件的连接网

焊接网某一方向钢筋插入一对梁或其他构件中后，另一方向钢筋就不能直接插入另一对梁或邻侧构件中。此时，常用将焊接网需插入另一对梁或邻侧构件中的钢筋截去，截取下来部分加长（与原钢筋搭接之长度）并用成网钢筋焊成连接网，再用连接网分别插入另一对梁或邻侧构件中，如图 5.2-11。连接网与底网的搭接为充分利用钢筋抗拉强度的搭接，成网钢筋可用较小直径的钢筋，插入梁中的钢筋的直径和根数与应锚入梁中的钢筋直径和根数相同。连接网的宽度 B 由锚固长度和搭接长度确定。长度 L 可根据实际情况确定。连接网成网钢筋直径可不同于同方向受力筋直径，且可不搭接，安装时成网钢筋在上。除注明外，此类连接网均按此原则设计。若成网钢筋为受力钢筋时，应按设计要求布置，其间距、搭接、入梁（宜用插筋）等均按设计要求确定。见图 5.2-12 右侧的 L4（B4）及插筋 J2。

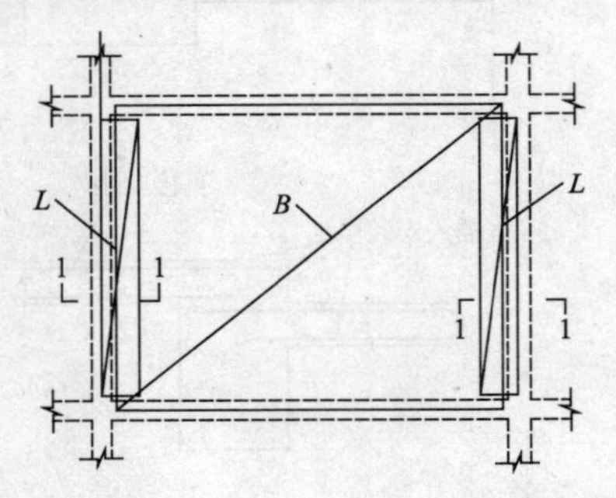

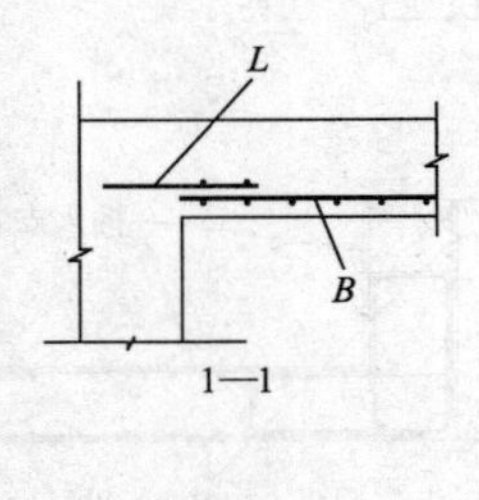

图 5.2-11　板底网连接网

对于四周梁凸出楼板面的面网、梁某一侧低于另一侧板高程等情况，由于面网钢筋入梁受梁已安装钢筋的制约，布置方法与底网相同，也可用上述连接网布置方法，按底网的布置方法进行布置。面网的连接网仍属面网性质，其锚固和搭接均应按面网的要求即充分利用钢筋抗拉强度的锚固和搭接布置，且满足面网搭接和布置的构造要求。面网连接网的宽度较底网为大，以满足搭接和锚固要求为准，如图 5.2-12。若需将搭接位置移至离梁或构件边某一距离，避免在梁边搭接。可按图 5.2-12 右侧所示的方法进行，移动距离内的钢筋为受力钢筋，并用插筋接长需锚入的构件内。

有类似于上述情况的焊接网与其他构件的连接，亦可采用上述连接网的方法处理。

(2) 调整焊接网尺寸连接网

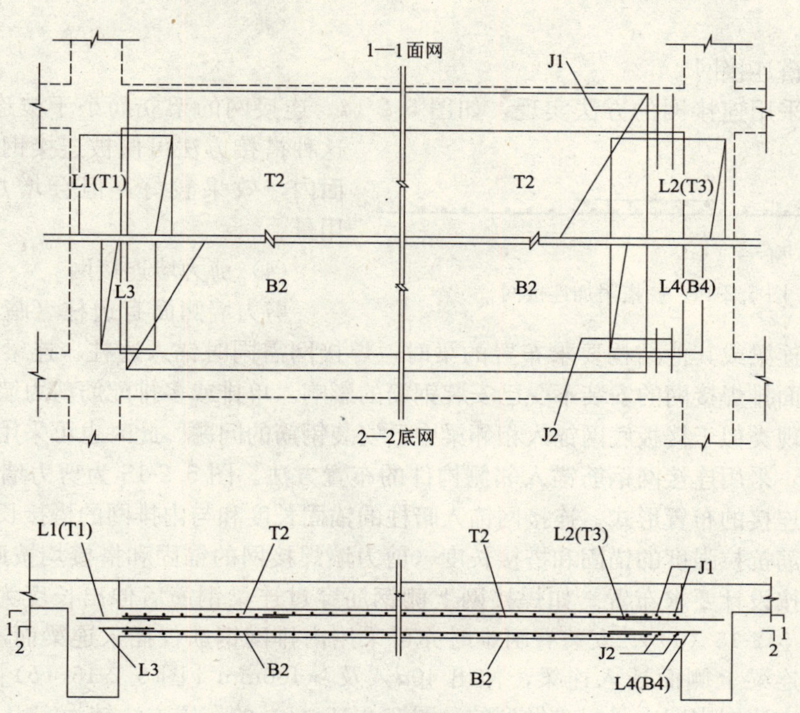

图 5.2-12 连接网的各种应用

有时可用连接网调整焊接网的尺寸，使焊接网尺寸趋于统一，达到减少网片型号和使用标准网或准标准网的目的。如板的某些区格与标准板区格尺寸略有不同时，可用连接网调整，使之统一。调整的方法是加大连接网的宽度，通常可加宽1～2格受力钢筋的间距，如图5.2-13。图5.2-13（*a*）为连接网加宽后，不足的受力筋用绑扎钢筋补足，且插入相应的一对梁中。图5.2-13（*b*）为架立筋改为该方向受力筋，其间距满足安装后主筋间距的要求，受力钢筋补置于所缺受力筋位置上，同时起到架立筋的成网作用。该受力筋还需用插筋接长和锚入相应梁中。图5.2-13（*c*）为图5.2-13（*a*）演变而来，取消架立筋，原一根绑扎受力筋改为两根截面积取为（或大于）一根绑扎受力筋截面积，位置在受力筋同一平面上，间距不大于受力筋间距，且用相同直径插筋接长，锚入相应梁中。这是只需补足一根受力筋时的变通方法。

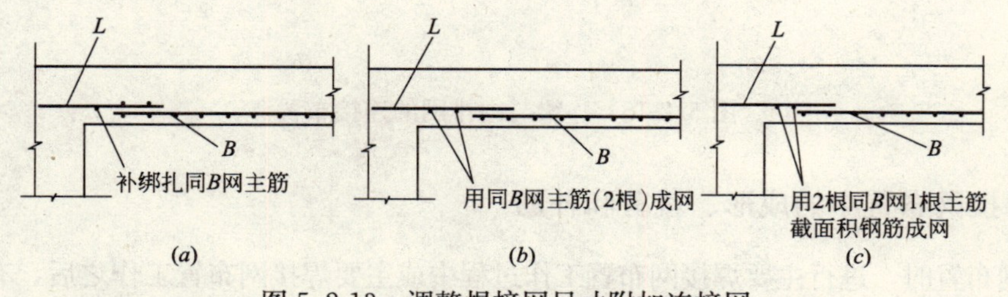

图 5.2-13 调整焊接网尺寸附加连接网

用连接网调整焊接网尺寸时，又增加了连接网的型号，应综合考虑这些影响，选择更为有利、综合效率更高的布置方法。番禺利丰批发集散中心场馆[43]底面焊接网的布置采用了连接网调整焊接网尺寸的方法，使焊接网的类型大为减少，简化了运输方案，取得了良好的效果。

(3) 扣搭连接网

扣搭可采用连接网的方法实现，如图 5.2-14。连接网的架立筋小于被连接的钢筋。这种搭接方法可使被连接钢筋在同一平面内，效果较好，但会增加搭接钢筋用量。

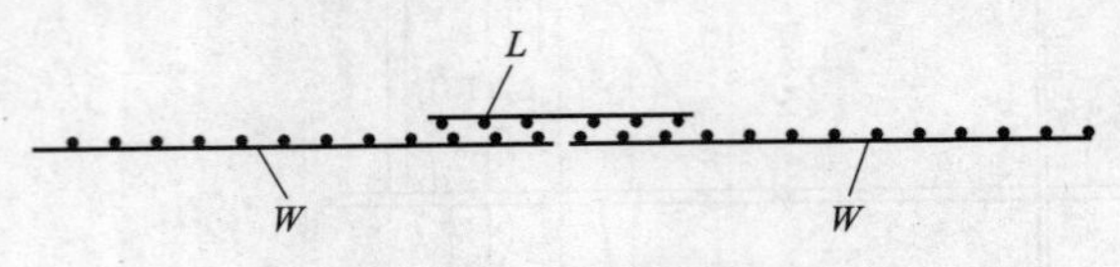

图 5.2-14　扣搭附加连接网

(4) 剪力墙连接网

剪力墙侧面有边柱（暗柱）或边缘构件，上有连梁或其他结构要求布置的梁时，焊接网需同时锚入边柱、连梁等相邻构件中。剪力墙面排焊接网的安装不受已安装钢筋的影响。单排或多排配筋剪力墙的内排网的安装则会出现类似于楼板底网锚入相邻梁中已安装钢筋的问题。此时也可采用类似于底网的布置方法，采用连接网钢筋锚入邻侧构件的布置方法。图 5.2-15 为剪力墙内排网用连接网与暗柱连接的布置形式。连接网锚入暗柱的锚固长度和与内排网的搭接长度均应满足充分利用钢筋抗拉强度的锚固和搭接长度（剪力墙焊接网的锚固和搭接均按此要求），设计有要求时按设计要求布置。如焊接网上侧钢筋穿过连梁钢筋后伸出长度为 $40d$，及≥400mm［图 5.2-15 (*a*)］。安装有困难时亦可采用内排网钢筋仅插入连梁而不伸出连梁，再用插筋由连梁上侧面插入连梁，伸出 $40d$，及≥400mm［图 5.2-15 (*b*)］。图 5.2-15 (*a*) 的布置方法在实践中是很难做到的，图 5.2-15 (*b*) 的布置方法较为实用。

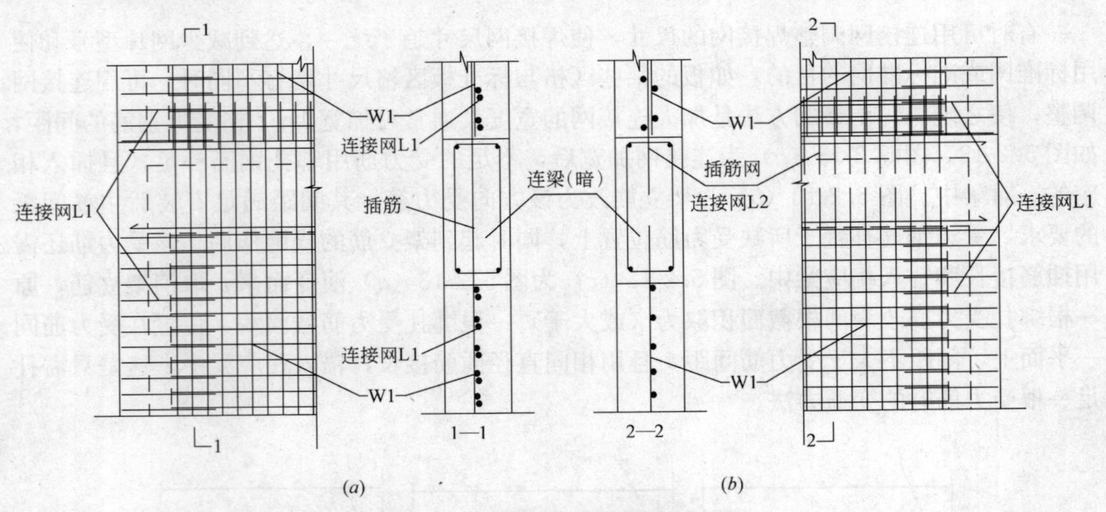

图 5.2-15　连梁与内排网的连接布置

5.2.6　焊接网布置中的成形、裁剪和补筋

焊接网布置时，进行主要焊接网布置工作过程中或主要焊接网布置工作之后，有时还需进行一些辅助性的工作，如焊接网的成型、裁剪和补筋等工作，以完成焊接网布置的全部工作。

1. 成型

有时在安装前焊接网需加工成一定的形状，以满足焊接网布置的特殊要求。成型的方法有弯钩、折弯，以及它们的组合。焊接网布置时尚需对布置完成后的网片进行成形设计，附于布置图中，作为焊接网制作、成形和安装的依据。同时焊接网布置设计时，进行焊接网制作表的编制时，还需将焊接网的成形设计的内容编制于制作表中。简单的成形，如钢筋弯钩等可在制作表内表示，较复杂时需另图表示。焊接网可按常规网制作，之后进入成形工序。

图 5.2-16 为焊接网成形的几种情况。图 5.2-16（*a*）～（*e*）为拗网机直接成形的直角形、槽形、矩形、Z 形等复杂体形情况。图 5.2-16（*f*）为异形箍筋，图 5.2-16（*g*）为公路隔离栏焊接网的成形组合。图 5.2-18 所示为较为复杂的桩台[33]焊接网弯折和成形组合情况。桩台焊接网布置较复杂，应在布置图中示出。桩台的顶面和底面采用组合网，分别为 B1、B2，其钢筋弯至侧面。侧网弯成 90°，构成覆盖两相邻侧面的网片 B3、B3 之间用平搭连接。布置 B3、B4 时，考虑了搭接（平搭）的对称性，上下板面网和底网 B1，B2 折弯部分均未布置钢筋。

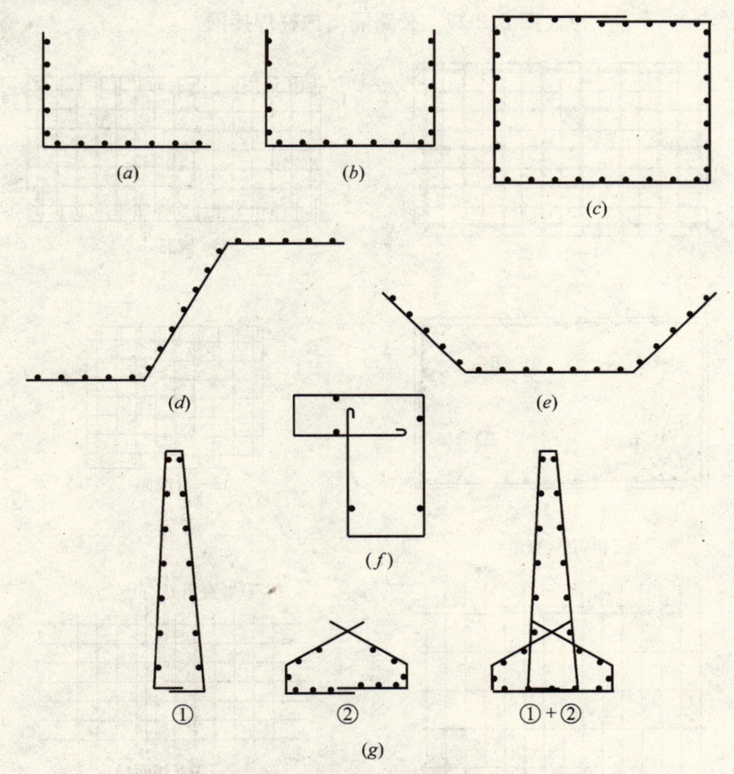

图 5.2-16　焊接网成形常用形式

（*a*）L 形网；（*b*）U 形网；（*c*）矩形网；（*d*）Z 形网；（*e*）槽形网；（*f*）异形箍筋笼；（*g*）路栏焊接网

图 5.2-17 所示为公路隔离护栏焊接网布置的另一种布置形式，其底网与上部网分开。桩承台焊接网成形如图 5.2-18 所示。

2. 裁剪

焊接网的裁剪是焊接网布置的另一辅助工作，常规焊接网和组合焊接网均可用，但常规网更为常用。焊接网的裁剪可在工厂内进行，亦可在施工现场进行。焊接网在工厂裁剪属焊接网成型工序。在焊接网现场安装时，将超出配筋边界的焊接网裁剪下来，可使焊接网，尤其是标准网的适用范围扩大。焊接网裁剪工序多用的材料，可从采用标准网或准标准网效率的提高和成本的降低得到补偿。

图 5.2-17　公路隔离护栏焊接网

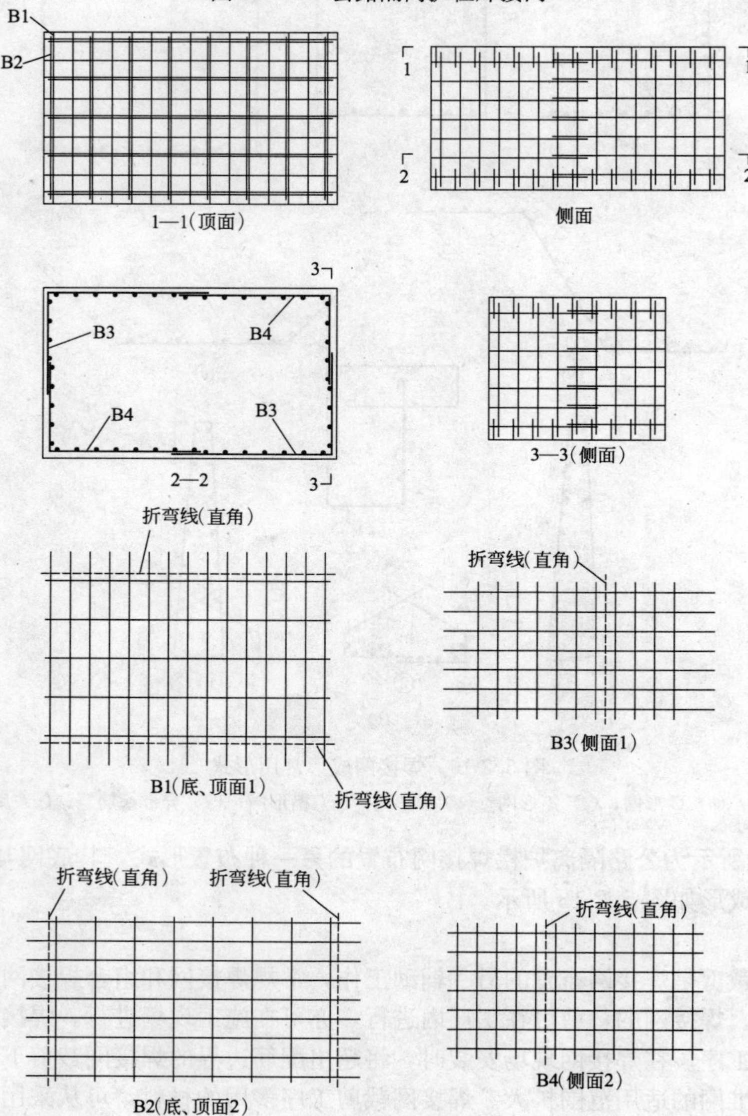

图 5.2-18　桩承台焊接网成形

裁剪下来的网片可用于焊接网的其他部位。此时应在焊接网布置时做好焊接网的裁剪和补缺的设计。裁剪形成的网片亦应编号并绘制于布置图中，需搭接时应预留足够焊接网裁剪后多出的搭接而增加的搭接长度。若焊接网伸出部分不超出布置边界之外，或略超出边界但不影响其他焊接网布置时，网片伸出部分亦可不裁剪。

现场裁剪时，由于加大了现场的工作量，影响安装的速度和效率，应尽量减少现场裁剪工作量。裁剪钢筋的直径对焊接网安装效率影响很大，钢筋直径＞8mm 时，应尽量避免在现场裁剪。此时宜采用补足绑扎钢筋的方法补足所缺的配筋面积。

图 5.2-19[29] 所示为北京四环路清华南路跨线桥分叉口焊接网布置。焊接网横桥纵轴线布置，桥面宽度变化处、桥边缘为曲线处、分叉处等的焊接网均采用裁剪的方法来适应桥面边界。图 5.2-20 为挡土墙扶壁的焊接网的裁剪和成形布置图。图 5.2-20（*a*）为扶壁焊接网布置，图 5.2-20（*b*）为扶壁网的加工（裁剪和弯折）图。按图 5.2-20（*b*）裁剪成的两片同属扶壁一侧的网片（W1），挡土墙有多个扶壁时，可用另一网片裁剪成另一侧的网片（仅弯钩方向不同，裁剪和弯钩后的水平筋在另侧的外侧，裁剪时将网片翻面后裁剪成 W2）组合成一片扶壁的一对网片（W1，W2）。否则会出现一个扶壁两侧的水平筋不同时在扶壁的外侧或内侧的情况。

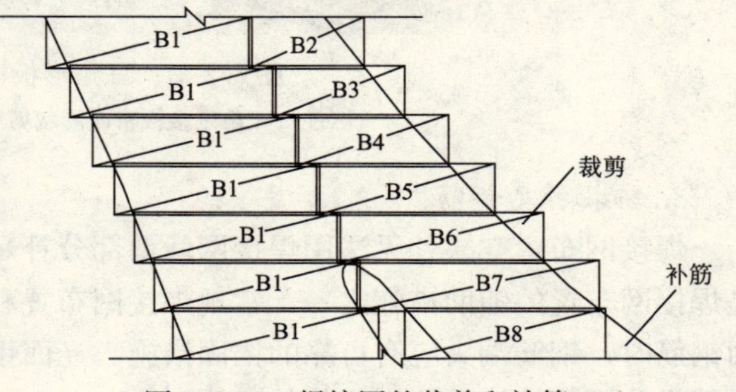

图 5.2-19　焊接网的裁剪和补筋

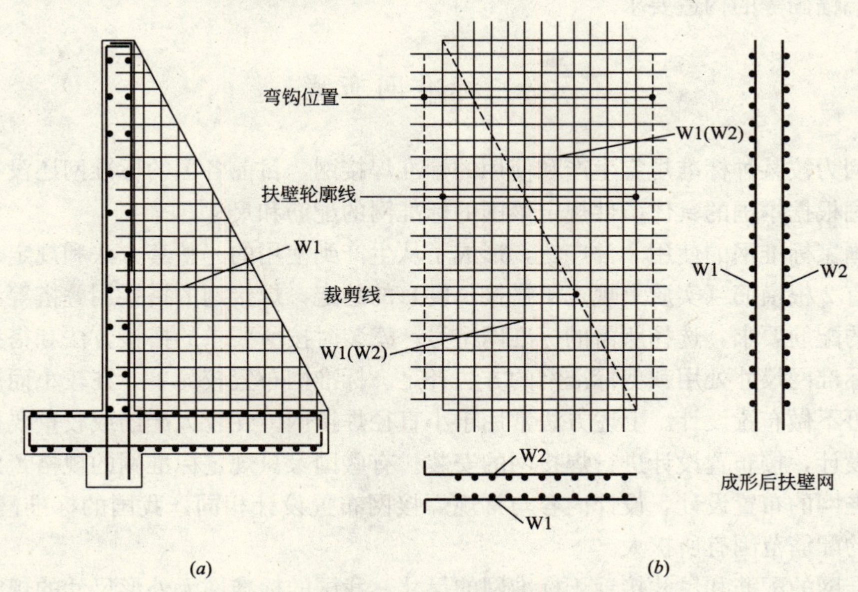

图 5.2-20　扶壁式挡土墙扶壁焊接网裁剪成形

（*a*）扶壁网安装后；（*b*）扶壁网裁剪和弯钩

图 5.2-21 所示为三角形板格面网布置，正交钢筋斜插入三角形板斜梁中，锚固长度应达到设计要求。面网布置由裁剪网片实现。

图 5.2-21 三角形板格面网布置

（注：三角区楼板格面网裁剪成形后安装实况）

3. 绑扎补足钢筋

焊接网布置空缺处无法用焊接网裁剪部分补足时，常用同配筋的绑扎钢筋补足。这也是焊接网布置的辅助措施之一，常规焊接网布置和组合焊接网布置均可用。补足钢筋为光面钢筋时，钢筋端头应有可靠的锚固措施。光面钢筋端头的锚固措施非常繁杂，绑扎补足钢筋常使用同性能带肋钢筋代替。

补足钢筋的方法与其他绑扎钢筋相同。补足钢筋的配筋、钢筋布置等与空缺处原设计相同。补足绑扎钢筋与已安装焊接网的连接应满足无横筋的搭接长度要求，另一端的处理应满足该端锚固等的构造要求。

5.3 标准网布置

标准网为按某种标准规定生产和使用的标准焊接网。目前各国的标准网还没有统一的规定，各国根据本国的具体条件规定该国的标准网的配筋和尺寸。

一些国家标准网的使用非常广泛，形成了从生产到使用的一整套方法和规定。如搭接处每片网有2根横筋（实质上规定了搭接长度）的约定，焊接网的搭接用叠搭等。使用时根据构件的配筋要求，选择所需的标准网型号，安装时按所要求的搭接方法和搭接长度进行，小于标准网尺寸处用裁剪标准网的方法补足。标准网布置较简单，在较小而简单的使用区甚至可不做布置设计。上述方法常用于小直径焊接网。在较大配筋或较重要构件中仍需做布置设计，按布置设计进行焊接网的安装。有些国家只规定标准网的规格，此时还必须进行标准网的布置设计，设计内容与常规焊接网布置设计相同。我国的标准网属此类，但焊接网的配筋范围有所扩大。

准标准网的配筋和尺寸接近于标准网的尺寸。我国的标准网无外形尺寸的规定，准标准网应理解为配筋范围扩大了的标准网，在布置方面没有什么区别。

目前组合网的应用范围有所扩大。有些国家为组合网另增F系列的焊接网，似可认为是组合网的标准网系列。组合网的横筋为成网钢筋，其直径和间距均有相应的规定。标准的组合网系列的布置设计工作更为简单。

在实践中出现的准标准网一般为大量使用、型号很少的焊接网。标准网和准标准网的界限，不论是配筋、尺寸和布置方法等有时很难界定。各种焊接网的布置方法常可通用，标准网的布置可参照常规焊接网和组合网的布置方法。

5.3.1 标准网

标准网常用于面积较大、形状规则的建筑物构件或构筑物，如道路、地坪、桥面铺装，梁系规则的楼（屋）盖板面等。为提高构件表面性能的焊接网，如防裂网也常用标准网。标准网布置时需尽可能地统一其尺寸，以减少焊接网型号。

1. 大面积构件

配筋覆盖面积很大的构件的标准网布置，应根据构件的配筋和配筋覆盖面积、构件的受力条件，结合施工条件和统一尺寸要求进行布置。有时焊接网布置纵向和横向的选择对统一焊接网尺寸的影响很大，应综合各种因素选择焊接网布置的纵向和横向。上下两层焊接网布置时，有时分别采用纵向布置和横向布置以便于错开搭接位置。

标准网的搭接可采用各种形式的搭接。叠搭的适应性较好，标准网布置时常采用。若采用充分利用钢筋的抗拉强度的搭接，则标准网的搭接位置从理论上说可任意布置，布置区的边角或特殊形状处可用裁剪标准网和用裁剪下来的网片补足。采用平搭等搭接形式，焊接网的类型较多，搭接位置常要受到限制，很难实现任意位置的搭接。因此采用平搭等其他搭接形式布置时，应进行较详尽的标准网布置。从布置方法、安装方法和效率考虑，除有特殊要求外，不宜采用多种搭接方法组合的混合搭接布置。具体的布置方法参见第5.2节焊接网基本布置方法。

受焊网机制作宽度的限制，确定焊接网宽度常作为调整大面积焊接网布置统一焊接网尺寸的重要因素之一。为减少搭接，一般的情况下选用焊接网制作和运输限宽为焊接网宽度；有时为统一焊接网宽度，亦可采用接近限宽的宽度作为统一宽度。焊接网长度选择的灵活性较大一些，可在综合考虑焊接网限宽，配筋面积的纵向尺寸和横向尺寸，施工要求，选择合理的焊接网长度。

调整和统一尺寸是标准网布置的重要工作之一。前述的调整和统一焊接网尺寸的方法均可在标准网中使用。

2. 梁系规则的楼（屋）盖板

规则梁系板较适于使用标准网。可根据梁系的尺寸选择焊接网的尺寸。底网布置受板区格的限制很大，只能进行微小调整。首先确定涵盖大多数跨度的焊接网优势尺寸，其次用一些措施调整布置，使焊接网尺寸趋于统一。最后，将无法统一尺寸的焊接网另选型号，另行编号。

常用统一尺寸的方法有微量调整焊接网的搭接长度和锚固长度，用连接网调整网片尺寸等方法（见第5.2.5节）。调整连接网尺寸时每侧连接网增加的主筋通常为1～2根，一跨两侧连接网增加主筋根数的不同组合可为1～4根，跨度调整量相当可观。为避免过多的连接网型号，亦应使之归并成若干个型号。

满铺面网布置时，可用充分利用钢筋抗拉强度的搭接，使焊接网搭接位置的布置较为灵活，以便于统一焊接网的尺寸。

3. 组合网

就组合网配筋而言，组合网多属准标准网或另列的标准网系列。组合网布置灵活性较大，便于统一焊接网尺寸，减少焊接网型号。网片纵向长度（或搭接后的纵向长度）可为构件所要求的长度。焊接网宽度的确定灵活性较大，可为制作和运输限宽，或为焊网机容量限宽，或为安装要求限宽（宽度1～1.5m时便于安装），综合考虑各种因素后确定焊接网的统一尺寸。

组合网用于跨度较大的满铺面网时，焊接网的布置（包括搭接布置）更为方便。布置时先布置某一方向的焊接网，同时按布置在距梁边1/4短跨以外的要求布置搭接。之后按同样的方法布置另一方向的焊接网。组合网布置避免了常规网布置常出现的不能满足搭接布置在距梁边1/4短跨以外要求的情况，且两层钢筋的搭接可以错开。组合网布置较常规网布置更为方便。焊接网配筋有局部加强时，用组合网布置更易实现。布置方法详见焊接网基本布置方法，具体的布置实例详见于各构件中组合网的布置。

5.3.2　准标准网

板墙类构件配筋的钢筋直径和钢筋间距的组合较多，难于组合成标准网的钢筋直径和钢筋间距的组合，很多焊接网型号难于归入标准网。准标准网即为接近于标准网钢筋直径和钢筋间距组合的焊接网。准标准网还有其外形尺寸接近标准网常用尺寸的含义，即准标准网为其配筋和外形尺寸接近于标准网的标准网系列。我国现行标准无焊接网外形的规定，准标准网所涵盖的面是很大的。人们所认同的准标准网应为钢筋直径和钢筋间距接近标准网，使用型号较少、批量较大的焊接网。因此，准标准网的布置方法与标准网没有什么区别，标准网的布置方法均适用于准标准网。

5.4　楼（屋面）板焊接网布置

建筑物的现浇楼（屋面）板常由梁系及（或）墙系分割成若干个板区格，焊接网应根据板区格和板墙配筋特点进行布置。

楼板等主要承受弯矩的构件各部位承受的弯矩不同，习惯上将板跨中承受的弯矩称为正弯矩，板下侧配置的钢筋称为正筋，这些钢筋一般布置在板的底部，故又称为底筋，焊接成的网片称为底网；将连续（或固端）梁板系的支座上侧处弯矩称为负弯矩，板上侧配置的钢筋称为负筋，这些钢筋通常布置在板的面层，故又称面筋，相应的焊接网称为面网。在不会引起混淆的情况下就如此称谓这些钢筋和钢筋焊接网。在其他类似构件中也常用底网和面网的概念。

除前面已定义的符号外，楼板还使用以下符号：l_1—板区格短跨跨度；l_2—板区格长跨跨度；l_{10}—板区格短跨净跨度；l_{20}—板区格长跨净跨度；l_{1as}—l_1跨底网钢筋插入支座的锚固长度；l_{2as}—l_2跨底网钢筋插入支座的锚固长度；l_a—钢筋的锚固长度。

5.4.1　底网

楼板短跨底部负筋不宜搭接，底网布置是典型的单向搭接布置形式。在焊接网的基本布置方法中已说明焊接网单向搭接布置的基本内容，楼板底网布置的具体方法和焊接网尺寸计算方法在此详细阐述。

1. 单向板

(1) $l_{10}+2l_{1as}\leqslant l_p$

焊接网的长度方向沿板区格长方向 l_2 布置，如图 5.4-1 (*a*)。图中 $l_{10}=l_1-(b_1+b_2)/2$，b_1、b_2 分别为一对长跨梁的宽度。焊接网 B01 的宽度 $B=l_{10}+2l_{1as}$。L 由 l_2 确定，焊接网的长度取为 $L=l_{20}=l_2-(b_1+b_2)/2$。为便于安装，L 一般不宜超过 6m。当长跨大于 6m，或受安装和运输长度等原因的限制，宜用较小长度焊接网时，可设置一个或若干个搭接 [见图 5.4-1 (*b*)]，搭接可用各种形式的搭接，搭接长度为非受力钢筋的搭接长度。底网的搭接不受钢筋保护层的限制，常用叠搭。B01 的宽度由安装条件和运输条件确定，常为等宽。焊接网长跨钢筋在短跨梁处用连接网插入梁中，插入梁中的钢筋根数应与需锚入梁中的钢筋数目相同，钢筋锚入梁中的锚固长度 l_{as}应为 $10d$，且不宜小于 100mm。

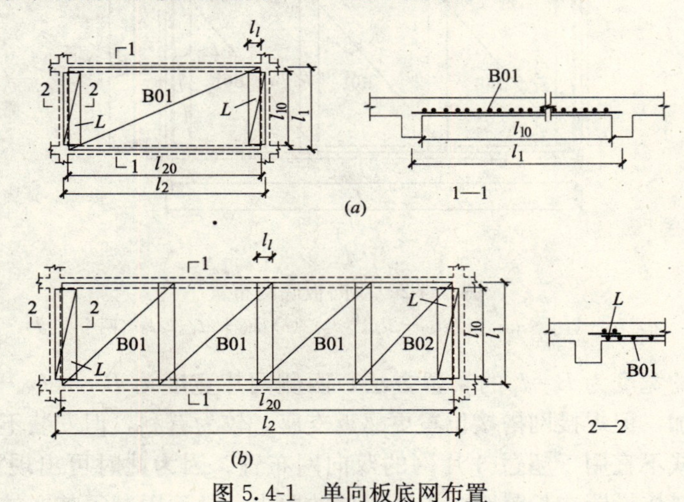

图 5.4-1 单向板底网布置

(*a*) $l_{10}+2l_{1as}\leqslant l_p$；(*b*) $l_{10}+2l_{1as}>l_p$

(2) $l_{10}+2l_{1as}>l_p$

焊接网纵向（长方向）沿 l_1 向布置，长度取为 $L=l_{10}+2l_{1as}$，宽度 B 取为 l_p。板区格内焊接网片数由 l_2 确定，常采用若干片（n 片）$B=l_p$和一片 $B'<l_p$的焊接网布置方式 $B'=l_{20}-n(l_p-l_l)$，如图 5.4-1 (*b*) 中的 B01、B02。在若干个板区格的短跨相同时常用此布置形式。为减少焊接网类型，可取相同的焊接网宽度，即取 $B=[l_{20}+(n-1)l_l]/n$ 分片，n 为该板区格内焊接网片数，B 应取不大于 l_p且接近 l_p的值。搭接长度 l_l取为非受力方向的搭接长度。

2. 双向板

(1) 常规网布置方式

双向板底网亦属单向搭接布置，图 5.4-2 为双向板的一般布置形式。

① 短跨 $l_{10}+2l_{1as}\leqslant l_p$，采用图 5.4-2 (*a*) 的布置方式，$B=l_{10}+2l_{1as}$，$L=l_{20}$。

② 短跨 $l_{10}+2l_{1as}>l_p$时，可采用有一个搭接的布置方式，如图 5.4-2 (*b*)，搭接位置在跨中 1/3 以外。为满足上述条件，长跨可能的最大净跨为 $l_{20max}=3l_p/2-3l_l/4$。l_{20}更大时，可用有两个搭接的布置形式 [图 5.4-2 (*c*)]。3 片网相同时，取 $B=(l_{20}+2l_l)/3$。此时，长跨可能的最大净跨为 $l_{20max}=3l_p-2l_l$。此法网片型号少，实践中常用此法。也可

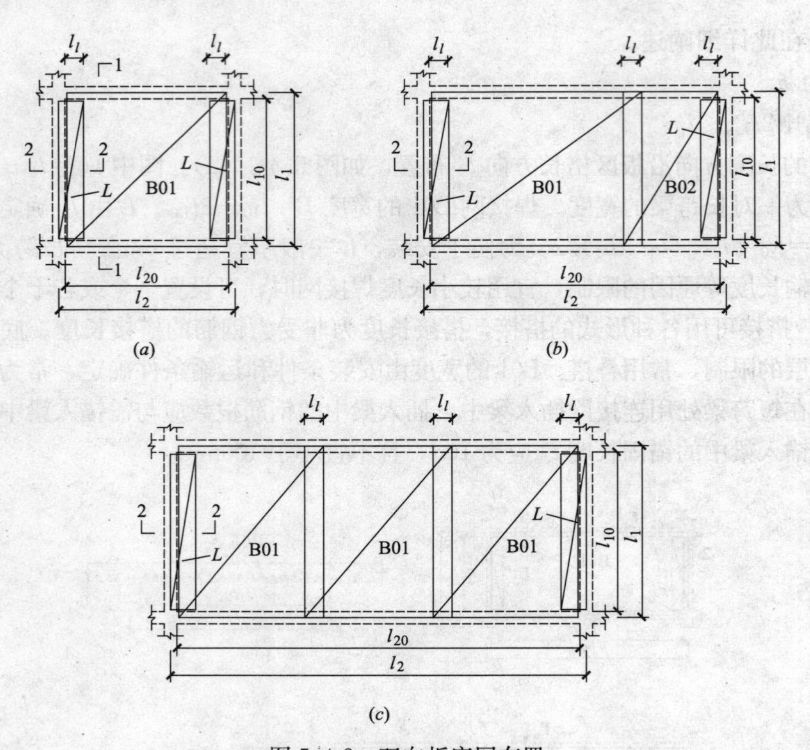

图 5.4-2　双向板底网布置

(a) $l_{10}+2l_{1as}\leqslant l_p$；(b) $l_{10}+2l_{1as}>l_p$；(c) $l_{10}+2l_{1as}>l_p$（两个搭接）

取底网中部网片的宽度为$B=l_p$的布置方法，两侧网片宽度为$B'=(l_{20}+2l_l-l_p)/2$。此时网片类型要增加，但焊接网搭接位置更靠近支座，较为有利，但安装不便。

上述布置形式不宜用于超过 3 片网的双向网布置。因为此时可出现 3 个或更多个搭接，且不能满足搭接设置在长跨跨中 1/3 以外的要求，从而限制了其在较大跨度双向板的使用。此时宜采用底网双层组合网布置的形式。

图 5.4-3 所示为底网搭接（叠搭）和钢筋锚入梁中的情况。

(2) 双层组合网 A

楼板底网双层组合网 A 布置为无搭接焊接网布置，两个方向的受力钢筋均无搭接。焊接网分层布置，两个方向焊接网是独立的，互不干扰，布置较为方便。如图 5.1-8，短跨受力筋网 BH1 布置在下层，焊接网长度取为$L_H=l_{10}+2l_{1as}$。组合网成网钢筋不需搭接(BH1 之间和 BH2 之间可不搭接)，焊接网的宽度B_H只有$\leqslant l_p$的限制，选定的灵活性较大，可综合考虑l_p、统一尺寸、网片重量、安装方法等条件选择最优尺寸。架立筋布置在下（在保护层内），亦可布置在上，其间距可取 400～600mm，或更大。长跨受力筋网 BV2 布置在上层，长度取为$L_V=l_{20}+2l_{2as}$。宽度B_V的确定同短跨网。架立筋布置在上，其他条件与短跨网相同。

底网双层布置 A 的受力条件较好，布置和安装方便，但需增加成网钢筋。在受力钢筋较小（即跨度较小）时，如主筋直径$\leqslant\phi^R 7.0$时，由于成网钢筋直径受到最小直径的限制（常用$\phi^R 5.5$），与常规网布置形式比较，钢筋用量略有增加；主钢筋$\geqslant\phi^R 8.5$时，其钢筋用量接近常规布置方式。采用更小的成网钢筋直径，更大的成网钢筋间距，双层组合网

A 可以节省钢材用量。从节省材料考虑，双层组合网 A 不适用于跨度很小的双向板。

（3）双层组合网 B

楼板底网双层组合网 B 布置基本上与常规网相同。主要差别为：一是受力筋搭接全为平搭；一是选定焊接网钢筋伸出长度和间距时要保证组合网钢筋间距准确和钢筋总根数满足配筋要求。参见图 5.1-9，纵向网（长跨网）BV1、BV2 短跨受力筋不搭接，钢筋不入梁；长跨受力筋在长跨中 1/3 以外搭接，两端插入相应梁中 l_{2as}。纵向网的长度为 $L_{V1}=L_{V2}=l_{10}$，布置在下层，宽度视长跨受力筋为一个或两个搭接而定，可参照常规网的方法布置。例如，长跨受力筋为一个搭接且搭接中心点在跨中 1/3 以外时，$B_{V1}=2l_{20}/3+l_{2as}+l_l/2\leqslant l_p$，$B_{V2}=l_{20}/3+l_{2as}+l_l/2$。横向网（短跨网）BH3、BH4 的长度取为 $L_{H3}=L_{H4}=l_{10}+2l_{1as}$，宽度取为 $B_{H4}=2l_{20}/3+l_l/2\leqslant l_p$，$B_{H3}=l_{20}/3+l_l/2$。之后应验算纵向网和横向网组合后的纵向筋和横向筋满足配筋要求的钢筋根数和伸出长度。

图 5.4-3　底网搭接和锚入梁内

［注：图中可见焊接网的搭接（叠搭）和焊接网钢筋插入梁已安装钢筋中（≥10d 且不小于 100mm），边侧钢筋距梁边为钢筋间距的一半且不大于 100mm］

双层组合网 B 的优点是双向板底网的短跨受力钢筋无搭接；长跨钢筋若有搭接，其搭接应布置在梁中 1/3 梁跨以外，钢筋搭接根数为全跨内钢筋根数的一半，插入梁中的钢筋数量也为一般布置形式的一半。双层组合网布置 B 的钢筋用量较常规网布置形式为少，是 3 种布置形式中的最少者。这种布置形式的两个方向钢筋的计算高度相同，即短跨的计算高度应减去 1 个长跨受力钢筋直径，受短跨钢筋不能搭接和搭接需布置在跨中 1/3 以外的限制，加之网片布置和安装不便，这种布置形式的使用将受到限制，通常不使用。

3. 加强组合网

加强组合网常用于底网配筋局部加强的布置中，其他焊接网的布置可参照使用。

（1）单向加强组合网布置

单向加强组合网常用于板短跨或短跨的中部，可将横向（短跨向）钢筋制作成两层，如图 5.4-4 的 B1、B3。布置时加强网布置在双层组合网的下部，成网钢筋在下（在保护层内）。此时，加强筋与短向钢筋网的受力筋在同一平面上，并不影响钢筋的计算高度。

如果焊网机有焊接不等长度钢筋的功能，可采用如图 5.4-5 的布置方法进行单向局部加强配筋的焊接网布置，其中剖面 1—1 为长短筋相间网布置，T2 为钢筋长短相间网，剖面 2—2 为一般加强网布置，T3 为加强网。

（2）双向加强组合网布置

双向加强即组合网纵向配筋和横向配筋均需加强时，其横向钢筋和纵向钢筋可分别布置成两层网，如图 5.4-6，B3 为横向加强网，B4 为纵向加强网。横向网的布置与单向加强布置相同。由于架立钢筋的原因，最上层的纵向加强网 B4 钢筋的计算高度要减去成网

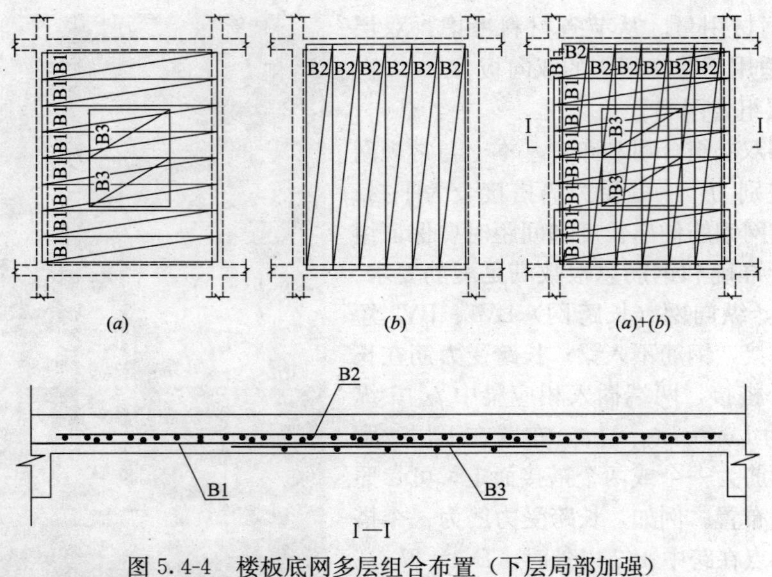

图 5.4-4　楼板底网多层组合布置（下层局部加强）

（*a*）加强网＋横向网；（*b*）纵向网

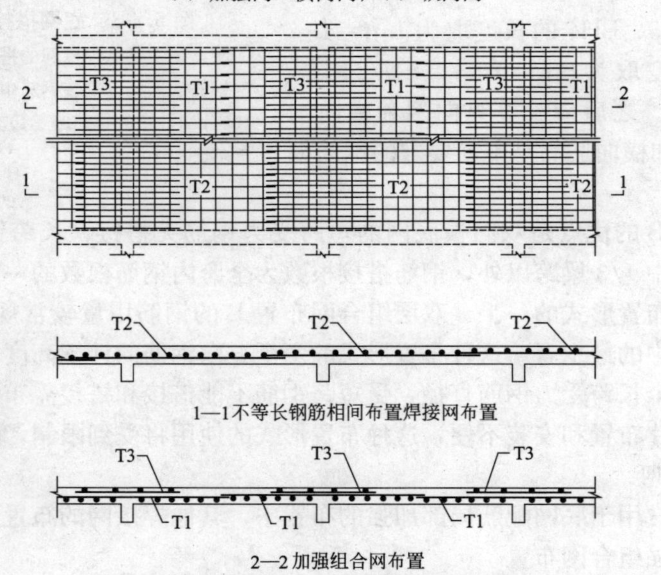

图 5.4-5　面网的组合网布置和常规网布置

钢筋直径和受力筋直径之和，且安装繁琐，双向加强网不常使用。

当双向加强配筋部位的宽度不大时，可在需加强的部位用常规网。如图 5.4-7，在双层组合网 B1、B2 之间布置常规网 B3，B3 的纵向筋和横向筋配筋分别为纵向网 B2 和横向网 B1 的加强配筋。受焊网机制作宽度的限制，加强常规网的宽度不能很大，其限制宽度为焊网机制作宽度，或板区格短跨最大宽度制作限宽的两倍，即约为 6.4～6.6m。加强常规网布置在横向网和纵向网之间，加筋网横向筋和短跨受力筋在同一平面内，纵向筋和长跨受力筋在同一平面内，布置效果与双层组合网完全相同。

并筋网是常规网的一种形式，其纵向钢筋两两并列在一起焊接而成，但并筋网只能布置在一个方向。因此并筋网也常用于组合网的布置方式。并筋网布置时可为单向布置，亦

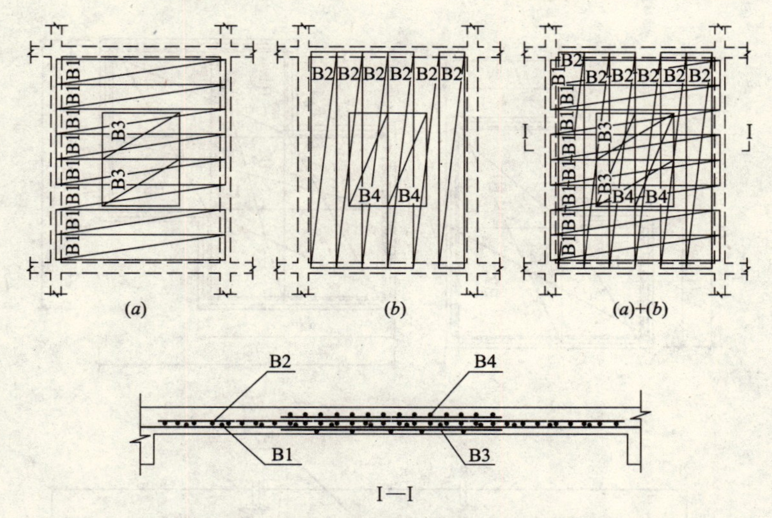

图 5.4-6 楼板底网双向多层组合网布置（局部加强）

（a）加强网＋横向网；（b）加强网＋纵向网；

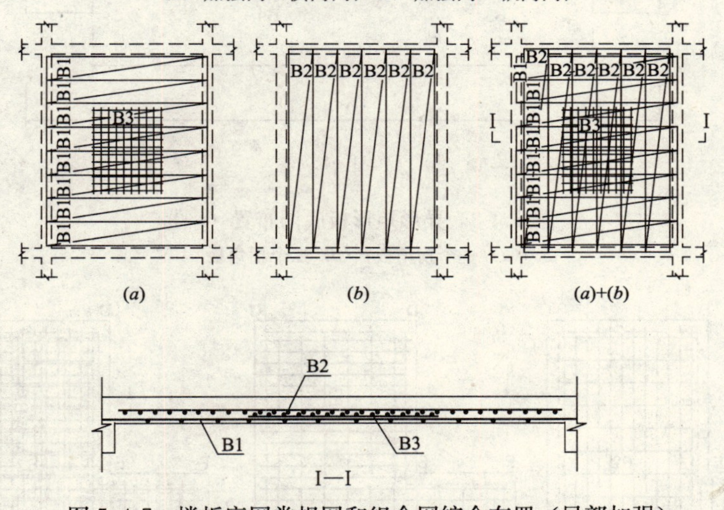

图 5.4-7 楼板底网常规网和组合网综合布置（局部加强）

（a）B1＋B3；（b）B2

可为双向布置。

4. 特殊形状区格板

（1）异形矩形板

楼板中有时会遇到如图 5.4-8 所示的异形矩形板。这种形状的板区格宜采用双层组合网的布置形式，将同向和相同长度钢筋组成一组，用分布筋（架立筋）焊接成网。同组钢筋组成的网片宽度超过 l_p 时，可焊成 2 片或多片网。下层钢筋方向由设计配筋确定，同向钢筋在同一平面内。

小板 AGEF 与大板 GBCD 连接处（图 5.4-9 之 EG）有几种布置方式。EG 处布置有加强钢筋形成的“暗梁”时，焊接网可按常规组合网布置形式布置，如图 5.4-9。未布置加强筋时，底层钢筋的布置位置受 EG 两侧板的受力条件的影响，底层钢筋布置位置有所不同。EG 处 EG 向为主受力筋时，其两侧板的受力底筋方向不同，应将 B2 分成两片网，

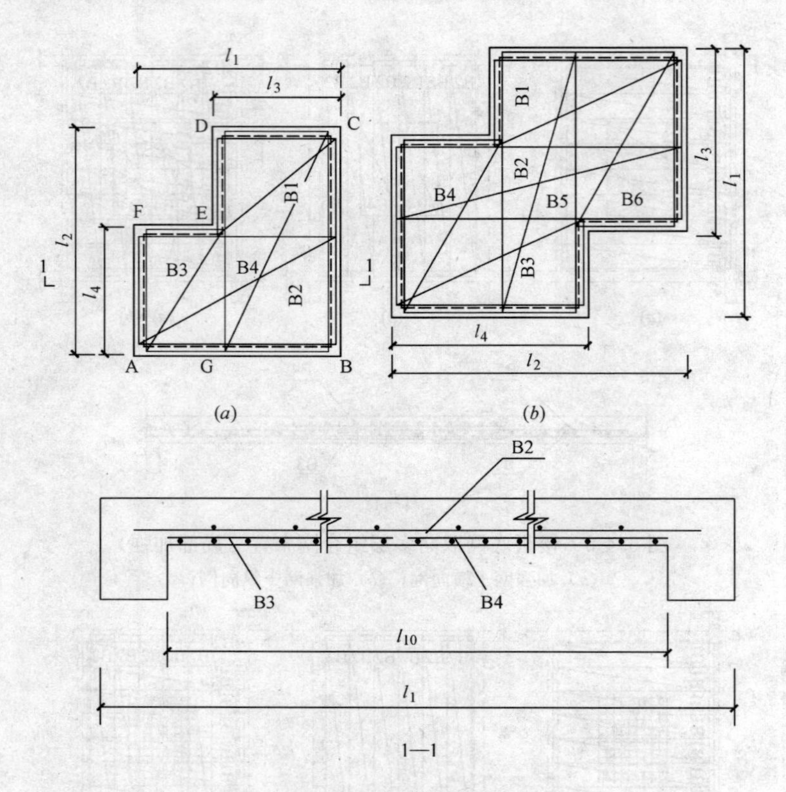

图 5.4-8　异形矩形板底网布置（一）
（a）一个拐角板；（b）二个拐角板

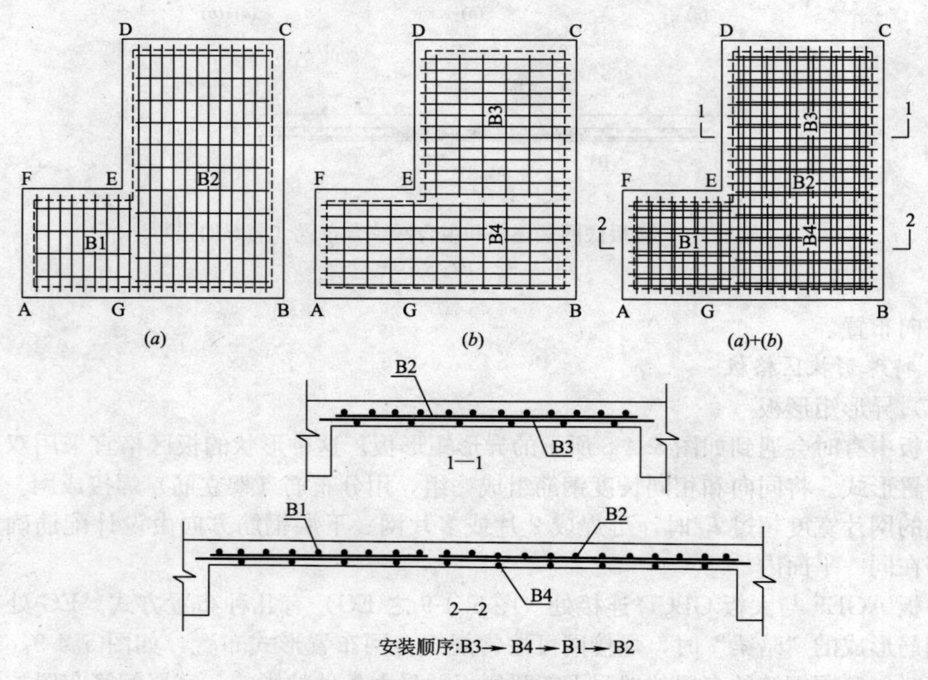

图 5.4-9　异型矩形板双层底网布置（二）
（a）纵向网 B1，B2；（b）横向网 B3，B4

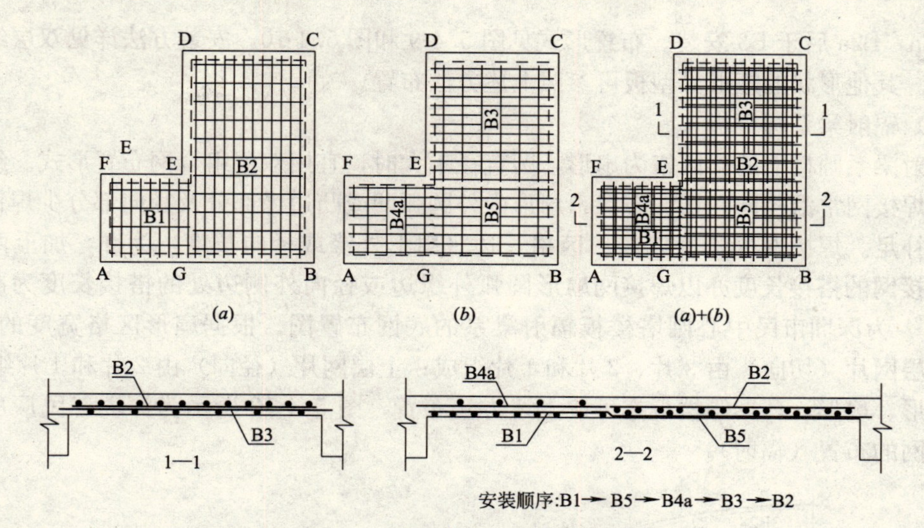

图 5.4-10 异型矩形板双层底网布置（三）

（*a*）纵向网 B1，B2；（*b*）横向网 B3，B4，B5

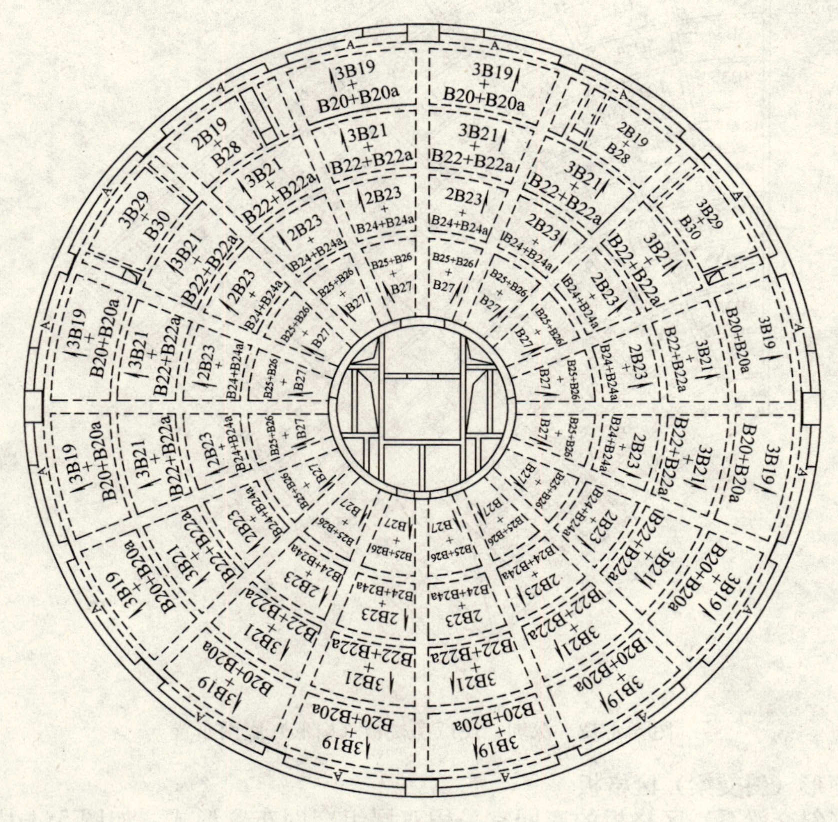

图 5.4-11 深圳市民中心圆楼板辐射梁系底网布置

B2、B2a，B2a 后于 B3 安装。布置形式见图 5.4-9 和图 5.4-10，安装方法详见双层组合网的安装。其他形状的矩形异型板可参照上述方法布置。

（2）辐射梁系圆楼板

辐射梁系圆楼盖的梁区格为扇形，圆直径不大时，宜用双层组合网布置形式。组合网布置时焊接网常沿径向和切向布置，扇形内外圆弧凹或凸边缘部分及径向部分少焊钢筋处用散筋补足。焊接网的长度以扇形区格长边（扇形外缘或径向长度）为准，加上两头的 l_{as}。焊接网的搭接长度亦以焊接网扇形圆弧外缘边或径向外侧边处的搭接长度为准。图 5.4-11[24] 为深圳市民中心圆塔楼板辐射梁系的底网布置图。根据扇形区格宽度的不同，底网下层网片（切向）由 3 片、2 片和 1 片组成；上层网片（径向）由 2 片和 1 片组成。

弓形、扇形、环形等楼板亦可按上述方法布置。图 5.4-12 所示为深圳三民厂房扇形楼板底网的布置（辐射）。

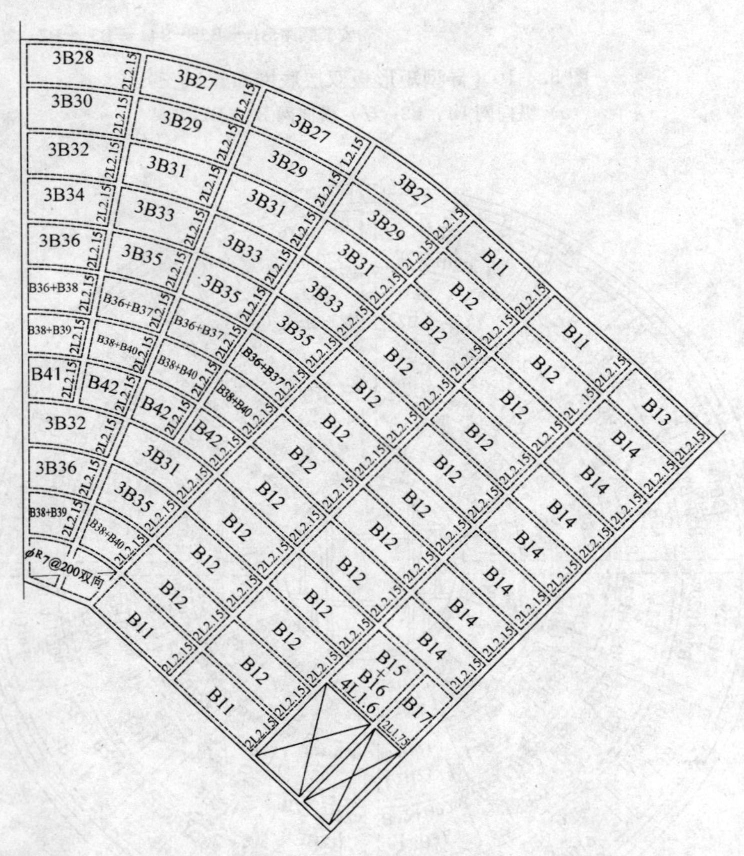

图 5.4-12　深圳三民厂房楼板（扇形）底网布置

（3）菱形（斜交梁）区格板

菱形（斜交梁系）区格板的底网宜采用双层组合网布置形式，如图 5.4-13[24] 所示。上下层网常焊成不同形状，横向网焊成普通的矩形网片，纵向网焊成平行四边形网片。由于焊网机只能焊接正交钢筋的网片，纵横向钢筋交叉点是正交的，平行四边形锐角区少焊的钢筋用钢筋绑扎补足。布置时，短跨网应布置成菱形，布置为下层，安装时先安装，也便于后安装的矩形上层网时的补足钢筋绑扎。

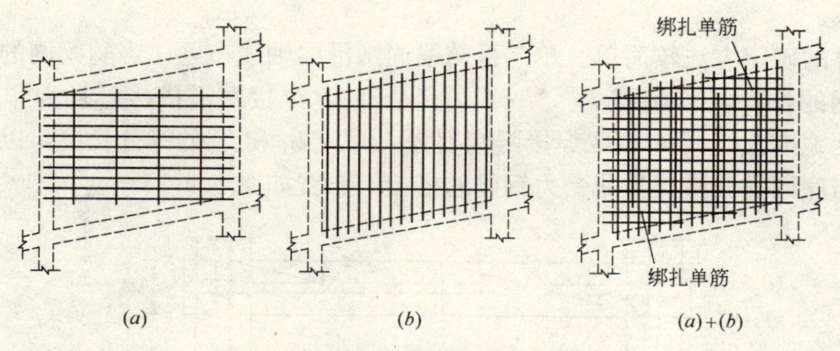

图 5.4-13 斜交梁系底网布置

（a）横向网；（b）斜纵向网

图 5.4-14 斜梁系板底网布置

（注：组合底网已安装，对角处所缺钢筋亦已补足）

图 5.4-14 所示为斜交梁板区格底网的布置现场。组合网的纵横向网已安装，相对的平行四边形锐角处所缺钢筋已绑扎。

5.4.2 面网

楼盖的板区格以梁、墙等构件为其边缘，该处是板负弯矩较大的部位。面网的安装在柱筋、梁筋和底网安装之后进行，已安装的柱筋、墙筋及其伸出楼面部分和梁筋（梁凸出楼面时）等将影响面网的安装。这些因素是面网布置考虑的主要因素，也是面网布置与底网布置的主要区别。

面网布置时应考虑以下因素：面网一般是跨板区格（骑梁）布置的，常不受区格的限制；面网的锚固通常是充分利用钢筋抗拉强度的锚固；面网的搭接位置和形式的选择尚需考虑搭接处钢筋叠垒层数对板厚度的影响。

1. 骑梁面网

（1）板角重叠布置

板角重叠布置形式是常用的面网布置形式之一。布置时面网骑梁布置，每片网均布置至梁端，相邻梁端板角处的面网重叠。这种布置形式的网片类型较少，安装方便，板角配筋有所加强。板角面网重叠处为分布筋重叠，钢筋量增加不多。在板跨度不大时，常采用这种布置形式。

面网尺寸的确定方法较简单。单向板骑梁面网沿梁轴线布置，当骑梁网的宽度 b 小于 l_p 时，焊接网的长度取为 l_{10} 或 l_{20}，l_{10} 或 l_{20} 较长时，焊接网需搭接，且为非受力钢筋的搭接。焊接网宽度大于 l_p 时，取焊接网宽度为 l_p，或 l_{10} 和 l_{20} 的等分长度，以减少焊接网类型，方法与底网同。搭接为非受力钢筋的搭接。布置如图 5.4-15。

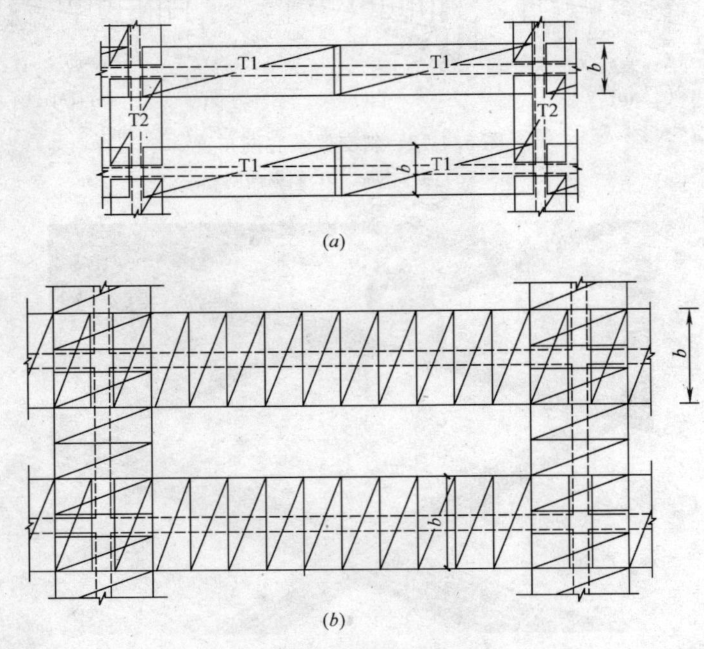

图 5.4-15　面网单向搭接布置

(*a*) $b \leqslant l_p$；(*b*) $b \geqslant l_p$

双向板骑梁面网布置如图 5.4-16 (*a*)。双向板骑梁面网布置亦受 l_p 的限制，布置方法与单向板相同。

(2) 板角整网布置

板角整网布置如图 5.4-16 (*b*) 所示。布置时在板角处布置成一片整网，形成梁交叉处的整片板角网。板角网四边与骑梁面网搭接，骑梁面网的分布筋伸入板角网内搭接。这种布置形式可使板角两个方向负弯矩钢筋布置位置到位，有利于与柱的连接，且略微减少分布钢筋用量，但面网网片类型较多，安装不便。在板跨度较大时常采用这种布置形式，但板角焊接网宽度不能超过焊网机和运输的宽度限制，这是板角整网布置形式的主要限制。柱邻近处的板角宜采用此种布置形式，以利于网与柱的连接，如整网套柱、分片组合等与柱的连接方法（见面网与柱的连接，图 5.4-37）等，均为在板角整网布置的基础上采用的焊接网与柱的连接方法。

板角网的尺寸按梁边 1/4 净跨以外布置搭接的要求确定。若焊接网的小边长度超过上述限制，则不能使用板角网。若欲使用，可将整片网分成两片，并采用充分利用钢筋抗拉强度的搭接形式。

(3) 防裂“填心网”布置

为防止混凝土收缩开裂，有时在骑梁布置面网板中心未布置受力面网处布置有直径较面网受力筋为小或间距较受力钢筋为大的网片，防止板中部收缩变形引起的裂缝，如图5.4-16（*c*）。这种布置形式较满铺面网布置节省材料。

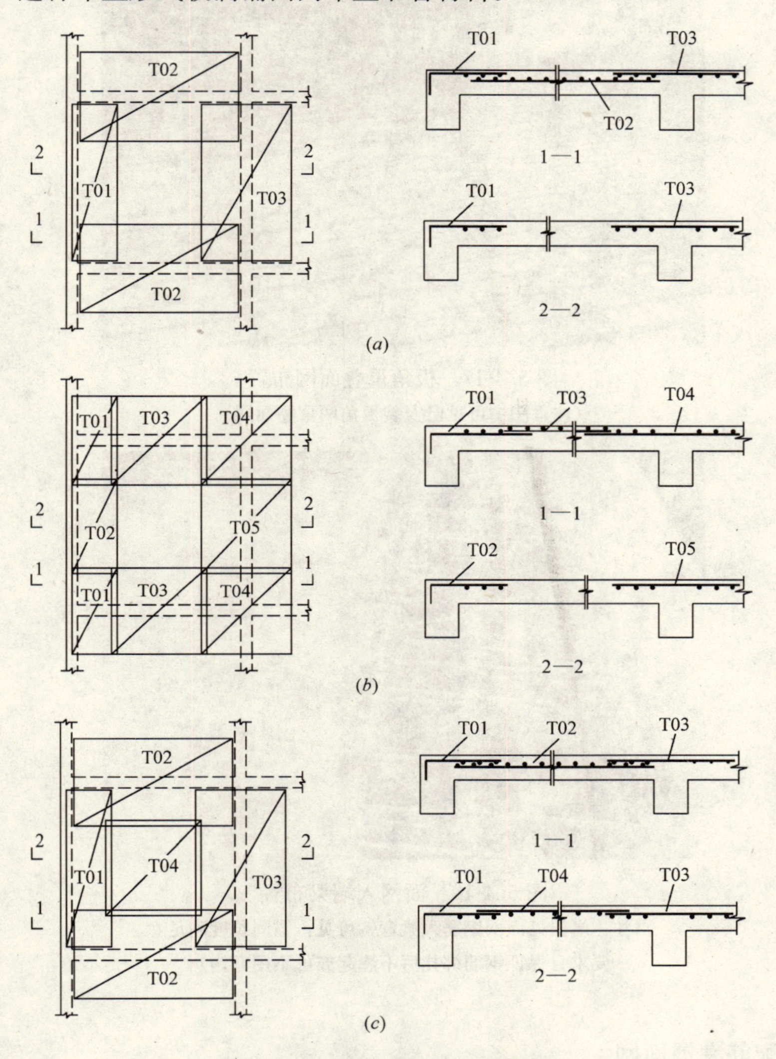

图 5.4-16　双向板面网布置

（*a*）面网板角重叠布置；（*b*）面网板角整片布置；（*c*）防裂“填心”面网布置

填心网的尺寸由填心尺寸（含四周搭接长度）确定，有一边的长度超过 l_p 时需布置填心网间的搭接。

图 5.4-17 为骑梁板角重叠面网的现场布置，一角的面网已安装。

图 5.4-18 所示为面网与端梁的现场连接，面网钢筋扣在已安装梁钢筋之上，并弯钩锚入梁中。入梁锚固长度达到要求，且绑扎在梁受力筋上防止其上翘时，可不弯钩。

2. 满铺面网布置

满铺面网可分为全面积配筋相同的均匀满铺面网和局部加强满铺面网。满铺面网的布置应考虑以下因素：骑梁布置面网宜覆盖梁两侧（或一侧）1/4 板短跨的范围；面网搭接形式和布置位置（钢筋叠垒）应满足板厚要求；采取必要的布置措施避免面网安装时产生

图5.4-17　板角重叠面网布置

（注：图中可见已安装板角两重叠面网）

图5.4-18　面网入端梁布置

（注：端梁处面网钢筋入梁弯钩可见，锚固长度满足要求且保证钢筋绑扎后不翘起亦可不用弯钩）

安装误差积累。

（1）均匀配筋满铺面网

均匀配筋满铺面网常用于多跨连续板中。板短跨净跨度 l_{10} 对面网布置的影响较大。根据梁边1/4短跨净跨度（l_{10}）内不宜布置搭接的要求，满铺面网可布置成如图5.4-19的形式。面网纵向可沿长跨布置，亦可沿短跨布置。当 $0.5l_l+l_1\leqslant l_p$ 时，满铺面网纵向可沿长跨布置。$l_1+l_l\leqslant l_p$ 时，短跨内可布置一片骑梁布置网片，搭接布置在板跨中部，网片宽度取为 $B=l_1+l_l$，如图5.4-19（a），$l_{10}+0.5l_l\leqslant l_p$ 时骑梁T01的布置。$l_p-l_l<l_1\leqslant2(l_p-l_l)$ 时，在上述布置的跨中部位布置一片宽度 $B=0.5l_l+l_1$ 的网片，如图5.4-4b。面网长度 L 由于不受 l_p 的限制，可在满足梁边 $l_{10}/4$ 内不布置搭接的条件下较自由地选择搭接位置，可取1跨或多跨的长度，但宜以方便安装和运输为限。边跨及不等跨时按具体条件计算其焊接网宽度。当板的短跨跨度较大时，即 $0.5l_l+l_1>l_p$ 时，面网布置无法满足梁边 $l_1/4$ 内不布置搭接的要求。$l_p=2.7$m时，满足梁边 $l_1/4$ 内不布置搭接要求的最大短跨跨度为4.8m。大于此跨度时，搭接需布置在 $l_1/4$ 内，应按充分利用钢筋抗拉强

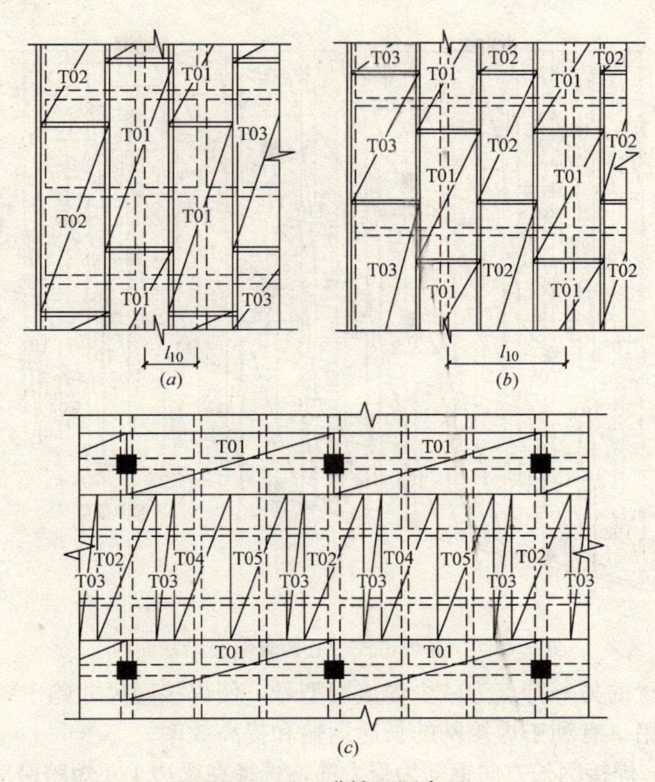

图 5.4-19 满铺面网布置

(*a*) 均匀满铺面网布置（纵向）$l_{10}+0.5l_l \leqslant l_p$；(*b*) 均匀满铺面网布置（纵向）$l_{10}+2l_l \geqslant l_p$；(*c*) 满铺面网布置（纵横向组合布置）

度的搭接进行布置。沿短跨布置时，长跨跨中部位可布置多片宽度不大于 l_p 的网片。

在连续布置面网的安装中，面网位置控制不好，可出现安装误差的积累。为防止面网安装积累误差的发生，可采用如图 5.4-19（*c*）所示的面网纵向和横向组合布置形式。图 5.4-19（*c*）的 T01 在梁上搭接，以解决面网与柱的连接问题。为避免梁上搭接，可采用板角整片布置方式。有柱时可采用与面网布置相应的焊接网与柱的连接方法。

斜交梁系面网布置与正交梁系面网布置基本相同，焊接网纵向沿长跨梁的布置，焊接网搭接顺斜交梁台阶式布置。边斜交梁侧伸出的网片需裁剪，如图 5.4-20[24]。

(2) 双向配筋不同的满铺面网

双向配筋不同的满铺面网的布置与均匀满铺面网相同。面网纵向沿长跨布置时，由于骑短梁面筋钢筋较小，可使短跨钢筋的搭接量减少，从而减少钢材用量。面网纵向亦可沿短跨布置，长跨跨中部位可布置多片宽度不大于（$l_p-0.5l_l$）的网片。焊接网纵向沿短跨或长跨布置需根据梁系布置具体条件综合比较确定。

(3) 满铺面网的双层组合网布置

当板的短跨跨度较大时，面网布置无法满足梁边 $l_{10}/4$ 内不布置搭接的要求。布置在 $l_{10}/4$ 内的搭接应按充分利用钢筋抗拉强度的搭接进行布置，材料用量增大。也可取焊接网宽度 B 为制作宽度 l_p，但焊接网搭接增加，材料用量同样会增加。采用双层组合网布置形式的面网可解决受力钢筋搭接问题。与常规布置形式比较，其用钢量相近，或有所减

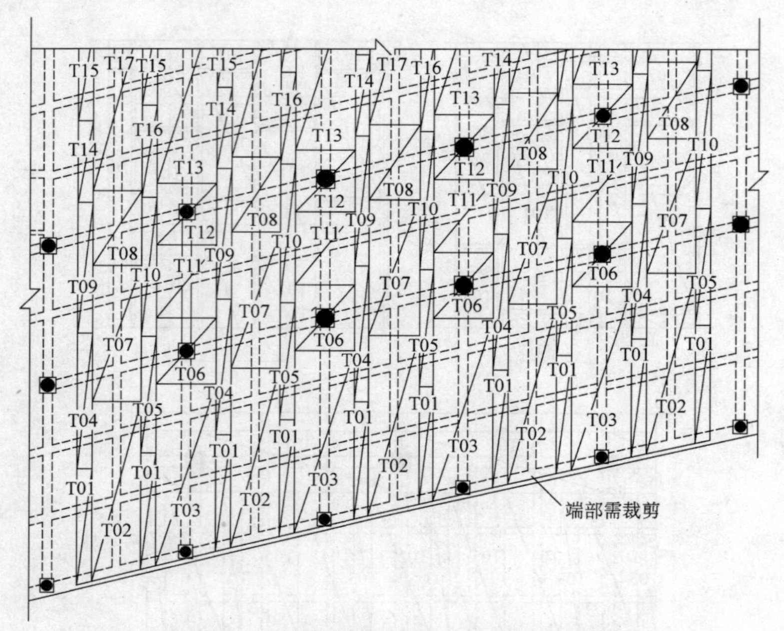

图 5.4-20　深圳市民中心西翼斜交梁系面网

少。双层组合网布置的另一特点为减少焊接网型号，使焊接网尺寸趋于统一，有利于标准网或准标准网的使用，有利于焊接网的长途运输和提高效率。

组合网布置时，焊接网长方向钢筋为受力筋，选择在梁边 1/4 短跨跨度以外搭接，长度由梁系布置、网片制作限宽和安装条件确定；焊接网宽度由梁系布置和运输限宽要求确定。

当柱的宽度大于梁的宽度时，柱边网有几种布置方法。焊接网贴柱边布置，梁边缺少的受力筋用绑扎钢筋补足，并插入相应梁中。焊接网亦可紧靠梁边布置，安装时焊接网套柱（钢筋）安装，或裁剪穿柱钢筋（受力筋），安装后用绑扎钢筋补足。

其他布置细节见组合网一般布置方法。

深圳新世纪广场作为应用焊接网较早的大型高层建筑物，为满铺面网布置。该工程两塔楼连接体的焊接网布置，考虑到供货问题，拟采用双层组合网布置形式，以减少型号，便于运输。布置如图 5.4-21。焊接网材料用量较常规网布置为少。若采用统一宽度的组合网，焊接网型号将进一步减少。1997 年施工时改为深圳供货，面网布置亦因此改为常规网的布置形式，如图 5.4-22[43]。这是作者的早期布置设计，没有考虑焊接网叠搭在搭接处产生的焊接网多重叠垒，安装时现场钢筋裁剪工作量较大（采用平搭或错开搭接可避免此情况发生）的问题。前后两种面网布置形式的材料用量基本持平，双层组合面网布置略有减少。邢钢焊网公司在北京百荣世贸商城工程中成功地应用了双层面网的布置形式，达到了预期的效果。

(4) 梁上有加强配筋

有时在主梁上配有加强配筋，如“井”字梁格中的主梁处的面网，桥墩处桥面铺装焊接网等。加强面网有两种布置形式：一种是加强配筋与满铺配筋叠加，焊成梁上综合的加强面网，如图 5.4-23；另一种是加强配筋与满铺配筋分别焊接成网，满铺面网安装后再安装加强配筋网，如图 5.4-24。加强配筋网用较细钢筋焊接成网，安装时架立筋在上。焊网机有相间焊接不同长度纵筋的功能时，可布置成图 5.4-25 所示的布置形式，利丰番

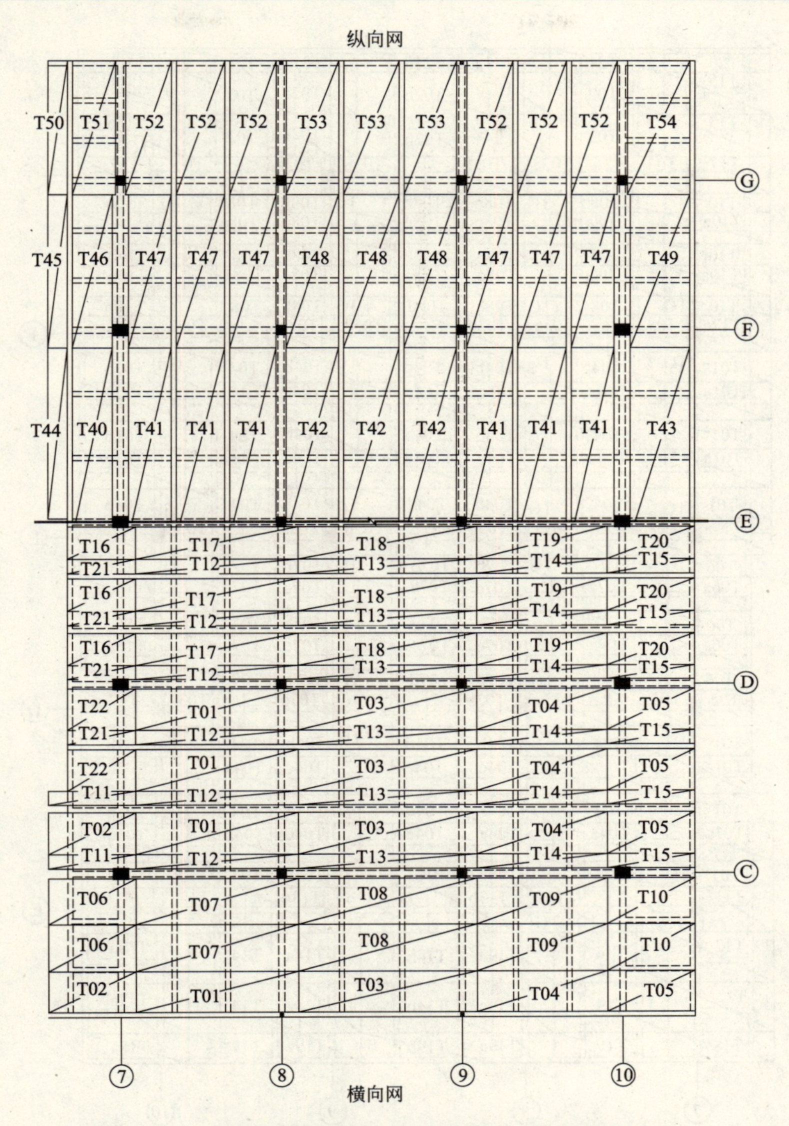

图 5.4-21 深圳新世纪广场连接体楼板组合网面网布置

禺批发集散中心的面网就采用了这种布置形式[43]。

3. 圆形楼板面网

圆形楼板由径向和切向梁系构成的板区格组成。圆形楼板满铺面网有两种布置方式：辐射布置和正交布置。辐射布置是按圆形楼板辐射梁系布置，面网跨径向梁或切向梁布置，焊接网搭接长度，以径向或面网外缘处的搭接长度为准。此种布置形式受径向梁和切向梁的限制，网片型号多，超搭接部位多。布置时，先布置径向梁上和切向梁上的骑梁网，焊接网的宽度和长度随梁系构成的圆的直径的减小而减小，之后布置梁间的焊接网（一般选为切向网）。正交布置是按圆形楼板的正交直径方向布置，焊接网布置不受梁系的限制，网片类型少，无超搭接，但圆板周边处需裁剪或用散筋补缺。为了减少焊接网裁剪和绑扎钢筋补缺工作量，可采用焊接网纵向和横向交替的布置形式。图 5.4-26[24] 所示为深圳市民中心圆塔楼板面网布置，图 5.4-26（*a*）为正交布置，图 5.4-26（*b*）为辐射布

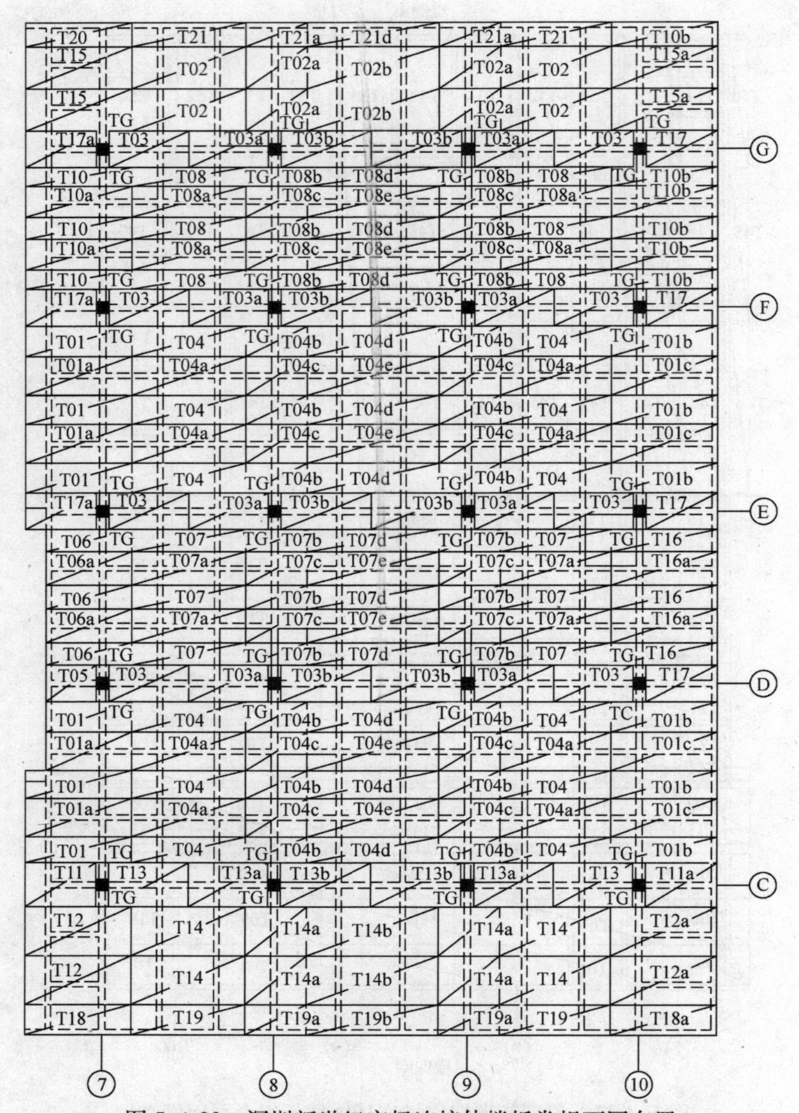

图 5.4-22　深圳新世纪广场连接体楼板常规面网布置

置。深圳邮电信息枢纽中心主楼为半圆形楼板，也采用了这种正交布置形式。实践证明，正交布置优点突出。其他的异形板，如弓形、扇形、曲线形板等，均可用类似方法布置。图 5.4-27 所示为深圳三民厂房扇形楼板面网辐射布置。

图 5.4-28 所示为深圳邮电信息枢纽中心主楼的扇形板面网正交的现场布置。扇形区面网顺矩形板格面网方向连续布置。

4. *压型钢模板楼板面网*

压型钢模板混凝土楼板是钢—混凝土组合楼盖的组成部分。压型钢模板混凝土楼板的压型钢模板仅作为模板使用，组合楼板的混凝土肋配筋和面网配筋仅考虑单向受力作用。楼板肋高度不同，混凝土肋内钢筋布置也不同。

（1）肋高较小时，可采用如图 5.4-29[9] 的焊接网布置形式。底网由底筋和架立筋焊接而成，底筋间距与肋槽间距对应，每槽一根钢筋。面网骑梁间断布置，可按常规楼面板

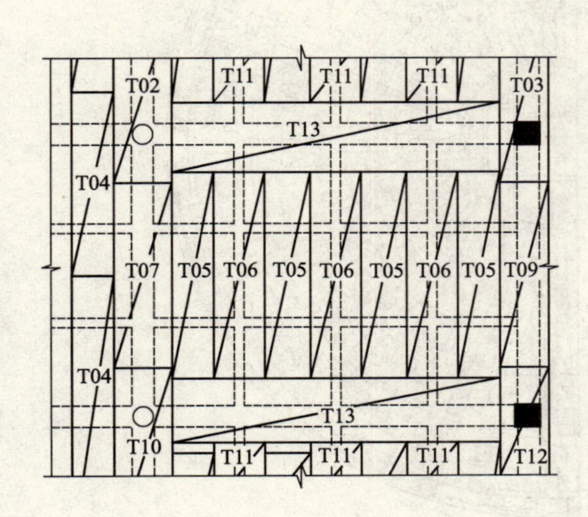

图 5.4-23 满铺面网加强配筋布置
（原配筋与加强筋组合成网）

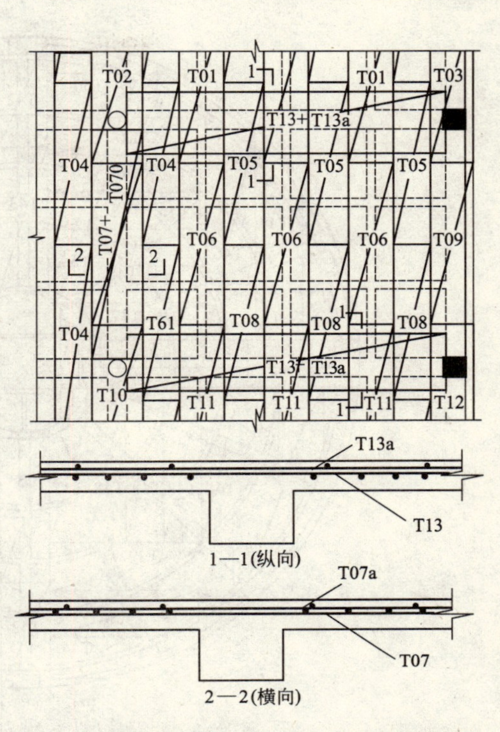

图 5.4-24 满铺面网加强配筋布置（分别布置）

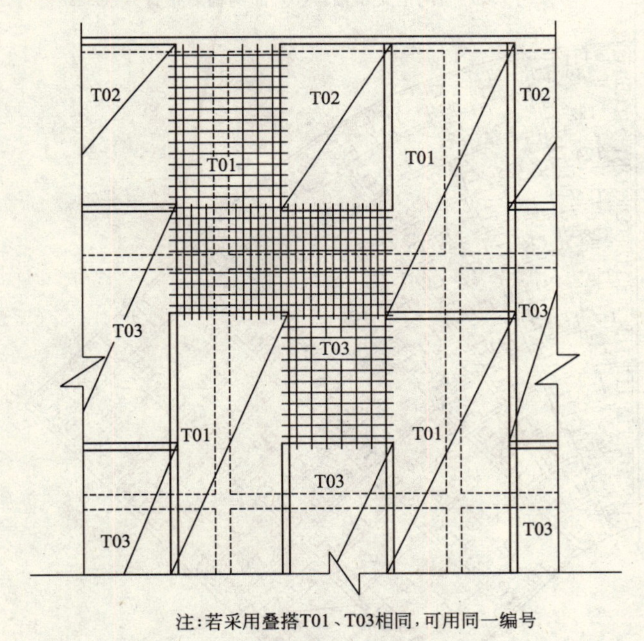

注：若采用叠搭T01、T03相同，可用同一编号

图 5.4-25 长短钢筋相间加强焊接网的面网布置

面网布置。

(2) 肋高较大时，可采用如图 5.4-30[24] 的焊接网布置形式。底筋为 1 根或 2 根，可不焊成网，置于肋槽即可。亦可与架立筋焊接成网，形成开口箍筋笼，在梁肋中起抗剪作

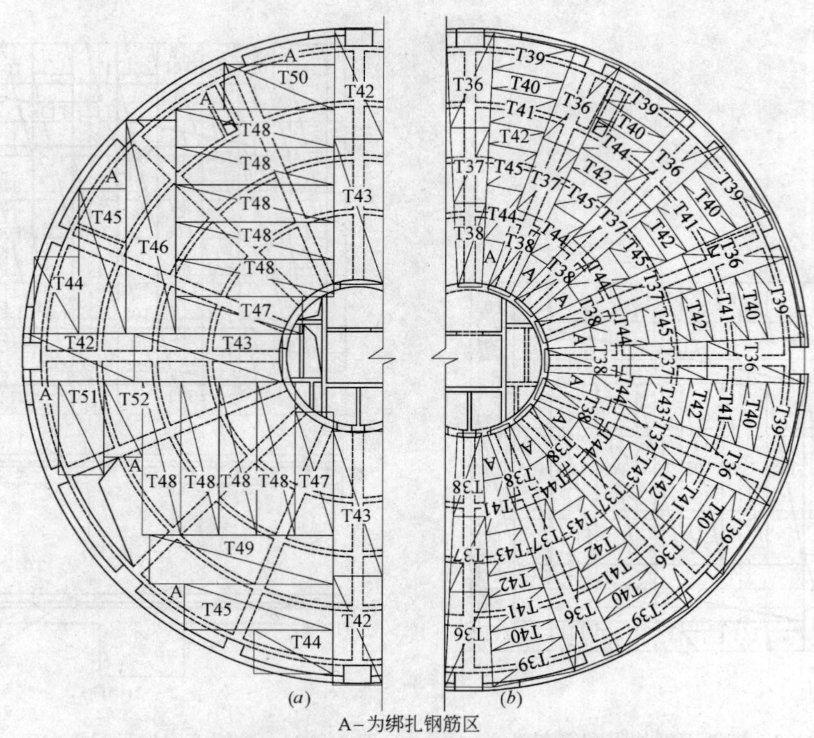

A−为绑扎钢筋区

图 5.4-26　深圳市民中心圆楼楼板面网布置

(a) 面网正交布置；(b) 面网辐射布置

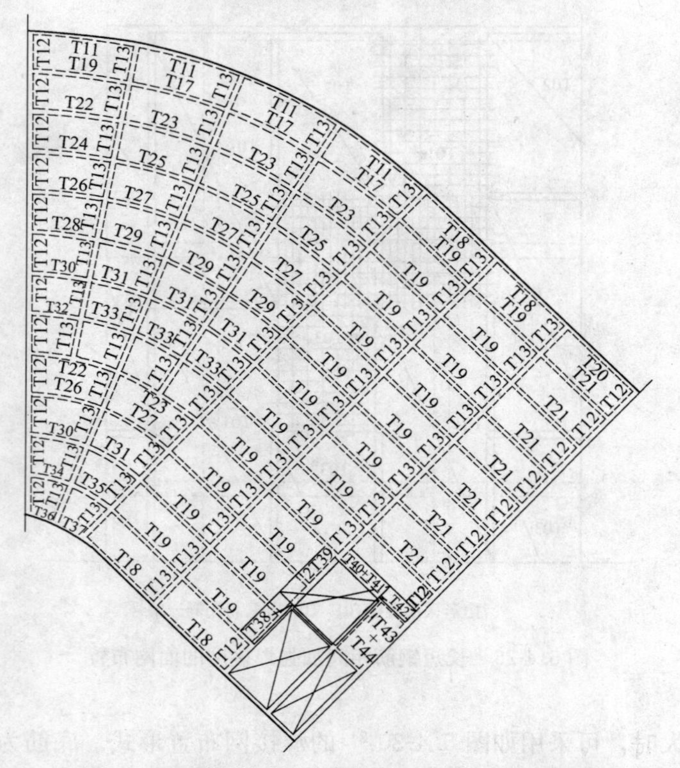

图 5.4-27　深圳三民厂房楼板（扇形）面网布置

用。见图 5.4-30（*a*）和图 5.4-30（*b*）。面网可骑梁布置，如图 5.4-29。由于组合楼盖的钢结构梁柱结构对楼板混凝土收缩的约束力较大，混凝土易出现裂缝，压型钢模板楼板常用满铺面网。面网布置在楼板顶面，并用支架支承于压型钢板之上。采用充分利用钢筋抗拉强度的搭接时，面网可较自由地布置，但通常以按梁系布置为宜。

图 5.4-31 所示为压型钢板模板楼板焊接网的布置现场，相应于图 5.4-30（*b*）的布置，焊接网为面网，底筋安装于槽中。

图 5.4-28 扇形板面网正交布置

（注：面网顺常规矩形楼板面网方向连续布置）

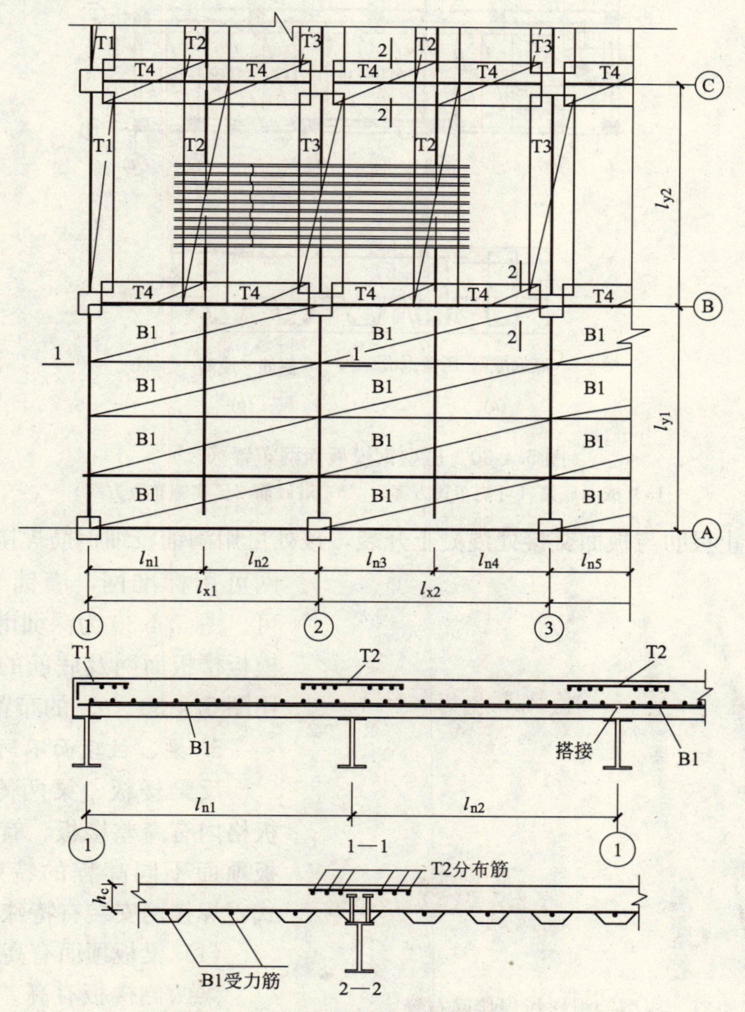

图 5.4-29 压型钢模钢板网布置（一）

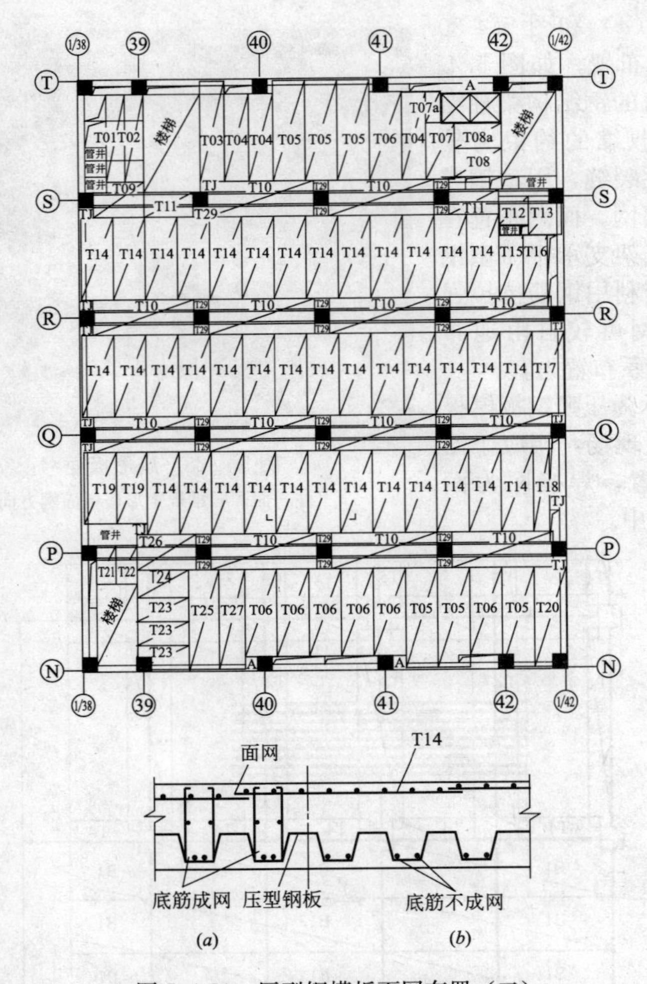

图 5.4-30　压型钢模板面网布置（二）

（*a*）成网底筋（可能布置方案）；（*b*）散底筋（已实施布置方案）

（3）为防止板肋与板面交接处混凝土开裂，该处可用满铺较细钢筋焊接网防裂。防裂网可用标准网，满铺于楼板底面即可。图 5.4-30 为深圳市民中心压型钢模板楼板面网及底筋的布置，底网采用图 5.4-30（*b*）的布置。

图 5.4-31　压型钢板楼板焊接网布置

（注：焊接网为面网，底筋为单根钢筋且入槽）

5. 梁、板顶面不同高程面网布置

反梁楼板、梁两侧有高差楼板、板格内有高差楼板、有侧沟楼板等梁板顶面不同高程的特殊楼板结构型式，焊接网安装有特殊要求。

（1）梁板顶面有高差

梁两侧楼板有高差或有反梁楼板的面网布置时，梁两侧钢筋不能连续通过梁，需在梁两侧分开布置，如图 5.4-32（*b*）和图 5.4-32（*c*）。面网在梁中的锚固为充分利用钢筋抗拉强度的锚固。梁两侧的高差较小时（≤30mm），受梁内已安装钢筋的限制，低高程板内面网钢筋难于插入梁钢筋之下，安装不到设计位置上（至少向下移动一个梁筋直径的位置），影响面网钢筋充分发挥作用。此时可采用整片面网在高差处弯折（钢筋直径较小时）的布置形式。

梁两侧板面网配筋不同时，应在梁两侧分别布置面网，其布置类似于梁两侧楼板有高差面网布置，如图 5.4-32（*a*）。梁两侧面网均应锚入梁内，且其长度应满足充分利用钢筋抗拉强度的锚固长度。若梁两侧负筋配筋差别不大，按大配筋侧整片布置的材料用量增加不多时，可采用骑梁整片网布置方式。这种布置的受力条件好，安装方便，也常采用。

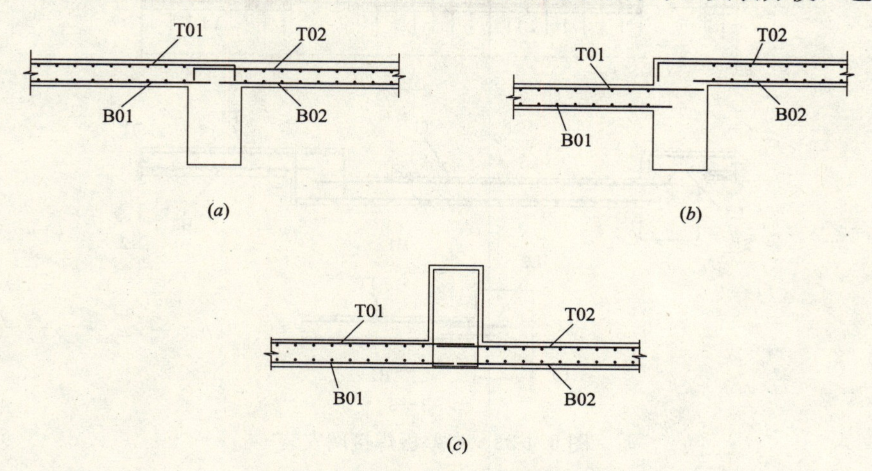

图 5.4-32　有高差梁板面网布置

（*a*）梁两侧配筋不同面网布置；（*b*）梁两侧板顶有高差面网布置；（*c*）反梁板面网布置

（2）下凹板

下凹板面网的布置条件与底网完全相同，应按梁区格布置的。梁边处板的面网为受力钢筋，配筋较大，常用的布置方法是将过梁处面网截断，分别锚固于这些构件之中。具体的布置方法和顺序与底网相同。但面网钢筋的锚固是充分利用钢筋抗拉强度的锚固，与底网的锚固有较大的区别。有时尚需采用一些特殊的安装方法。反梁楼板的梁顶面在板顶面之上（图 5.4-32），亦属下凹板面网，布置方法与下凹板面网同。骑梁面网的布置，除入梁锚固为充分利用钢筋抗拉强度的锚固外，均与常规板面网相同。满铺面网布置与底网相同，但面网钢筋的锚固和搭接均为充分利用钢筋抗拉强度的锚固和搭接。为避免焊接网在梁边缘搭接，可向板内加长连接网，连接网横向钢筋（非插入梁内钢筋）为受力钢筋，布置时用插筋接长入梁（受力锚固）后绑扎。具体做法参见图 5.2-12。

楼板板角加强钢筋辐射布置于板角面网之上。用辐射筋加强楼板板角的配筋方法将压低焊接网位置，对发挥原布置面网的作用不利。亦可采用加强板角面网配筋的方法加强板角，可用加密（单筋绑扎于板角网上或制作时焊接于其上）面网钢筋，或用另一片加强网安装于原以安装网片之上，其安装方法按板角整体布置面网安装方法进行。

部分下凹板面网的布置如图 5.4-33，与下凹板布置的差别为板中部下凹处无梁筋，连接网纵向布置。底网 B1 未布置连接网端弯钩，直接锚入板内，底网 B2 在面网 T1 安装

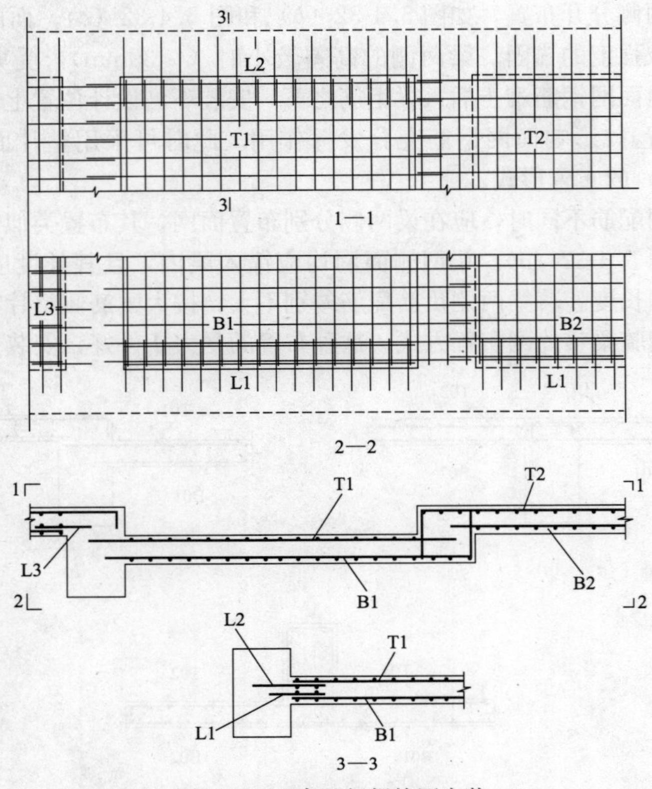

图 5.4-33　高差板焊接网安装

之后安装。下凹处面网 T1 板高差处锚入板内，T2 带弯钩，为最上层，直接扣上。其他部位布置方法与图 5.4-32 同。

（3）有边沟楼板

有时楼板上布置具有排水、布设电缆等用途的沟道，沟道常布置在板边，沟道处板厚加大。有边沟楼板的沟底和楼板面形成高差，与板跨内有高差楼板的情况基本相同。钢筋焊接网的布置原则是楼板高差处两侧的焊接网（面网及底网）均需锚入对侧板内，且为充分利用钢筋强度的锚固（按设计要求）。布置时需考虑这些焊接网安装时可能出现的相互干扰。有时不能按先底网后面网的安装顺序，而需按焊接网安装“层次”安装，先下层网后上层网的安装顺序安装。边沟焊接网的布置方法之一，如图 5.4-34，沟一侧为梁另一

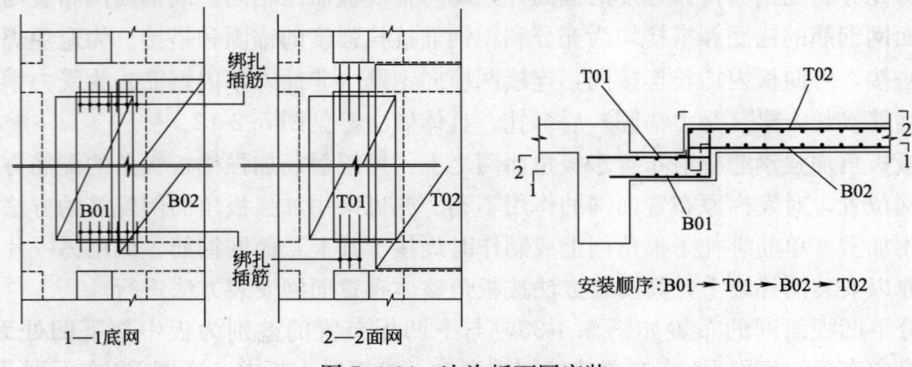

图 5.4-34　边沟板面网安装

侧无梁情况，布置方法与图 5.4-33 相同。沟底网 B01、面网 T01 分别直接锚入梁中和板中，邻侧梁由绑扎插筋入梁，不用连接网。

6. 其他面网布置

异形矩形板阴角处板向内凹进（俗称板阴角）而出现如图 5.4-35[34] 的面网空缺，应按图示布置面网（T03）补缺。补缺面网的纵向和横向钢筋配筋应分别与其相邻的骑梁面网（T01、T02）受力钢筋的配筋相同，与原已布置面网的搭接（亦可视为该钢筋的锚固）应满足充分利用钢筋抗拉强度的搭接要求。面网纵向和横向钢筋均为受力钢筋时，也可用在板内阴角处两片原布置面网的横向钢筋加长，伸入板内阴角焊接网空缺处，安装后绑扎。

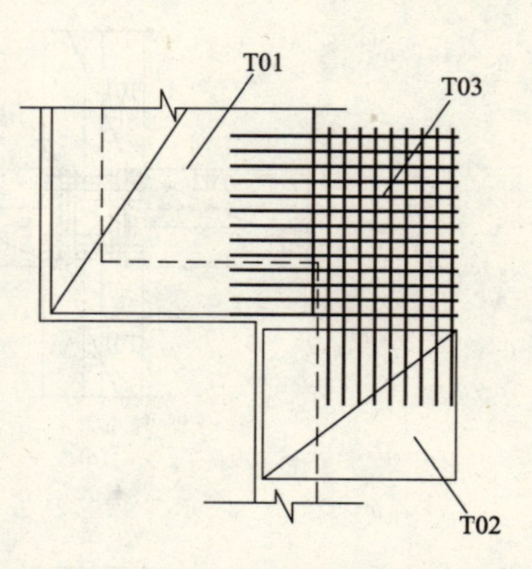

图 5.4-35 异形板阴角处面网布置

图 5.4-36 为外缘有梁的露台板，其面网两端均需锚入梁中。面网安装有困难时，可将面网分成两片网 T01、T02，增加一个搭接，按图示布置。安装时将有弯钩端压下，无弯钩端台起，弯钩端入梁后放平。这种布置形式安装方便，质量可靠。电梯过道等类似配筋的构件亦可按此法布置。

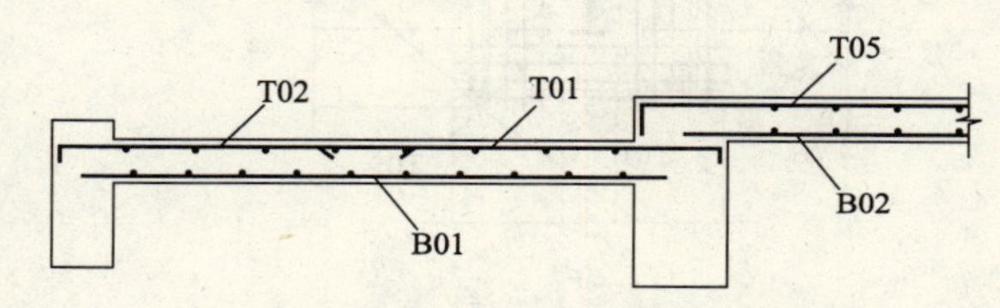

图 5.4-36 有外缘露台面网布置

7. 面网与柱的连接

面网与柱连接处负弯矩较大，锚入柱内的钢筋均为充分利用钢筋抗拉强度的锚固，且面网安装时受已安装柱筋制约，较难处理。

（1）补筋

面网布置至柱边，面网钢筋需锚入柱内处用散筋补足，如图 5.4-37（*a*）。此种面网布置方式常用于板角面网重叠布置中。

图 5.4-38 所示为焊接网（底网、面网）与钢柱的现场连接。底网、面网钢筋插入钢柱圆环下侧，且另插带弯钩钢筋绑扎于面网钢筋上。

（2）面网套柱

柱邻近焊接网使用板角整片网布置时，采用面网套柱布置较为有效。在柱筋向上伸出高度不超过 1.5m 时，可在柱区处单独布置一片套柱网 T03，套柱安装，如图 5.4-37（*b*）。柱筋较密安装有困难时，可不焊或少焊套柱网中的入柱钢筋，套柱网套入柱筋后补插绑扎筋，并绑扎在套柱网之上。

（3）面网插入柱内

柱邻近焊接网使用板角整片网布置时，在柱筋向上伸出高度很高，面网套柱有困难时，可采用裁剪面网 T04 柱内横筋，面网插入柱后再补插绑扎钢筋，并绑扎于面网上的安装方法，如图 5.4-37（*c*）。也可采用面网插入柱内部分不焊横向钢筋，插入柱内后再补插绑扎钢筋。此法补插绑扎钢筋的工作量较大。

（4）分片拼装

在柱筋向上伸出高度很高，面网套柱有困难时的另一种面网布置方法是将套柱整片面

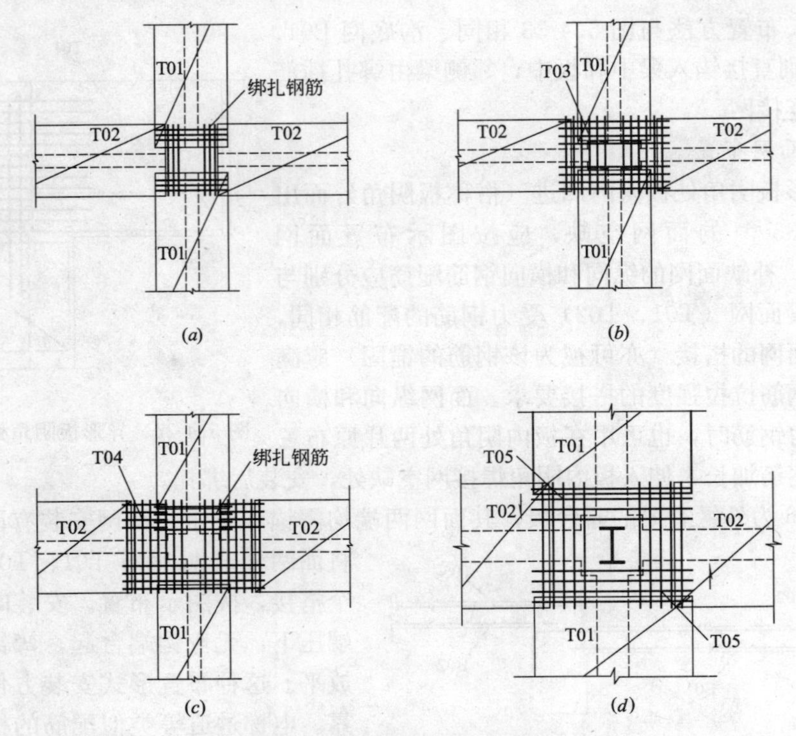

图 5.4-37　焊接网与柱的连接

(*a*) 补筋；(*b*) 面网套入柱内；(*c*) 面网插入柱内；(*d*) 分片拼装

图 5.4-38　面网与钢柱连接

(注：面网底网钢筋插入钢板环底侧，同时面网还用连接插筋补插)

网分成相同的两片 T05 制作，安装时在柱区拼装成相当于一片套柱网的网片，如图 5.4-37 (*d*)。拼接处钢筋需绑扎。柱筋较密时可不焊入柱钢筋，面网安装后补插入柱的绑扎钢筋，并绑扎在分片面网上。拼装的两片网的伸出钢筋亦需绑扎。在钢柱或型钢混凝土柱时，用此法较为有效。

8. 屋盖板

屋盖板在建筑物的顶面，梁柱等构件与顶板的连接有专门的构造规定。同时，由于屋面板暴露于大气之中，受环境条件影响较大，顶板的配筋需要加强和满足特殊的要求，如保温、防裂、防渗等。加强屋盖板的常用的做法有：加大配筋，增设填心网，用满铺面网布置，表面增设防裂网等。同时还需要配置保温、防渗和防水等措施。屋盖板焊接网的布置可参照相应的楼板焊接网布置。

9. 后浇带焊接网布置

当建筑物平面长度较大时楼板需设置后浇带，在建筑物收缩量达到设计要求后将后浇带回填混凝土。后浇带焊接网的布置如图5.4-39。后浇带尺寸以设计图纸为准，尚需考虑焊接网的搭接要求。采用焊接网在后浇带处布置搭接的做法如图5.4-39（*a*）所示。也有采用焊接网先不断开，浇筑后浇带前将焊接网钢筋沿后浇带剪开，补安装搭接网（用扣搭），如图5.4-39（*b*）。此时预留的后浇带宽度应有足够的空间布置和安装搭接用的连接网，难于布置时可用附加绑扎钢筋搭接。采用何种布置应按设计要求确定。

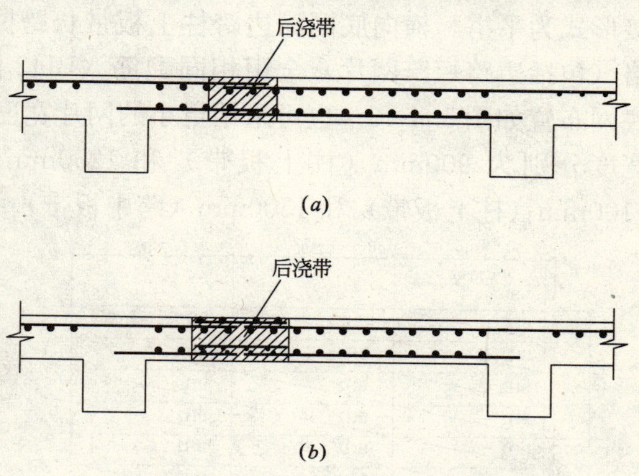

图5.4-39 后浇带底网和面网布置

（*a*）焊接网断开处搭接；（*b*）焊接网剪断后加钢筋搭接

5.4.3 大板构件

大板构件常指结构平面面积较大的楼板构件。在实际工程中常见的大板构件有：大跨度无梁楼板，大跨度异形楼板，停车场楼板，地板等。大跨度楼板焊接网的布置原则，与一般构件焊接网布置原则相同。这些构件的特点是跨度大，配筋多，采用传统的焊接网布置方法难于满足网片布置要求；同时大直径钢筋的焊接成网需大容量焊网机，一般规模的焊网厂难于办到。双层或多层组合网布置形式可适应上述要求。在国外，组合网布置在大跨度无梁楼板底网中的应用已相当广泛。

1. 无梁楼板

无梁楼板为直接支撑在柱上的大跨度板，柱上可有柱帽或无柱帽。无梁楼板的配筋较大，以采用组合网布置为宜。图5.4-40和图5.4-41为番禺某冷库楼板的组合网布置方案之一。该冷库共5层，各层纵向和横向分别为7跨和5跨。楼板板厚为250mm。柱为圆形，直径为900mm，有柱帽，尺寸为2000mm×2000mm，柱距为7500mm×6200mm。

无梁楼板配筋分为柱上板带、跨中板带几个分区，各个分区的配筋不同。各板跨中柱上板带与跨中板带配筋不同，边跨与中跨板带配筋各异，各板带上沿板带的配筋亦有差别。冷库的最小配筋率为0.3%，荷载配筋较大。但除边跨柱顶和跨中配筋较大外，多数部位可按最小配筋率布置焊接网。边跨板带跨中底网、柱顶面网等部位可单独布置或用加强网布置。柱上板带和跨中板带宽度分别为$l/4$和$l/2$（l为柱距），面筋伸出柱轴线$0.3l$，焊接网宽度可参考上述数据边跨处起始的面网长度可取为$0.7l$或$1.3l$，中跨焊接网及其余焊接网长度（面网及底网）取为$1.0l$。有时考虑到安装和制作条件，每条板带可布置2片网和4片网，网片宽度为1m左右。

焊接网布置较为规律，布置图取纵横向各3跨的局部图表示。内容包括横向网层、纵向网层、加强网层和填心网层。各网层图中焊接网的布置已表达清楚，各网层组合后布置图不再绘出（网层组合图显得较凌乱，难于示出各网层间的相互关系）。

(1) 底网布置

除边跨柱上板带长跨网片配筋较大外，考虑到最小配筋率和安装条件，其他板区格（包括边跨短跨网片）全用相同配筋。焊接网在柱间通长布置，取柱间距1.0l为网片长度（加平搭长度），宽度取为1/4跨度，并用跨内钢筋总根数校核。在柱轴线处布置搭接，搭接形式为平搭。横向底网除边跨柱上板带长跨网片用较大配筋（BH1网）外，其他板区格（包括边跨短跨网片）全用相同配筋（BH2网）；纵向底网采用相同配筋（BV1网）。底网布置如图5.4-40。也可采用更小的网片宽度，例如每条板带布置2片网，纵向底网的宽度分别为900mm（柱上板带）和1250mm（跨中板带），横向底网的宽度分别为1100mm（柱上板带）和1500mm（跨中板带）。后种布置的网片重量轻，较易安装。

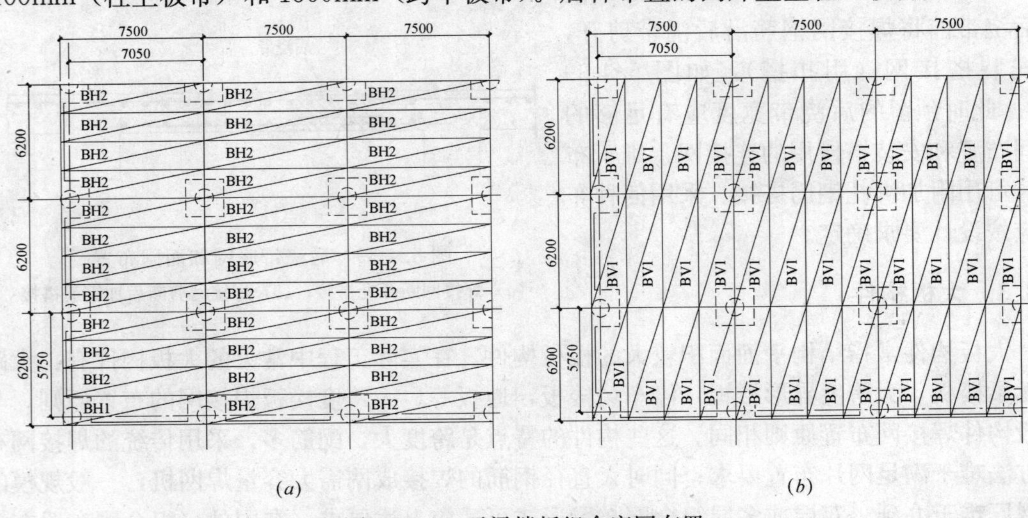

图5.4-40　无梁楼板组合底网布置

(a) 横向网；(b) 纵向网

有无抗震要求的底网在柱轴线处的布置不同，主要差别为钢筋伸入柱（或柱帽）内的数量和长度的差别。本工程采用底网钢筋全部过柱轴线的布置方法。若底网只要求50%伸入柱轴线，可采用不等长度钢筋的网片布置。

(2) 面网布置

无梁楼板面网配筋较为复杂些。柱上板带和跨中板带之间、长跨和短跨之间的配筋差别较大，为节省材料可按配筋分区布置焊接网。通常的布置方法是柱上板带和跨中板带分别布置，个别柱顶处布置加强网。本工程有防裂要求，未配筋部分需按最小配筋率布置网片。柱上板带的柱顶处配筋很大，需布置加强网（焊网机容量大时可用并筋或大直径钢筋布置）。其他部分的配筋均可用最小配筋率布置。根据条件，柱顶处面网选用3层组合网（长跨即横向有加强网）布置形式，即短跨面网（纵向面网，TV1等）在下，之后布置长跨面网（横向面网，TH1～TH5）和加强网（横向面网，TH6、TH7）。面网布置时采用套柱筋的安装方法。若采用插入柱内的布置形式时柱顶网片（如TV3等）宜分成两片。

整个面网的布置顺序如下：首先布置短跨受力筋（图中竖向筋）网片，包括柱顶网TV1、TV3、TV5，跨中网TV2、TV6、TV4、TV7（TV4、TV7含填心网）；再布置横向筋网 TH1、TH3（柱顶网），TH2、TH4、TH5（跨中网，TH4、TH7 含填心网）和加强网（TH6、TH7）。面网宽度取为 1/4 跨度。面网长度取为柱两侧钢筋入板长度之和。跨中网为单向受力筋网，因防裂的要求需布置另一受力方向的焊接网，亦可延伸相应的填心网 TV4、TV7、TH4、TH7（均为构造要求配筋）。填心网长度可跨柱轴线布置。结合本工程，边跨处为满足柱中心 1/4 跨度以外搭接的要求，含填心网的面网长度取为：0.7l（TH4）、1.0l（TV7、TH5）、1.3l（即 0.6l＋0.7l，TV4），其他面网长度取为 1.0l。面网布置如图 5.4-41，图（a）为横向面网布置，加强网外形尺寸与相应的横向面网相同同时布置于其上（如横向面网 TH1 和横向加强网 TH6 示于同一网片上）；图（b）为纵向面网布置。

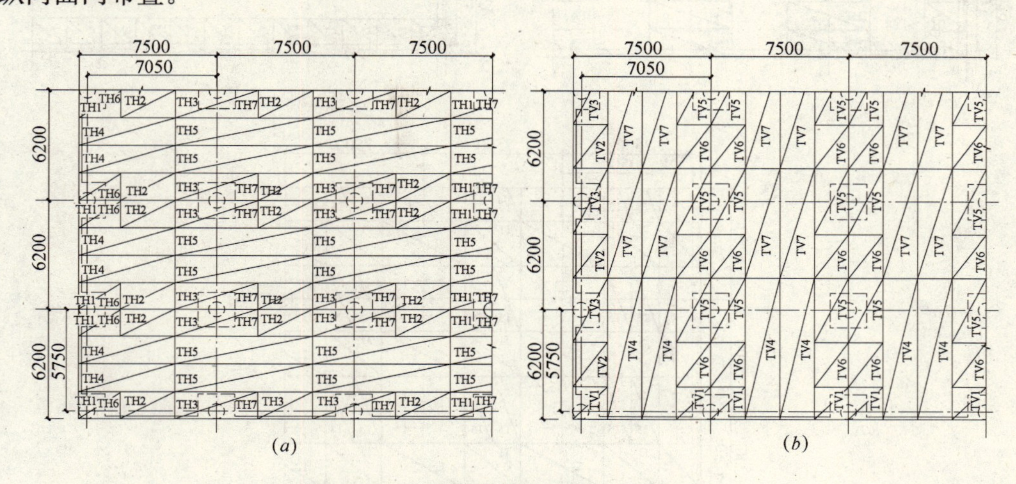

图 5.4-41 无梁楼板组合面网布置（一）
（a）横向网；（b）纵向网

图 5.4-42 为无梁楼板面网组合网的另一种布置方案。其特点为 T1 为双向填心网。跨中板带处沿梁方向钢筋为间距很大的成网架立筋，达不到防裂要求，需布置该方向的防裂网，即图中的 T2（v）、T3（v）、T4（h）、T5（h）。T2（v）、T3（v）为纵向防裂网，防裂筋为纵向，用（v）示出；T4（h）、T5（h）为横向防裂网，用最小配筋率网片布置满板面（纵向和横向）再布置受力较大处配筋焊接网［图 5.4-42（a），（b）］防裂筋为横向，以（h）示出。图 5.4-43（c）中以网片编号文字方向的纵向和横向表示。

有时可把几种配筋的网片配筋统一起来，以简化焊接网的尺寸和型号。例如将两个方向的柱上板带配筋统一起来，使用一片焊接网，使面网布置变成为满铺面网和加强网的布置。布置如图 5.4-43。此时焊接网的材料用量将增加，但焊接网的布置、制作、安装将大为简化。此乃为另一种面网布置方案。

（3）焊接网与柱的连接

无梁楼板焊接网与柱的连接与常规梁系楼板基本相同。由于无梁，且用组合网布置，焊接网入柱的方法较常规网更为简便。底网的纵向边和横向边均在柱轴线处连接，底网 B1、B2 等短边侧若干根受力筋直接插入已安装柱筋即可，如图 5.4-44（a）。使用方柱时，可骑柱轴线布置底网，底网 B1 受力筋直接插入柱中锚固长度即可，如图 5.4-44（b）。无梁楼板组合面网纵向边亦在柱轴线处连接（可不搭接），过柱处套柱布置，如图

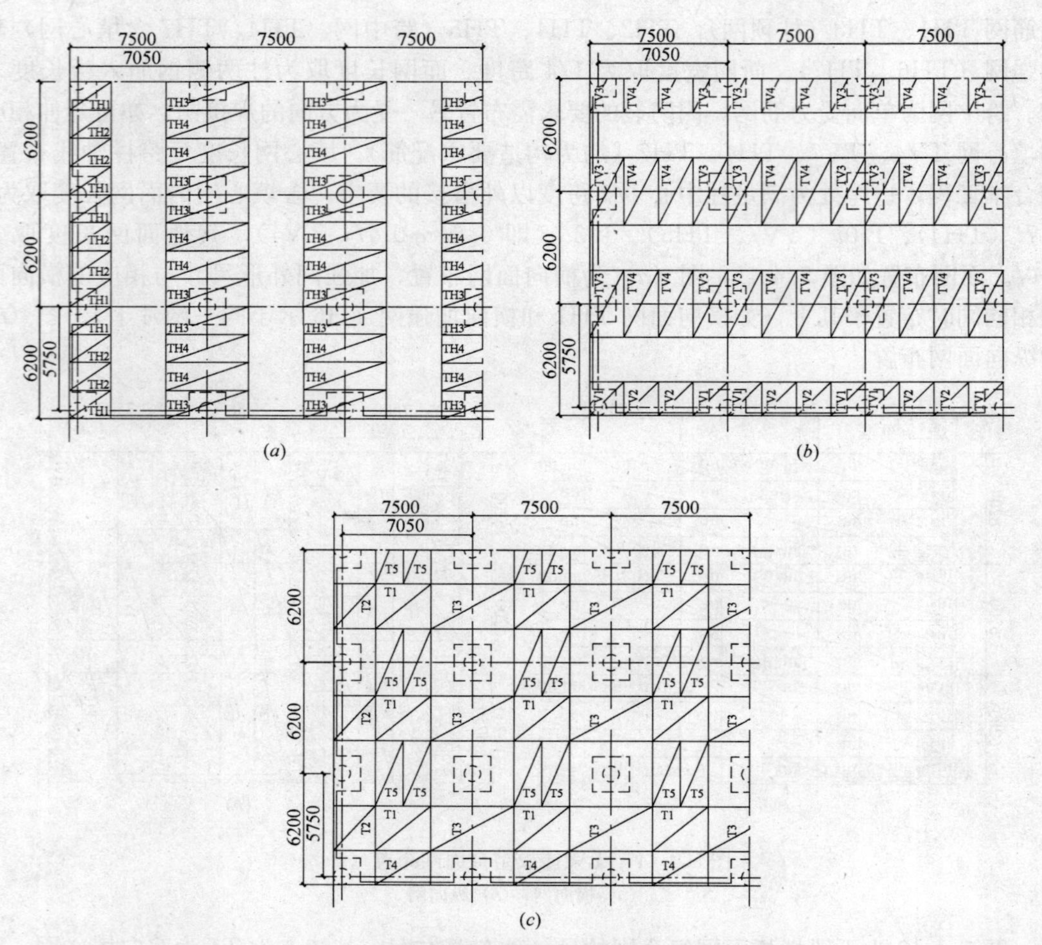

图 5.4-42　无梁楼板组合面网布置（二）

（a）横向网；（b）纵向网；（c）抗裂网

5.4-45（a）的 T1、T2。面网套柱安装有困难时，可采用搭接骑柱的布置方式，焊接网在柱轴线处搭接。图 5.4-45（b）为方柱面网骑柱轴线布置情况，圆柱亦可如此布置。图 5.4-40～图 5.4-43 的底网和面网的布置均为沿柱轴线两侧分别布置的，若底网或（和）面网搭接骑柱轴线布置时，骑柱处面网可分成两片布置。

2. 大配筋板区格楼板

组合网用于双向板是解决双向板底网两个方向钢筋均不搭接的非常有效的，同时也是较经济的布置方法。组合网在小配筋楼板使用的主要问题为：①小直径配筋时，由于使用不与受力钢筋匹配的架立筋直径，（架立筋直径一起满足 $d_2 \geqslant d_1$ 的要求，d_1 为受力筋直径），架立筋大于所要求的直径，需增加材料用量；②增加焊接网片数，加大焊接网制作工作量。在设计要求双向板钢筋不搭接时才使用组合网。板配筋增大时，受力筋直径增大，间距减小，架立筋占钢筋用量的比例随着减小，同时常规网布置搭接处横筋数增加而使钢筋用量增加，采用组合网布置的钢筋用量较常规网布置的用量为小，使用组合网布置极为有利。受力筋直径为 ϕ^R8 及以下，组合网布置的材料用量较常规网为大。受力筋直径 ϕ^R8 以上配筋的底网常可达到较好的节约材料的效果，$\phi^R10.5$@100 配筋的底网甚至可达

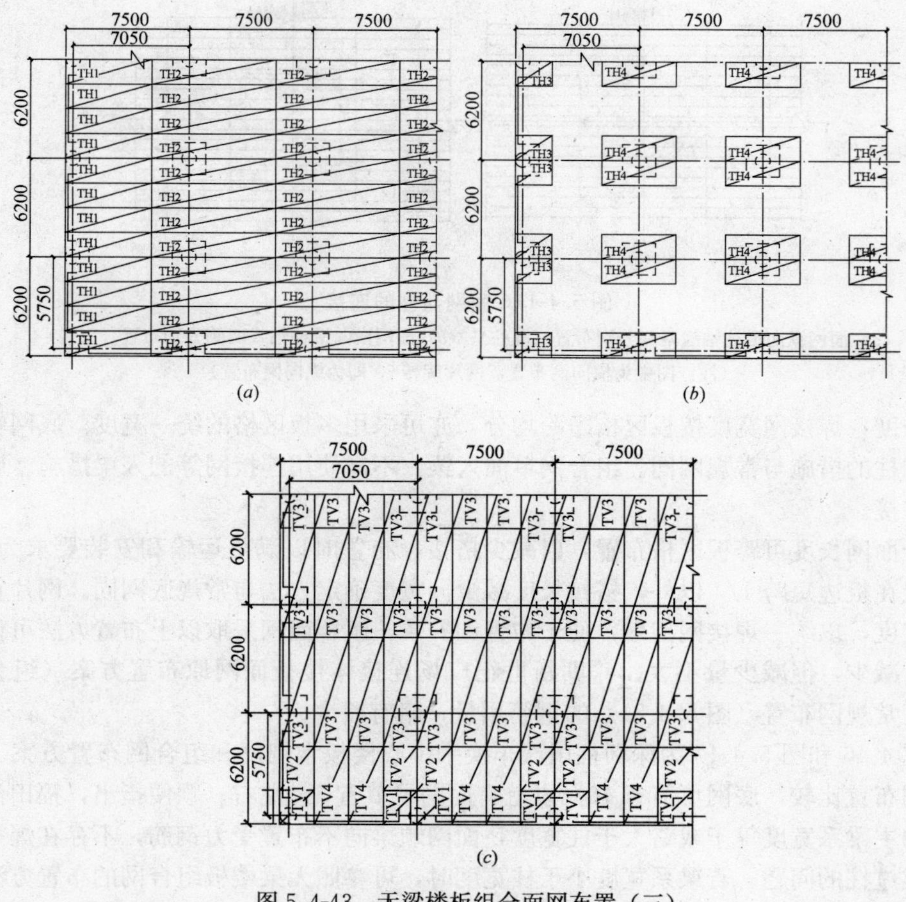

图 5.4-43 无梁楼板组合面网布置（三）

（*a*）横向网；（*b*）横向加强网；（*c*）纵向网

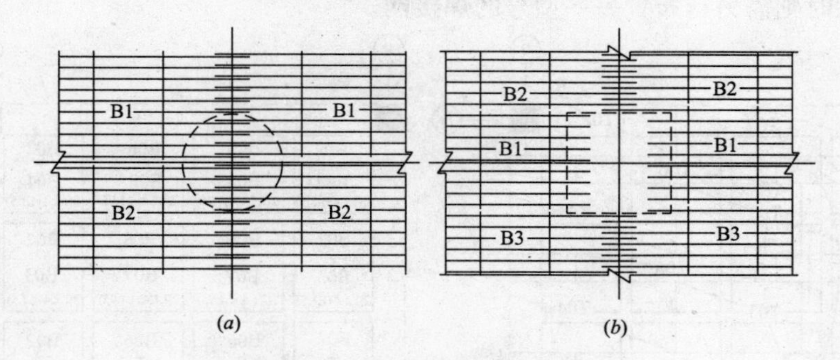

图 5.4-44 底网与柱的连接

（*a*）底网沿柱轴线两侧分别布置（圆柱）；（*b*）底网骑柱轴线布置（方柱）

（注：图中为横向网布置，网片旋转 90°即为纵向网布置）

到节约材料 10%以上，面网节省约 3%的效果。因此，在配筋直径较大时采用组合网布置是较好的选择。深圳某大厦最大的楼板区格尺寸为 4m×6m，采用 ϕ^{R}10.5 配筋，双层组合网布置，取得了良好的效果。

组合网布置与常规网基本相同。底网在板区格内布置，焊接网长度为板区格净跨加入

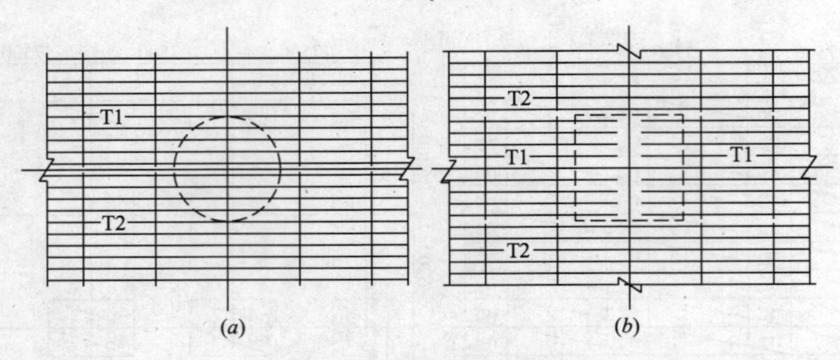

图 5.4-45　面网与柱的连接

(*a*) 面网纵向沿柱轴线两侧分别布置（圆柱）；(*b*) 面网横向沿柱轴线两侧分别布置（方柱）

（注：图中为横向网布置，网片旋转90°即为纵向网布置）

梁锚固长度，焊接网宽度按板区格净跨均分，亦可采用多板区格的统一宽度。底网端部钢筋入梁和柱的措施与常规网同。组合网单向入梁，不需使用连接网等的入梁措施。底网通常不需搭接。

组合面网长度可跨板区格布置，以减少搭接，布置时以满足运输和安装要求为条件。搭接布置在板边短跨1/4以外，搭接长度减少。宽度确定方法与常规底网同。网片宽度可用统一宽度，以统一焊接网型号，便于布置和安装。组合面网采取以上布置方法可使材料用量有所减少，但减少量不大。深圳新世纪广场连接体楼板面网原布置方案（组合网方案）接近常规网布置（图5.4-21）的钢筋用量，略有减少。

图5.4-46和图5.4-47为深圳福田汽车换乘中心楼板常规网和组合网布置方案。与常规焊接网布置比较，底网可节省10%以上，面网可节省3%左右。顺便指出，福田汽车换乘中心的主梁系宽度等于或略大于柱宽度，面网顺梁向不布置受力钢筋，不存在焊接网钢筋入柱或过柱的问题。若梁系宽度小于柱宽度时，可参照无梁楼板组合网的布置方法进行布置。梁宽与柱宽相差很小时，焊接网可沿柱侧布置，梁柱间宽差处所缺受力筋用绑扎钢筋补足；较大时则需另行布置另一型号的焊接网。

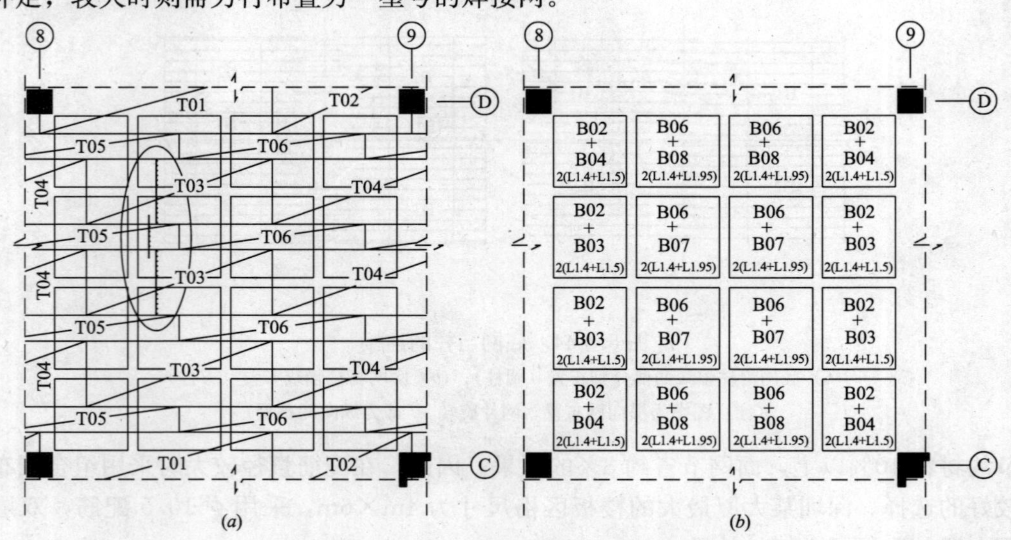

图 5.4-46　换乘中心常规网布置

(*a*) 常规面网；(*b*) 常规底网

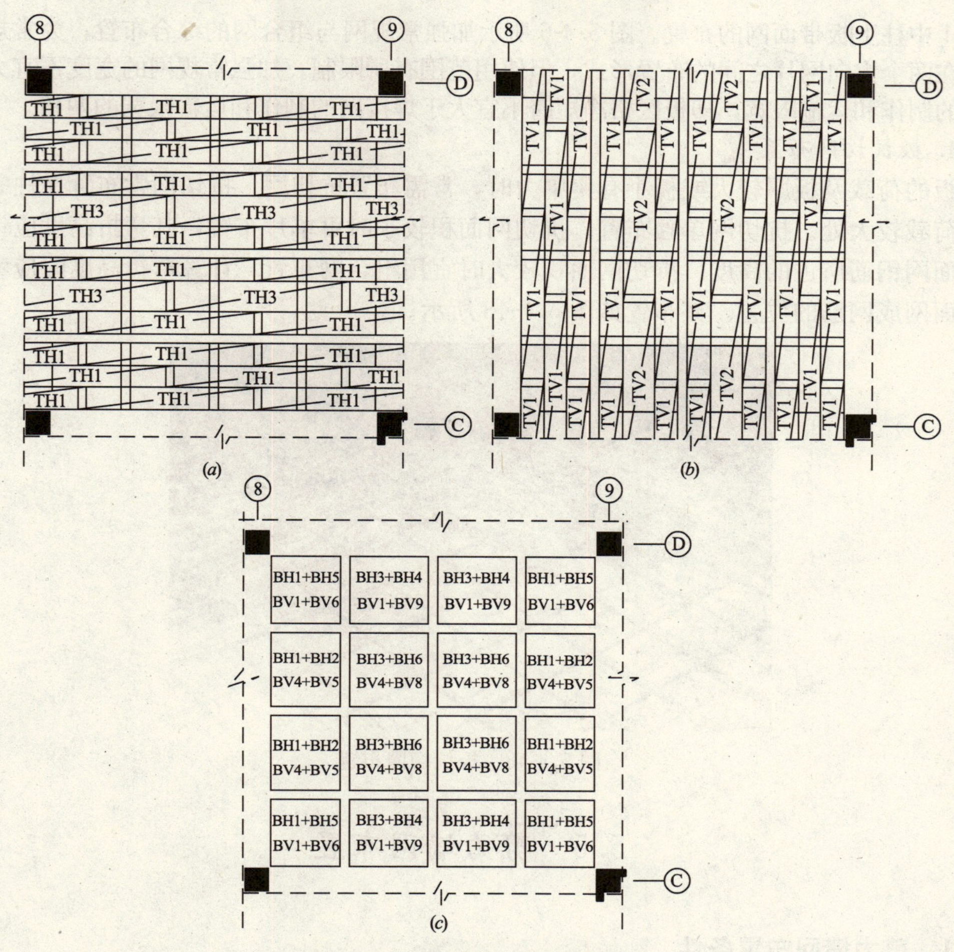

图 5.4-47 换乘中心组合网布置

(*a*) 横向网；(*b*) 纵向网；(*c*) 组合底网（省略表示）

3. 不均匀配筋楼板

有时大跨度楼板构件采用不均匀的配筋，楼板底层中部、顶层骑梁部位面网的配筋较其他部位的配筋为大。在制作条件许可且布置无困难时，可采用常规布置，如在楼板底层中部和顶层骑梁部位加强配筋处采用不等钢筋间距焊接网的布置方法等。受制作条件限制（焊网机无上述功能）及（或）配筋过大，常规网布置有困难时，则需采用双层或多层组合网布置方法，优越性更大。不均匀配筋楼板组合网布置有单向加强、单向局部加强、双向加强、双向局部加强、常规网加强等组合网布置形式。

单向加强和单向局部加强是常用的组合网布置，如双向板短跨底网、柱顶板带面网、墩顶桥面铺装网等。布置时原网片与加强网受力筋等间距布置，焊接网钢筋伸出长度应趋于一致，使原网片与加强网属同一型号应分别布置。考虑混凝土集料尺寸要求，布置时可将加强网受力筋与原受力筋并列（加强网与原网片型号相同，组合后相当于并筋网），以加大钢筋间距而不影响混凝土浇筑。局部加强时原网片和加强网属不同型号应分别布置。双向加强组合网则较少使用。因为此布置形式有一个方向的受力钢筋的计算高度要减去受力钢筋与架立筋直径之和，且安装较为繁琐。双向板两个方向钢筋配筋不同时，实践中常将较大配筋的受力钢筋设计成间距较大的双层网布置，另一方向受力筋布置成间距较小的单层布置，如图

5.4-41中柱上板带面网的布置。图5.4-6所示加强常规网与组合网的综合布置，为常规加强网夹在两个方向网片之间的布置形式，但使用范围有所限制。加强常规网的宽度不宜大于焊接网的制作和运输限宽，即板区格净短跨不宜大于焊接网的制作和运输限宽的两倍。

4. 板抗切网布置

板的荷载及板厚较大或板小有集中力时，常需布置抗切网。抗切网常布置在柱邻近或集中荷载较大处。抗切网单独布置。抗切网面积较小时可单片布置，其弯折高度应计及底网和面网钢筋所占的高度。抗切网面积较大时宜用组合网布置。计算弯折高度时应考虑底网及面网成网筋的位置。其布置如图5.4-48所示。

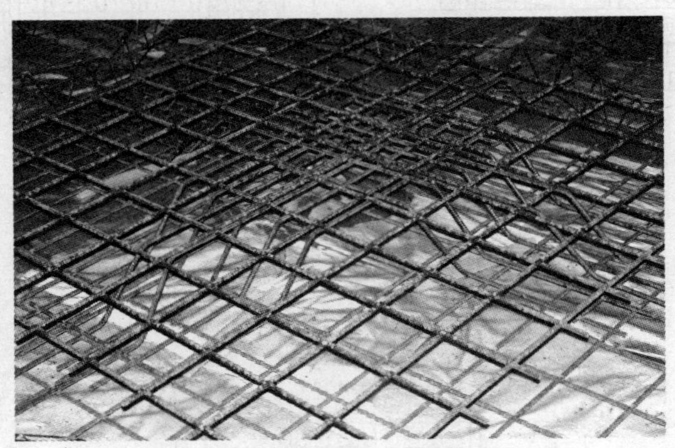

图5.4-48　板抗切网布置

5.5　剪力墙网布置

5.5.1　剪力墙网布置条件

剪力墙分布钢筋焊接网（简称剪力墙网）应根据剪力墙配筋特点、安装条件和施工条件进行布置。与楼板焊接网比较，剪力墙网布置时还应考虑以下因素：

（1）剪力墙网的布置是在上下边缘为楼板、连梁（暗梁），两侧为边缘构件、暗柱或柱（端柱）所构成的剪力墙空间内进行的。焊接网需穿过或锚固于其上下边缘的楼板或暗梁中，且锚固于边缘构件、暗柱或端柱中。

（2）剪力墙网的锚固和搭接均为受力钢筋的锚固和搭接，焊接网的搭接宜布置在距剪力墙周边构件一定距离的剪力墙内部；各排焊接网的搭接位置应错开。

（3）剪力墙网的布置受制于周边构件已安装的钢筋，应考虑剪力墙周边已安装钢筋对焊接网安装的影响。

（4）剪力墙是以楼层为单元施工的，剪力墙网宜以楼层为单元布置。

5.5.2　锚固和搭接

1. 锚固

剪力墙焊接网的锚固是实现剪力墙与构造边缘构件、边缘构件、暗柱、端柱、暗梁、连梁等周边构件连接的方法。剪力墙网的竖向锚固是指焊接网竖向钢筋的锚固（简称竖向锚固）；剪力墙网的水平向锚固是焊接网水平向钢筋的锚固（简称水平锚固）。

（1）竖向锚固

剪力墙网的竖向锚固包括：剪力墙在其下部构件（如基础等）内插筋（或插筋网）的锚固、剪力墙变厚处的上部网和下部网连接处的锚固、顶层剪力墙网顶部带弯钩的锚固等。

基础中的插筋为剪力墙在先浇混凝土中的锚固钢筋，一般可接焊成网［图 5.5-1（*a*）］，以使插筋预埋于准确的位置上。基础的厚度大于锚固长度时插筋网钢筋可不弯钩。插入梁中的剪力墙网的插筋，由于梁筋已安装，插筋入梁内部分不能成网，可在梁以上部分焊接成网［图 5.5-1（*b*）］。安装时应将成网横筋安装在内侧，使插筋钢筋与剪力墙钢筋在一个平面内。剪力墙变厚处可用插筋连接，将其下部焊接网在变厚处竖向筋弯直钩，上一层剪力墙网的插筋插入墙中，如图 5.5-1（*d*）。墙厚度变化较小时，可将下层伸出的钢筋折弯后伸出楼板面，如图 5.5-1（*e*）。顶层封顶时剪力墙网竖向筋顶端要弯直钩［图 5.5-1（*c*）］。

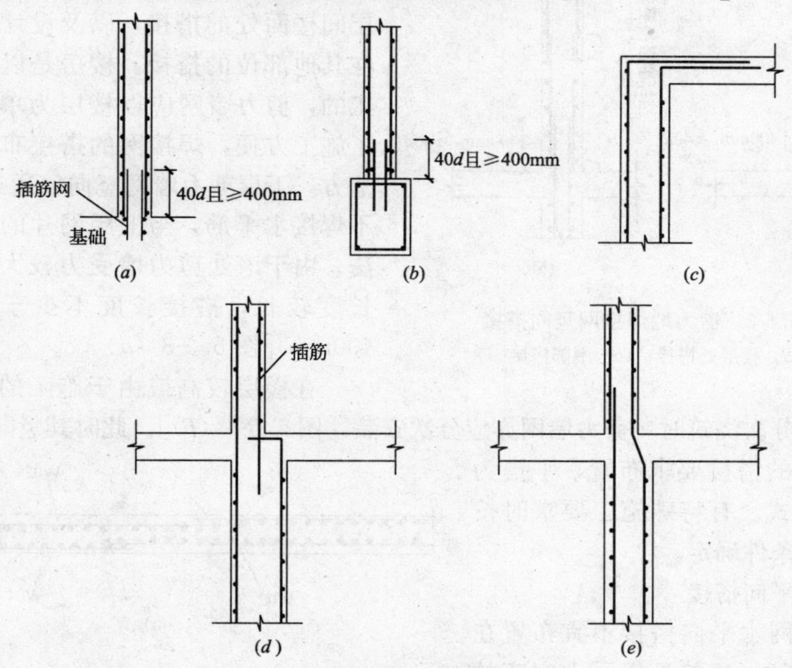

图 5.5-1　剪力墙网竖向锚固

（*a*）墙网基础插筋（网）；（*b*）墙网梁中插筋（网）；（*c*）墙网顶层处锚固；
（*d*）墙厚度变化较大时插筋（网）；（*e*）墙厚度变化较小时插筋（网）

（2）水平向锚固

剪力墙网水平锚固主要是指焊接网与暗柱、边缘构件、端柱等构件的连接。面排剪力墙网和内排剪力墙网与其他构件的连接方法不同。面排网水平筋可布置在边缘构件钢筋的外侧，水平钢筋紧贴已安装竖向筋，其锚固长度从边缘构件起始处计算，含端部弯钩长度。内排网的水平筋需插入已安装钢筋内，布置

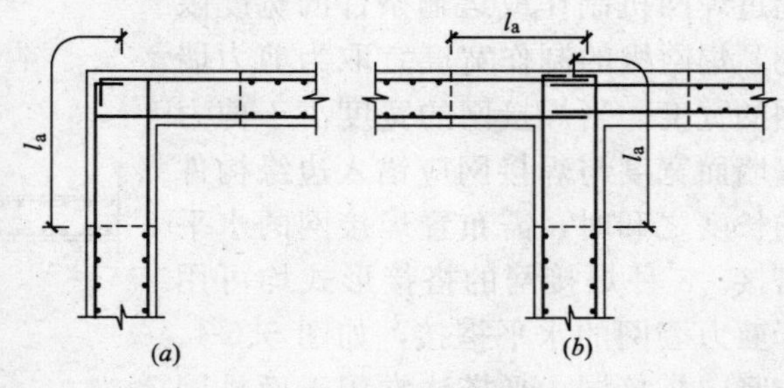

图 5.5-2　剪力墙网水平锚固

（*a*）L 墙；（*b*）T 墙

时应保证水平钢筋能插入钢筋内。插筋的插入深度从构件边缘算起（图5.5-2）。

2. 搭接

剪力墙网的搭接包括竖向钢筋搭接（简称竖向搭接）和水平向钢筋搭接（简称水平搭接）。剪力墙网搭接可采用各种搭接形式。叠搭法安装方便，焊接网型号较少，但搭接处水平筋不在同一平面，在厚度上需占有一定的空间，影响剪力墙网的布置空间，内排网常采用此种搭接布置。在剪力墙厚度较小、钢筋较密，焊接网难于布置时可用平搭法。焊接网搭接采用扣搭法时可使用扣搭连接网，但费材料、占空间。采用何种搭接方式，视具体情况而定。剪力墙面排网的搭接常用平搭，使焊接网搭接面平整；在内排网等有足够安装空间时宜尽量采用叠接法；面排网、内排网亦可用扣搭法搭接，扣搭连接网布置在内侧。

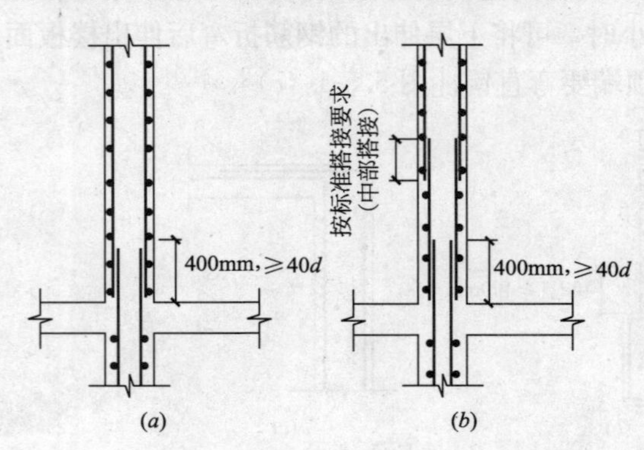

图5.5-3　剪力墙焊接网竖向搭接
（a）楼层处搭接；（b）中部搭接

（1）竖向搭接

剪力墙网的竖向搭接包括焊接网在楼层间楼面处的搭接，以及设计或施工要求在其他部位的搭接。楼房是以层为单元施工的，剪力墙网应以楼层为单位布置。为了施工方便，焊接网的搭接布置于楼板面上方。下层剪力墙网竖向筋通过暗梁钢筋，不焊接水平筋，与上层网片的连接用平搭法。由于该处剪力墙受力较大，要求搭接长度较长，搭接长度不少于 $40d$，且≥400mm［图5.5-3（a）］。

在楼层较高或由于施工的原因，该楼层剪力墙需分次浇筑时，剪力墙网亦应分次安装［图5.5-3（b）］。此时其竖向搭接按一般的受力钢筋的搭接要求布置，平搭为常用搭接形式。有特殊施工要求时按实际的施工条件确定。

（2）水平向搭接

剪力墙网水平向搭接不宜布置在与柱（或暗柱）连接处等受力突变的部位附近。楼层高度约为3m，加上楼面上的搭接长度后的焊接网的尺寸已超过焊网机制作或运输条件的宽度限制，焊网机的制作宽度宜取为剪力墙网的宽度。当焊接网的宽度小于剪力墙墙面宽度与焊接网应锚入边缘构件的长度之和时，需布置焊接网的水平搭接。3种焊接网的搭接形式均可用于剪力墙网的水平搭接，如图5.5-4。与竖向搭接同，平搭法常用于面排网等钢筋保护层要求较严的部位；叠搭

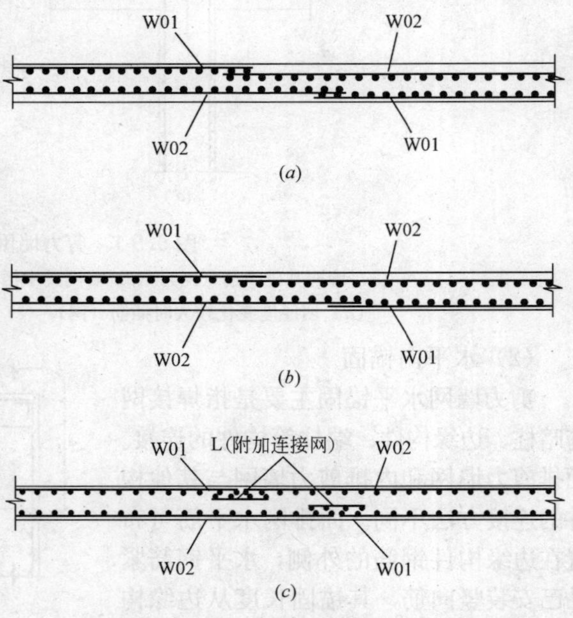

图5.5-4　剪力墙焊接网水平搭接
（a）叠接；（b）平接；（c）附加网扣接

法则常用于内排网；扣搭法常用扣搭连接网的连接方法。扣搭法需占据一定的空间，且费料和不便于安装，较少采用。

5.5.3 剪力墙网布置

剪力墙是以楼层为单元施工的，焊接网的竖向搭接位置已基本上固定在基础面和楼板面以上的位置上。因此，剪力墙网的布置实质上是在安装条件和焊接网宽度限值条件下进行水平搭接位置和搭接形式的选择，布置形式较其他焊接网布置简单。应根据焊接网在剪力墙中的位置选择合适的搭接形式和位置。

1. 基本布置形式

剪力墙网在剪力墙内的位置不同，布置方法不同。剪力墙网可设计为一排、二排或多排。二排网和多排网的外侧焊接网属于面排网；一排网及多排网的内侧焊接网属于内排网。与端柱连接的剪力墙网属内排焊接网；墙面与某一柱面在同一平面时属于面排焊接网。剪力墙网的基本布置形式分为面排网布置形式和内排网布置形式。在利用墙轴线对称性时，应考虑剪力墙两侧钢筋布置的具体条件，如钢筋的锚固条件和长度，锚固条件不同，焊接网的型号亦不同。为使水平钢筋锚入混凝土内，考虑到混凝土保护层厚度、暗柱箍筋、暗柱纵筋直径、弯钩与柱纵筋间距，弯钩宜距墙端大于75mm。

（1）面排网布置

面排网的布置特点是剪力墙网水平筋可紧贴在已安装暗柱、边缘构件等构件的竖向筋表面布置。焊接网宽度可直接由暗柱间净宽 l_0、入暗柱锚固长度 l_a、搭接长度 l_l 来确定。当 $l_0+2l_a \leqslant l_p$ 时采用1片网布置，焊接网宽度取为 $B = l_0+2l_a$，l_a 含弯钩的长度，且需满足弯钩至墙端的要求。$l_0+2l_a > l_p$ 及 $l_0+2l_a+l_l \leqslant 2l_p$ 时采用2片网布置，$B=(l_0+2l_a+l_l)/2$，余类推。面排网的搭接常用平搭，以保证焊接网搭接面平整和混凝土保护层厚度要求。

（2）内排焊接网布置

内排网的安装特点是网端钢筋需插入柱、暗柱和边缘构件等构件已安装的钢筋内。当 $l_0+2l_a \leqslant l_p$ 时可采用1片网布置，安装时可采用先插入一侧暗梁 $2l_a$，再退出 l_a，同时插入另一侧暗梁中 l_a 的安装方法。安装有困难时，宜将1片网分成2片，每片网的宽度为 $(2l_a+l_0+l_l)/2$。2片及多片网布置的网片宽度计算与面排焊接网布置相同。内排网的搭接可用平搭、扣搭或叠搭，常用叠搭，以简化布置和安装。

（3）有端柱剪力墙网布置

有端柱剪力墙网，柱面一侧与剪力墙面在同一平面时属面排网，按面排网布置；柱面一侧与剪力墙面不在同一平面时属内排网，按内排网布置。

2. 二排焊接网剪力墙

二排剪力墙网均属面排网，可按面排网的布置方法布置。二排网的搭接布置如图5.5-5（*a*），通常采用平搭。剪力墙不宽，计及锚入边缘构件锚固长度的宽度不大于制作限宽时，可采用一片网，否则宜用2片或多片网。布置时，宜采用等宽（含锚固长度）网及利用两侧面排网的对称性，以减少网片型号，同时尚应考虑各排剪力墙网搭接位置错开的问题。

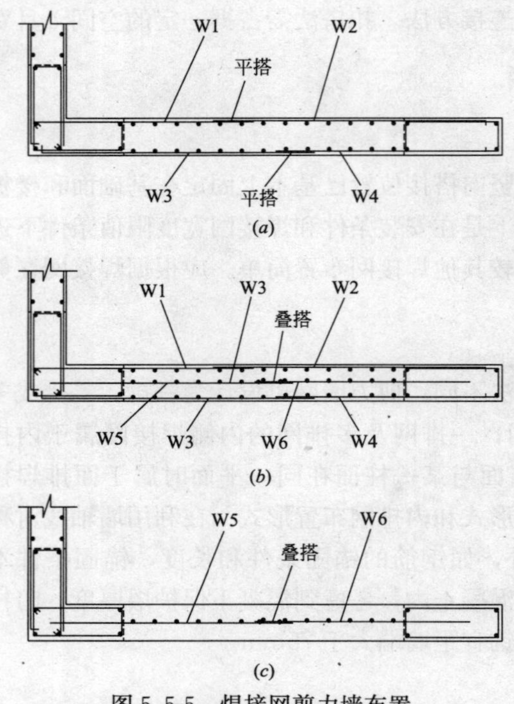

图 5.5-5　焊接网剪力墙布置

(a) 二排网搭接；(b) 三排网搭接；(c) 一排网搭接

3. 一排焊接网

在剪力墙受力不大或仅作为隔墙时，墙的厚度不大（一般≤140mm），墙中常只布置1排焊接网，如图 5.5-5（c）。一排网布置剪力墙网属内排网，按内排网的方法布置。焊接网的搭接宜采用叠搭，焊接网安装方便及型号较少，对焊接网布置较为有利。

4. 多排焊接网

多排网中的面排网布置与二排网布置方法相同，内排网的布置则可参照一排网的布置方法进行。搭接位置不宜在同一断面上，如图 5.5-5（b）。布置时应充分利用对称性，等分宽度等布置方法，以减少焊接网的型号。剪力墙内部有一定的空间，内排网宜采用叠接法连接。

5. 剪力墙网布置实例

（1）广州某广场

图 5.5-6 为广州某广场工程电梯井剪力墙网布置图。剪力墙厚度较大，布置为三排网和四排网，搭接采用平搭，布置于剪力墙厚度 1/3（三排网）和 1/2（四排网）剪力墙宽度处，

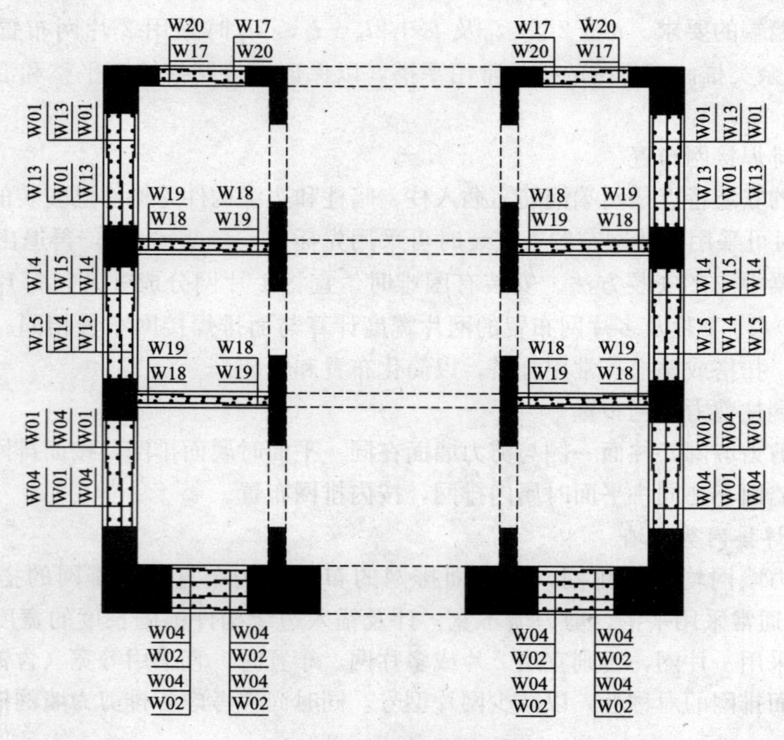

图 5.5-6　某广场剪力墙布置

各排搭接错开。设计要求剪力墙网的水平筋，不论是面排筋还是内排筋，均需插入已安装钢筋（柱、暗柱竖向筋）内侧，布置时无面排网、内排网之分。具体布置时利用了网片布置的对称性，如三排网时，剪力墙一端为W01、W13、W01，另一端为W13、W01、W13，四排网时，剪力墙一端为W04、W02、W04、W02，另一端为W02、W04、W02、W04。

（2）深圳某住宅工程

图5.5-7为深圳某住宅工程的剪力墙网布置图[25]。该住宅楼剪力墙网布置包括电梯井剪力墙和部分室内墙。剪力墙为中等厚度（200mm，250mm），均为二排网布置，即均为面排网，采用平搭搭接。剪力墙网布置方法与深圳某广场剪力墙网布置基本相同。外侧和内侧剪力墙网端部与边缘构件的锚固条件不同，锚固长度和形式不同，内外侧剪力墙网的布置不同。例如，图中左侧剪力墙外侧布置为W26A、W25A，墙内侧网布置为一片W27A（网片宽度小于制作宽度 l_p）。虽然剪力墙的宽度是一样的，但由于锚固条件不同，网的宽度不同。

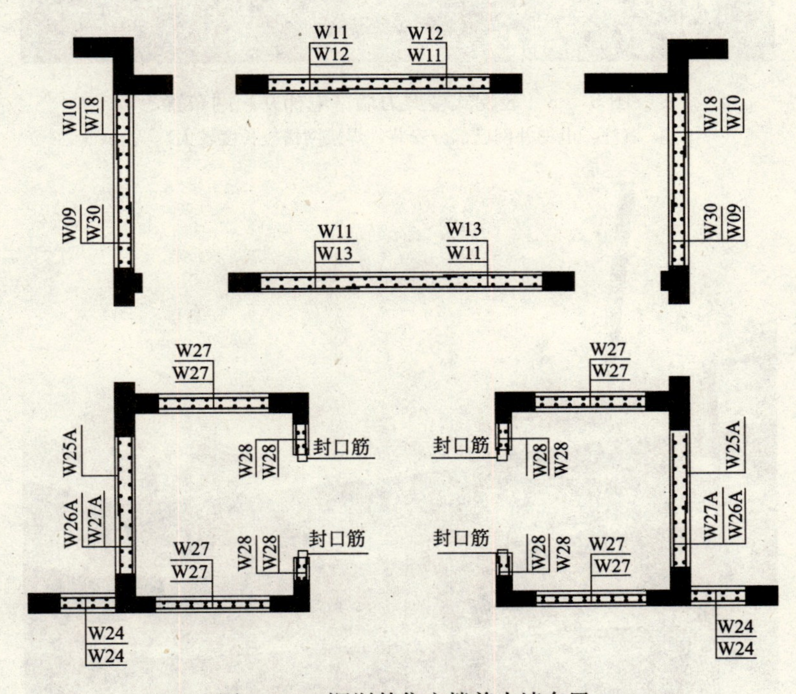

图5.5-7 深圳某住宅楼剪力墙布置

（3）装配式楼剪力墙

图5.5-8、图5.5-9为装配式楼剪力墙网的现场布置图。装配式楼的楼板、电梯井、剪力墙为现浇混凝土。电梯井为常规电梯井，剪力墙为单片墙，剪力墙网布置较为简单。电梯井网可按图5.5-6和图5.5-7的方法布置，但其结构更为简单。单片剪力墙边缘有边缘构件，按图5.5-7中端部有边缘构件的剪力墙网布置。

5.5.4 布置中的一些具体问题

1. 剪力墙网过梁（暗梁）

（1）面排网

图5.5-8　装配式楼剪力墙（电梯井）网布置

（注：电梯井网已部分安装，焊接网搭接长度较大）

图5.5-9　装配式楼剪力墙网布置

剪力墙上侧布置有梁或暗梁时，剪力墙网布置基本上与其他剪力墙网布置相同。面排网的布置与边缘为竖向构件的布置方法相同，如图5.5-10。面排网布置在竖向钢筋和连梁钢筋的外侧，剪力墙网竖向钢筋紧贴连梁纵向（水平向）钢筋布置，并过连梁伸至梁面以上，伸出梁顶面的长度按楼面上的搭接长度布置。此时应验算暗梁箍筋布置对水平筋保护层的影响，亦即确定暗梁箍筋尺寸时应留足剪力墙网的安装位置。在暗梁箍筋直径不大于剪力墙网竖向筋直径时，混凝土保护层厚度可满足要求。深连梁的剪力墙网也按此方法布置。深梁两侧布置为分布筋网时，深梁上下侧宜用U形筋（或U形网）封口。

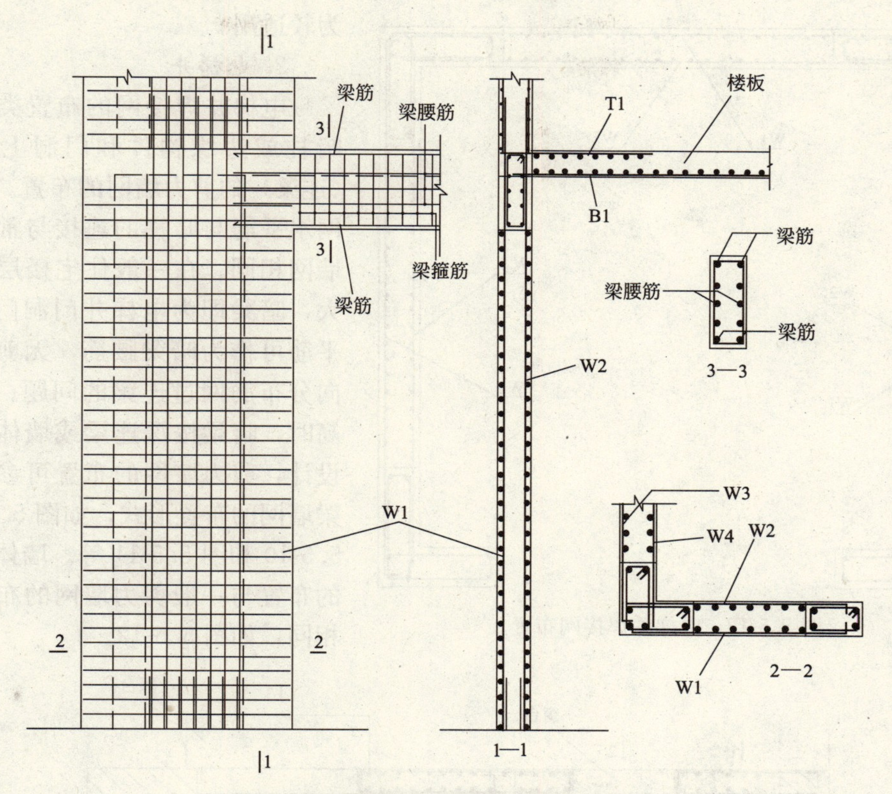

图 5.5-10 连梁处剪力墙面排网布置

(2) 内排网

剪力墙内排网需同时插入竖向和水平向构件的已安装钢筋中，布置条件与板底网布置条件相同。图 5.2-15 为此种情况的布置方案。图 5.2-15 (*b*) 方案避免了长钢筋插过暗梁，为更适用的方案。另一种方案为不用水平连接网的方案，如图 5.5-11。

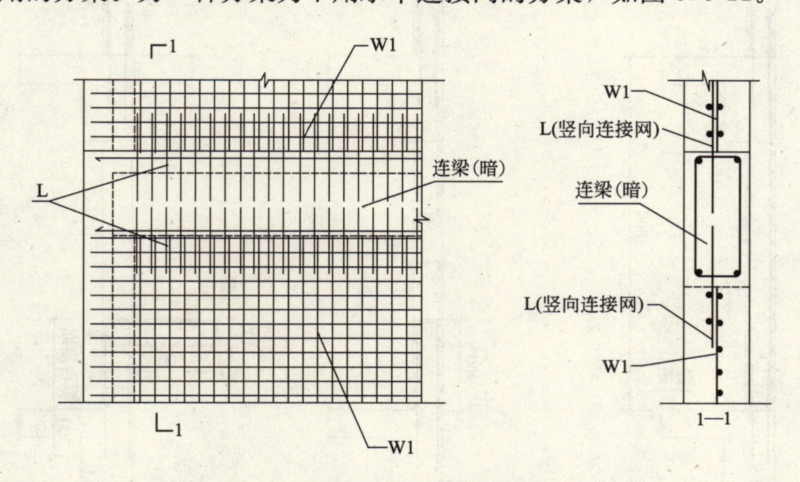

图 5.5-11 剪力墙内排网竖向连接网连接

内排网 W1 的水平筋插入暗柱已安装竖向钢筋内，其竖向筋用竖向连接网 L（或插筋）插入暗梁中。在梁上侧和下侧的 W1 均可用采用竖向连接网 L 的布置形式。此方案亦

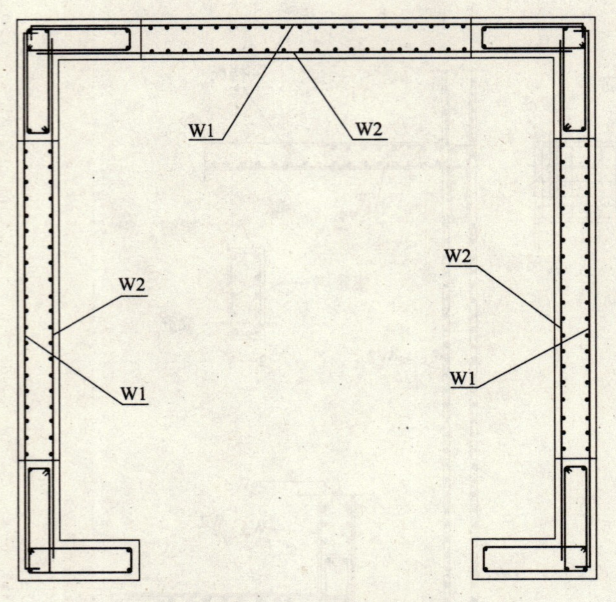

图5.5-12　电梯井焊接网布置

为较适用。

2. 电梯井

电梯井焊接网的布置类似于有暗柱或边缘构件和门洞上有暗梁（连梁）的剪力墙网的布置。电梯井网水平筋与暗柱的连接与常规剪力墙网相同。在一般住宅楼层层高不大，暗梁即为电梯井门洞门楣，水平筋可作为暗梁腰筋，无剪力墙竖向分布筋网过连梁的问题。楼层很高时，暗梁按深连梁或墙体开大洞设计，剪力墙网的布置可参照过连梁墙网的布置形式，如图5.5-7，图5.5-10和图5.5-11等。墙体焊接网的布置与一般剪力墙网的布置基本相同，如图5.5-12。

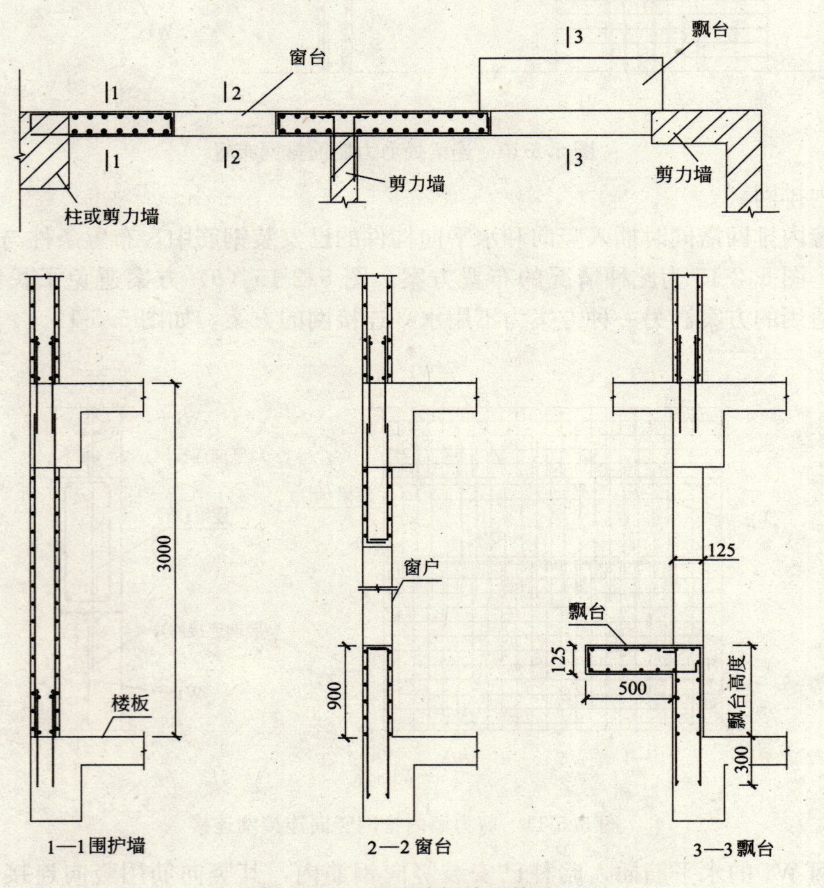

图5.5-13　围护墙焊接网构造

3. 孔洞

剪力墙上有孔洞时可裁剪孔洞处的墙网钢筋，在孔洞侧补足至少与截去钢筋等截面积的钢筋。孔洞小于300mm时，钢筋可绕过洞口两侧，视网片钢筋间距而定；不能绕过时亦应剪截钢筋，并在洞口两侧加筋，其截面积按上述规定执行。孔洞尺寸在800mm以上时，应按设计要求处理，或设边缘构件，或配置补强钢筋。设计有预埋电线线盒等浅层预埋件时，可贴在剪力墙表面安装，剪力墙网安装在预埋线盒内侧。

4. 围护墙

围护墙的受力条件与剪力墙略有不同，而构造类似于剪力墙。其厚度一般<140mm。可布置1排或2排焊接网。围护墙焊接网的布置与前述的剪力墙网的布置方法基本相同。围护墙常附有墙窗户飘台、空调飘台等伸出构件。窗户和空调飘台应验算伸出平台配筋。焊接网布置时应注意钢筋连接处和折弯处焊接网的锚固与焊接网安装可能出现的干扰。图5.5-13为试验用围护墙焊接网布置和构造图，作为焊接网用于围护墙的试验。上述布置亦可采用1排网布置。采用1排网时，焊接网在墙内的位置，应按配筋要求布置，如焊接网布置在栏杆墙内侧、飘台上侧等。

剪力墙折弯处焊接网的布置如图5.5-14。折弯处外侧焊接网弯折至另一侧面，内侧焊接网伸入墙内即可。小角度折墙内侧需配置成型支撑网。女儿墙折弯处的焊接网可按此法布置。

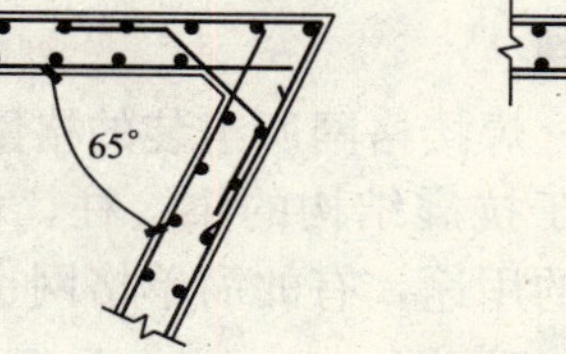

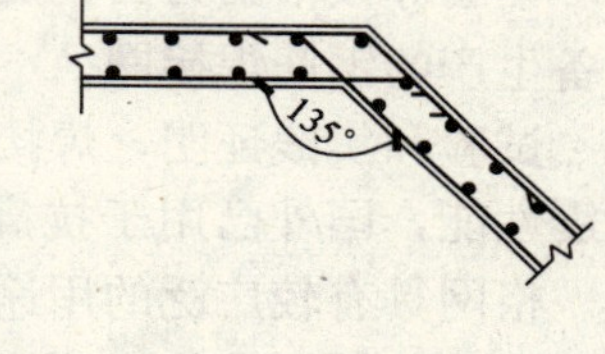

图5.5-14 转角墙体焊接网布置

5. 屋顶女儿墙

露台栏杆墙、屋顶女儿墙等墙体构件焊接网布置，类似于剪力墙网的布置。它们的受力条件与剪力墙略有不同，应验算其配筋，根据配筋要求进行焊接网布置。露台栏杆墙焊接网的布置如图5.5-15所示，屋顶女儿墙焊接网的布置如图5.5-16所示。

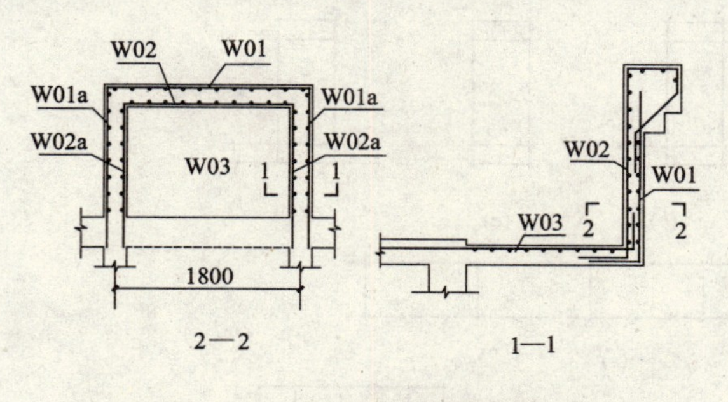

图5.5-15 阳台栏杆墙焊接网

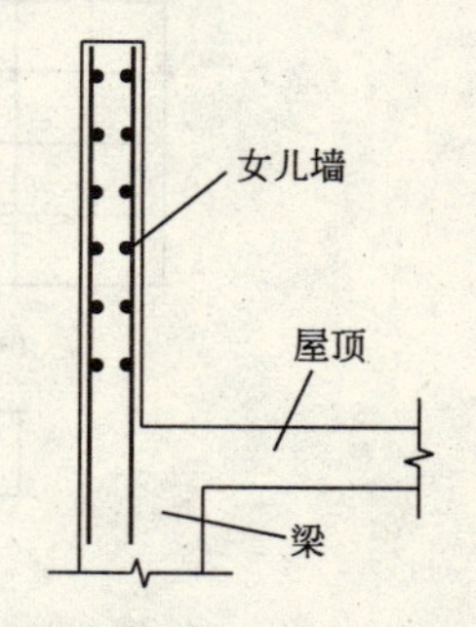

图5.5-16 屋顶女儿墙

5.6 梁柱箍筋笼和格网布置

5.6.1 箍筋笼

箍筋笼是由箍筋和成网架立筋按箍筋间距焊接成网（箍筋网），并折弯成所要求的形状而成。架立筋的位置应避开箍筋笼成形弯折位置。箍筋笼可由一片网折弯而成，亦可由若干个箍筋笼组合而成。梁柱尺寸较小时，部分梁柱钢筋（如梁的上部构造筋、腰筋等）可焊入箍筋网。上述的有关工作即为箍筋笼的布置设计工作，通常由焊网厂根据设计图纸要求完成。

组成箍筋笼的箍筋尺寸、间距、支数、支数组合等由设计图纸确定。箍筋笼布置设计时，首先要确定是否要采用成网钢筋、成网钢筋的位置，以及同一断面上箍筋笼的组合等问题，之后进行箍筋笼的成网设计和成形设计。箍筋笼尺寸包括箍筋笼展延而成的焊接网（即箍筋网）尺寸、箍筋笼成形尺寸和箍筋笼外形尺寸（高度、宽度、长度）。箍筋网尺寸和标注方法与常规焊接网相同。箍筋笼成形尺寸包括箍筋网弯折位置和角度、箍筋笼的组合等。箍筋网的尺寸由制造设备（焊网机、拗网机等）能力和运输条件确定。箍筋网沿箍筋的展延长度大于焊网机最大制作宽度时，箍筋笼的长度将受到焊网机制作宽度的限制。箍筋笼架立筋通常不搭接，安装有要求时按安装要求确定搭接长度。

5.6.2　格网

钢筋焊接格网为由钢筋电阻点焊而成的格形网片，实质上为有专门用途和用专用焊接设备生产的钢筋焊接网。

试验和实践证明，焊接格网所组装的格网箍筋笼的构件具有较箍筋笼构件更为优越的抗震性能，国外已用于抗震结构的梁、柱、墙、连梁、托梁等构件中，以及桥梁等结构中。格网具有较广泛的用途，有的简单格网也可用作钢筋安装、焊接网安装用的被称为梯格网的安装样框等。

格网布置设计包括格网设计和格网组装成格网笼的设计。格网的尺寸由构件断面性能和尺寸要求、受力钢筋的排列要求决定。格网在构件中的位置设计包括同一断面中格网组合、格网沿构件纵向按一定间距的布置，以及格网笼安装单元的设计。格网布置原则由设计单位确定，布置设计由设计单位或生产厂完成。格网笼安装单元的组装精度要求很高，

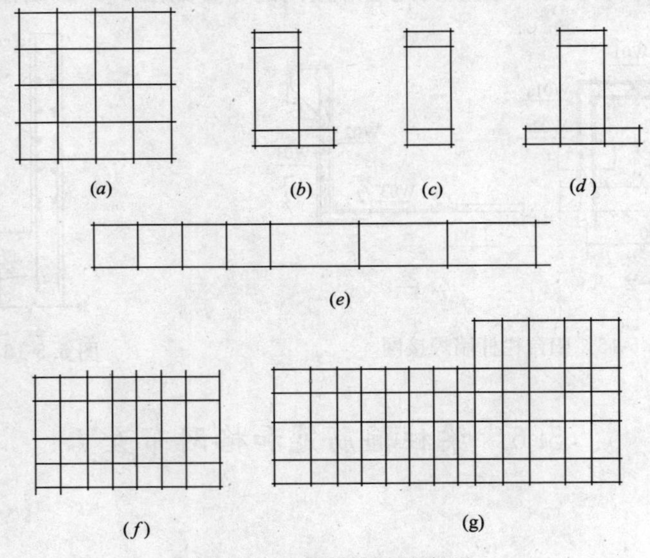

图 5.6-1　钢筋格网的应用

(*a*) 16穴柱格网；(*b*) L形格网；(*c*) 矩形梁格网；(*d*) 倒T形梁格网；(*e*) 边缘构件和墙格网；(*f*) BW3型格网；(*g*) BW8型格网

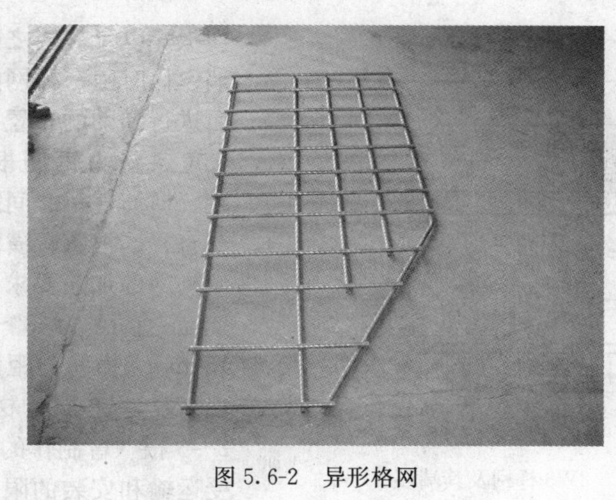

图 5.6-2 异形格网

在工厂内组装。

图 5.6-1 (a)～(e) 为常用的格网形状。目前已有若干定型格网型号。图 5.6-1 (f)～(g) 为客户定制的若干种规格的格网型号。

图 5.6-2 为异形格网，亦为客户定制的格网型号。

图 5.6-2 所示的异形格网通常需在工厂中以构件、组合构件等为单元组装成安装单元，运至安装现场安装。

图 5.6-3、图 5.6-4 为由格网按格网布置图组装成的柱格网安装单元。外侧柱筋与格网每隔 1200mm (4ft) 全部交点用镀锌钢丝绑扎，其余各格网仅在柱角和柱外侧中部（根数视柱边长而定）绑扎。为防止柱格网变形，柱侧面还绑扎有斜筋，图中可见柱格网笼四侧的绑扎斜筋。

图 5.6-3 柱格网布置（一）

图 5.6-4 柱格网布置（二）

5.6.3 梯网

梯网的基本形式如图 5.6-5 所示。梯网一端或两端设有端环，用于梯网与挡土墙挡土

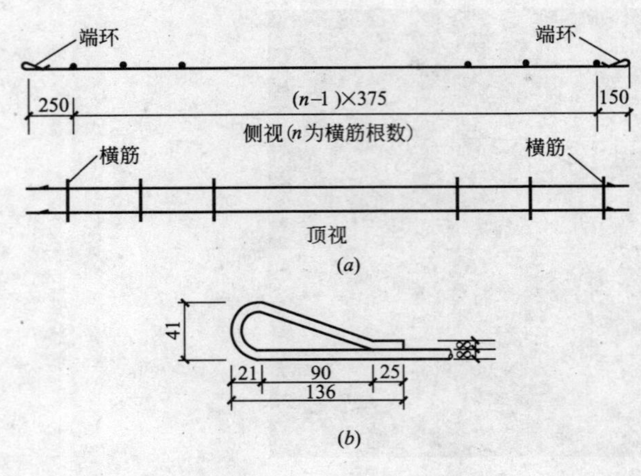

图 5.6-5 2W8 梯网及其端环
（a）梯网；（b）$\phi^{CP}8$ 梯网端环

面板，以及梯网之间的连接。在挡土墙设计时确定梯网的位置和基本尺寸后进行梯网的布置，包括确定梯网的长度、受力钢筋根数、受力钢筋间距、横筋直径和间距等。梯网受力钢筋直径、根数、横向筋直径和间距等由梯网的加筋要求确定。常用的受力钢筋直径为 8～10mm，间距为 150mm，横筋间距为 375mm，横筋伸出长度为 50mm。梯网受力钢筋根数为 2～6 根（曾制作的最多根数为 6 根）。受运输和安装的限制，横筋的伸出长度有减短的趋势。梯网的总长度由加筋土体的尺寸决定，但单片梯网的长度则由梯网的制作、运输和安装条件确定。梯网可借用端环接长，用统一长度的梯网组合成要求的设计长度，可使梯网尺寸统一和系列化。

梯网也有标准化的趋势。除就近使用的梯网外，远距离使用的梯网常使用标准梯网。标准梯网由 2 根受力钢筋构成，各尺寸取用统一的数值见表 5.6-1。表中梯网型号符号的意义：2W8——2 根直径为 8mm 的受力钢筋，DL——双端环，SL——单端环，4150 为梯网长度（mm）。

标准梯网和非标准梯网尺寸 **表 5.6-1**

编号	型　号	长度 (mm)	钢筋直径 (mm)	端横筋位置 (mm)	横筋数及间距 (mm)	横筋长度 (mm)
1	2W8DL4150	4150	8	150	11－375	250
2	2W8DL6150	6150	8	150	16－375	250
3	2W8DL7150	7150	8	150	19－375	250
4	2W8DL5175	5175	8	150	14－375	250
5	3W9SL4550	4550	9	150	14－300	400
6	6W9SL4550	4550	9	150	14－300	850
7	3W9SL4650	4650	9	150	14－300	400

注：端横筋位置，单端环时为距钢筋端的距离；双端环时为距某一端环的距离。

横筋焊点与端环焊点的间距较近，制作不便，还存在焊点间的相互影响问题。确定端横筋的初衷为使梯网沿长度保持相同的拉拔抗力和摩擦力。其实端环和端环连接钢管等的存在所提供的拉拔抗力和摩擦力已远远超过端横筋所提供的拉拔抗力和摩擦力，端横筋与端环的间距应可加大。

5.7 防裂焊接网布置

防裂网是布置于构件表层、底部或构件受力钢筋外侧保护层内的钢筋焊接网，用于防止构件表面裂缝。有的防裂网同时为受力钢筋。除防裂作用外，表面焊接网尚可用于抗磨、构件加固等用途。防裂网的特点为网的钢筋直径和间距均较小。钢筋直径一般为 4～

10mm，间距为 100～200mm。

5.7.1 构件表面防裂网

构件表面防裂网常用于桥墩和隧道衬砌表面防裂、游泳池内墙和底板表面防裂、屋面顶面刚性防水层、地下室侧墙防裂、底板地梁砖模表面防裂、基坑坡面混凝土面层网、岩坡喷锚混凝土面层网等。

防裂网的布置可参照前述的常规焊接网的一般布置方法进行。根据防裂网的使用特点，防裂网宜顺着构件表面且尽可能地接近构件表面（满足钢筋保护层要求）布置。防裂层厚度较小，网片宜采用平搭的搭接形式。构件表面相交形成的折面处的网片，邻近折线两侧焊接网应沿折面整片布置，如图 5.7-1 所示。构件表面为圆弧形时，如桥墩、隧道衬砌的圆弧形表面，因曲面曲率半径较大及钢筋直径较小，防裂网可在安装时直接弯成所需的形状（图 5.7-2）。

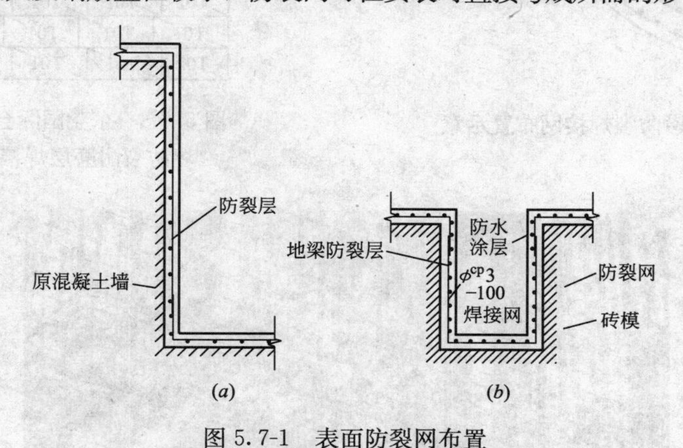

图 5.7-1 表面防裂网布置

（*a*）室内游泳池防裂网；（*b*）地下室地梁防裂网

用于地坪（工厂地面层）表面的防裂耐磨等用途的焊接网，因防磨层厚度较小，焊接网钢筋直径较细，焊接网布置在地坪表面，且应留有 20mm 的保护层，焊接网的搭接通常用平搭。若有分缝要求时，可施工时分缝或施工后锯缝，缝间焊接网断开，位置由防裂、地坪场地布置要求确定，有时尚需考虑柱位置和间距的影响，一般取为 6m。

图 5.7-3 为东莞国际会展中心地坪防裂耐磨层的焊接网布置图。耐磨层厚度为 40mm，焊接网单层布置，规格为 $\phi^{CP}4@200$（ϕ^{CP}为冷拔光面钢筋），有荷载要求处配筋加强为 $\phi^{CP}6@200$。

图 5.7-4 为桥墩抗裂网布置。抗裂网布置在桥墩受力筋（较粗绑扎筋）外侧。

5.7.2 构件底部防裂网

大体积建筑物的底部，如楼房地下结构底板、大型建筑物底板、基础底部、大型设备基础底部等部位常布置有钢筋焊接网，除分散荷载的作用外，尚有防裂的功能。若底部防裂网用的钢筋直径较大，钢筋网应在工厂成形。底部防裂网的保护层较大，其搭接形式可用叠搭搭接形式。构件底部焊接网的布置，可参照前述常规焊接网布置方法进行，各种形状构件底面的网片应结合底面形状布置。焊接网需折弯至构件侧面时，可参照沟渠底板构件底面焊接网的布置方法，采用 L 形或 U 形焊接网的布置方法。

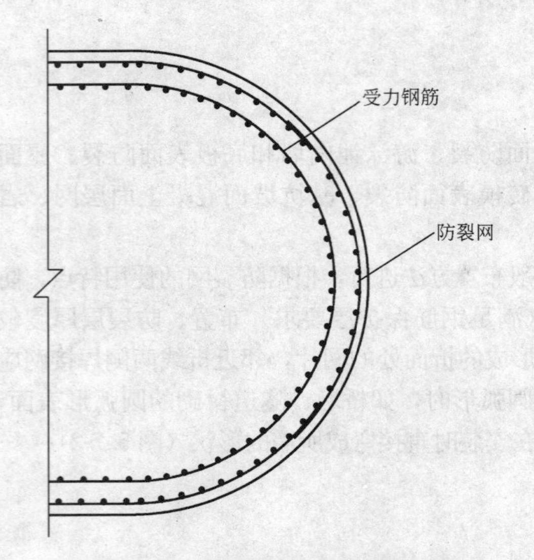

图 5.7-2　桥墩防裂焊接网布置示意

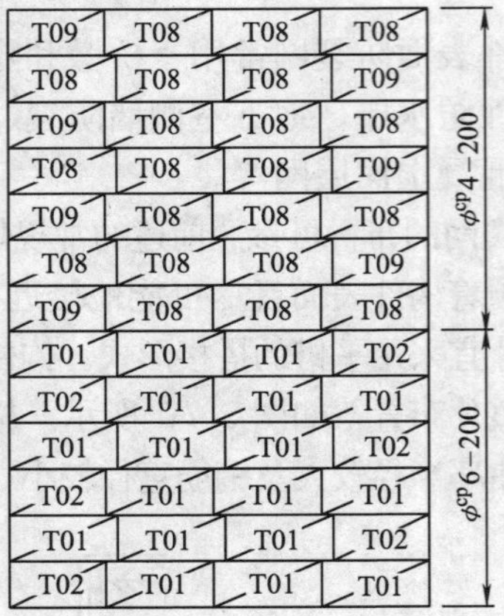

T09	T08	T08	T08
T08	T08	T08	T09
T09	T08	T08	T08
T08	T08	T08	T09
T09	T08	T08	T08
T08	T08	T08	T09
T09	T08	T08	T08
T01	T01	T01	T02
T02	T01	T01	T01
T01	T01	T01	T02
T02	T01	T01	T01
T01	T01	T01	T02
T02	T01	T01	T01

ϕ^{cp}4-200

ϕ^{cp}6-200

图 5.7-3　东莞国际会展中心地坪防裂耐磨层焊接网布置

图 5.7-4　桥墩抗裂网

（注：桥墩抗裂网在表面，粗竖向钢筋（绑扎钢筋）为桥墩受力筋）

铁道整体道床底部常布置有钢筋网，用于底部防裂，同时也起着电流散流汇流的作用。作者曾建议在深圳地铁工程轨道整体道床中使用钢筋焊接网，以提高其抗裂性能和散流汇流作用。但由于没有相关焊接网道床的散汇流作用的试验资料而未采用。其实焊接网整体道床已广泛应用于发达国家的高标准铁道中。单线整体道床的宽度通常小于焊网机的制作宽度，焊接网长度由安装条件确定，焊接网的搭接可用平搭，布置设计非常简单。

5.8　桥面铺装焊接网布置

桥面钢筋焊接网混凝土铺装是桥梁结构桥面行车部分铺设的一层钢筋焊接网混凝土。

桥面铺装焊接网的合理布置，可保证桥面铺装的质量，表面平整，满足桥面结构要求和行车平稳性要求。

桥面铺装钢筋焊接网布置时需考虑桥面结构布置、行车道布置、铺装厚度、施工顺序和方法等因素，选择适当的布置形式和搭接形式。

5.8.1 布置方法

桥面铺装焊接网的布置是在桥面铺装所覆盖的面积上进行的。一次浇筑混凝土所覆盖面积可为焊接网布置的全部铺装面积，亦可为部分铺装面积。在铺装面积部分浇筑时，焊接网的布置需考虑越过浇筑边界焊接网钢筋通过边界的措施。

桥面铺装焊接网纵向（长方向）可沿桥纵轴线方向布置，亦可横桥纵轴线方向布置。选择焊接网布置方向时，应考虑桥面铺装的设计要求和施工要求。焊接网布置时各种搭接形式均可用，常用的形式为叠搭和平搭。选用不同搭接形式，可组合成多种的桥面铺装焊接网布置形式。

1. 焊接网的搭接

桥面铺装焊接网纵向钢筋搭接，搭接接缝线横桥纵轴线方向的，简称纵向搭接；焊接网横向钢筋搭接，搭接接缝线顺桥纵轴线方向的，简称横向搭接。除注明外，桥面铺装焊接网的搭接均如上定义。

由于桥面铺装的厚度较小，焊接网搭接形式的选择成为决定焊接网布置形式的重要因素之一。采用不同的搭接形式，搭接处可能出现多层焊接网和多层钢筋叠垒现象，参见图5.2-1～图5.2-3。焊接网布置时应验算搭接处混凝土保护层厚度，权衡各种搭接形式的适用条件，选择合理的搭接形式和位置。根据焊接网应用实践，由于平搭时两个方向钢筋分别在同一平面内，整个安装面上桥面铺装焊接网较平整、规整，有利于提高桥面铺装的质量，桥面铺装使用平搭搭接形式更为有利。

2. 焊接网纵向沿桥纵轴线向布置

焊接网纵向沿桥纵轴线方向布置是桥面铺装的一种布置形式。焊接网纵向沿桥纵轴线布置，焊接网由若干片焊接网以纵向搭接相连，构成覆盖整个桥面铺装面长度；桥面铺装横向由若干片焊接网以横向搭接相连，构成覆盖整个桥面铺装面宽度，形成对整个桥面铺装的覆盖。焊接网的长度由桥面铺装的施工区段长度、焊接网的安装条件、制作条件和运输条件确定，一般不大于12m。焊接网等长布置时，焊接网长度为$L=[l_q+(m-1)l_l]/m$，其中l_q为桥面铺装长度（或一次施工的长度），m为l_q范围内焊接网安装片数。横桥纵轴方向由若干片焊接网构成，焊接网宽度为$B=[b_q+(n-1)l_l]/n\leqslant l_p$，其中$b_q$为桥面铺装桥幅宽度或施工桥幅宽度，$n$为$b_q$范围内焊接网安装片数。为使搭接错开，相邻焊接网的搭接可沿纵向错开某一距离布置参见图5.2-4。

3. 焊接网纵向横桥纵轴线布置

焊接网纵向横桥纵轴线方向布置是桥面铺装的另一种布置形式。布置方法与沿纵桥纵轴向布置基本相同，焊接网纵向横桥纵轴线方向布置。焊接网长度一般取桥面铺装或施工区段宽度。2～3车道时桥幅宽度通常为7～12.5m，焊接网的长度可取为桥幅或施工区段宽度，焊接网不需布置横向搭接。桥幅更宽，或焊接网过长不便安装或运输时，可设置1道或2道横向搭接，布置时搭接错开。焊接网的宽度B通常取为l_p，小于l_p的零数可另增加一焊接网型号。也可用等宽焊接网，宽度可取 $B=[l_{\mathrm{p}}+(n-1)l_l]/n$。错开搭接时需用长度不同的另一网片型号。若用裁剪网片方法布置，应考虑搭接长度引起的焊接网长度的增加。

图 5.8-1 为几种典型的桥面铺装焊接网的布置和搭接布置情况。不同搭接形式的焊接网型号不同，在图中有所反映。

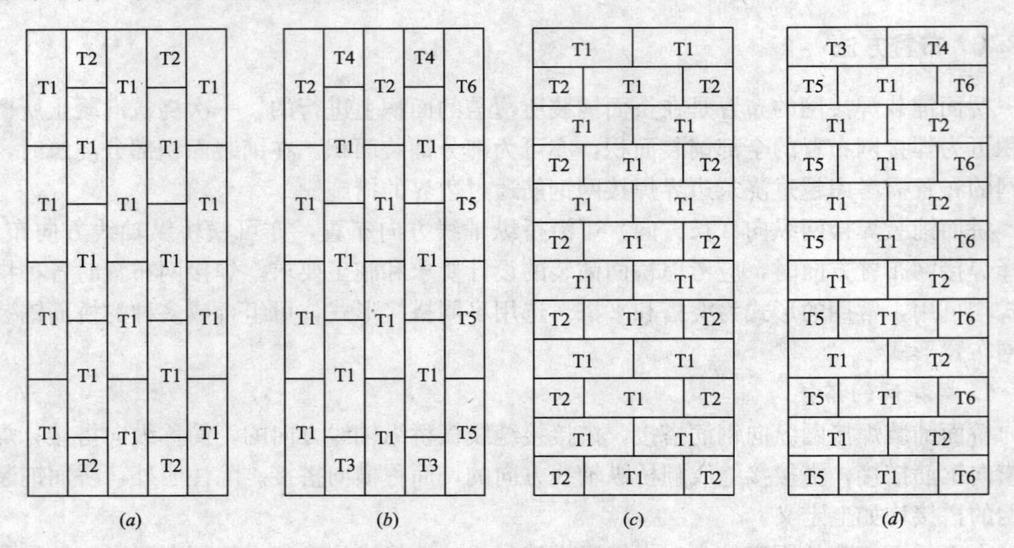

图 5.8-1　桥面铺装焊接网及搭接布置

(*a*) 沿桥轴线方向布置（叠搭）；(*b*) 沿桥轴线方向布置（平搭）；
(*c*) 横沿桥轴线方向布置（叠搭）；(*d*) 横沿桥轴线方向布置（平搭）

4. 不规则桥面铺装的布置

不规则桥面铺装焊接网的布置，与其他构件焊接网布置一样，先将布置区分成规则区和不规则区，然后按规则区的布置方法和裁剪焊接网及绑扎钢筋覆盖不规则区的方法布置。

5.8.2　直线等宽桥面

1. 正交桥面

直线等宽正交桥面铺装的焊接网布置，焊接网纵向可沿桥纵轴线布置，亦可横桥纵轴线布置。可根据桥面长度和宽度（或施工区段长度和宽度）选择最优的布置方案。图 5.8-2 为深圳彩虹桥主桥桥面铺装焊接网布置图。桥面设上、下行各二车道，用隔离带隔开，分开施工。钢筋焊接网配筋为 $\phi^{\mathrm{R}}8.5@150\mathrm{mm}$，平搭，搭接错开。图 5.8-3 为深圳彩虹桥引桥面铺装焊接网布置图，采用横桥轴线方向布置，平搭，搭接错开。图 5.8-4 为深

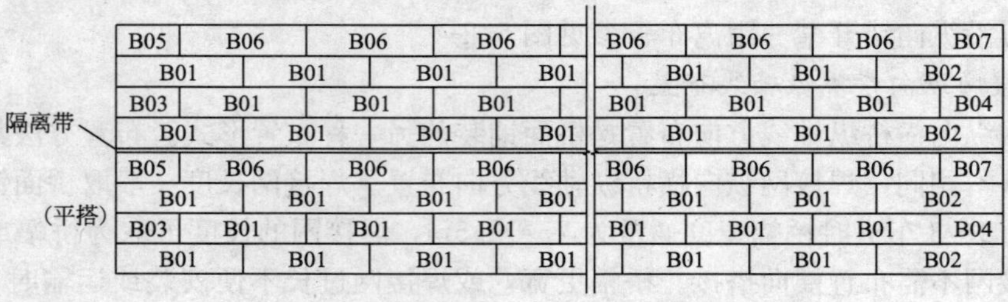

B05 B06 B06 B06 | B06 B06 B06 B07
B01 B01 B01 B01 | B01 B01 B02
B03 B01 B01 B01 | B01 B01 B01 B04
隔离带
B01 B01 B01 B01 | B01 B01 B02
B05 B06 B06 B06 | B06 B06 B06 B07
B01 B01 B01 B01 | B01 B01 B02
(平搭)
B03 B01 B01 B01 | B01 B01 B01 B04
B01 B01 B01 B01 | B01 B01 B02

图 5.8-2　深圳市彩虹桥主桥铺装焊接网（纵向布置）

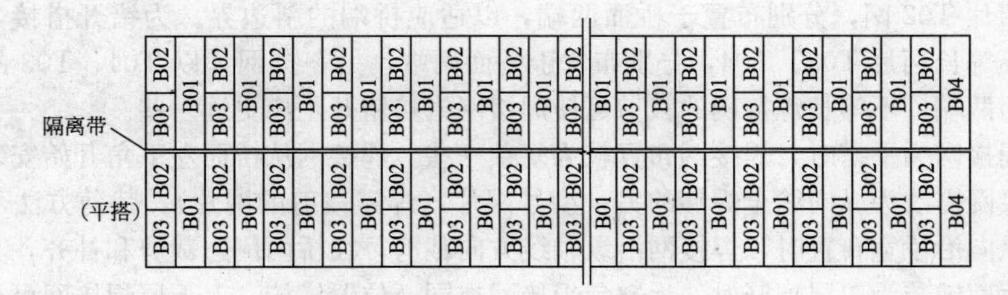

图 5.8-3 深圳市彩虹桥主桥铺装焊接网（横向布置）

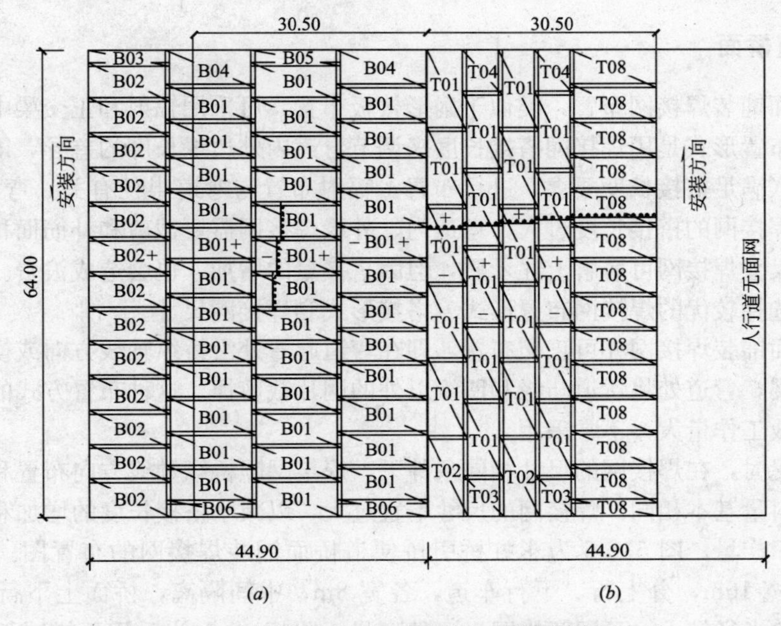

图 5.8-4 深圳龙华东环一路桥桥面铺装焊接网布置

(*a*) 底网；(*b*) 面网

圳龙华东环一路桥桥面铺装焊接网布置图。桥面铺装为双层配筋，配筋为 ϕ^R8.5@150，底面全面积配筋，顶面只在行车道面配筋。焊接网用平搭。为错开上下层焊接网的搭接，上下层焊接网采用不同方向的布置。

2. 斜交桥面

斜交等宽桥面铺装焊接网布置基本上与正交桥面相同。图 5.8-5 为江门斜交桥桥面铺装焊接网布置图，铺装网顺桥纵轴线向布置，叠搭。桥端处（桥墩或桥台处）的网片用裁剪网片方法适应桥端斜边界。如图 5.8-5，将 1 片网 T01 沿桥斜交方向裁剪成等

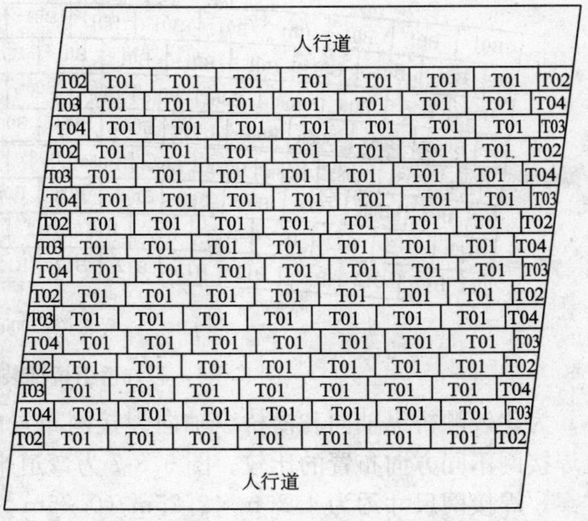

图 5.8-5 江门斜交桥铺装焊接网布置

面积的两片 T02 网，分别布置于桥面两端，以适应桥端的斜边界。为错开搭接，将 T01 裁剪成不等长网片 T03、T04，分别布置于桥面两端，另一排网片以 T04、T03 的顺序布置于桥面两端。不等长焊接网的裁剪可使焊接网搭接错开距离更远一些。

若焊接网为平搭时，焊接网布置较为复杂一些。焊接网从桥面左下角开始安装时，最上排焊接网需改为纵向筋全焊够的另一型号网片（焊需裁剪的网片），裁剪方法不变。若焊接网纵向沿桥宽布置时，焊接网沿纵轴线方向裁剪，在桥两侧边裁剪和补齐，其他方法同前。桥面铺装为双层配筋时，为避免焊接网在同一位置搭接，上下层焊接网可分别采用顺桥纵轴线方向和横桥纵轴线方向布置。

5.8.3　弯道桥面

弯道桥面铺装焊接网布置，类似于扇形楼板布置，可采用辐射和正交梁中线两种布置形式。辐射布置形式是用焊接网搭接长度来调节弯道内外边缘长度的差异，即以外缘的搭接长度为准（满足搭接长度要求）进行布置。辐射布置与弯道半径有关。弯道半径小时，会出现内缘焊接网的搭接长度过大，弯道内、外缘焊接网需要截剪和补筋面积大，浪费材料。采用小尺寸焊接网可缓解上述矛盾，但因搭接量的增加，也会造成浪费。因此应进行综合比较，选择较优的焊接网布置形式、搭接形式和焊接网尺寸。

弯道桥面铺装焊接网亦可正交布置，即在弯道起弯处沿桥纵轴线方向或横桥纵轴线方向布置焊接网，弯道处将弯道凸缘和凹缘以外的网片裁剪掉。这种布置方式的焊接网类型多，现场剪裁工作量大，不常采用。

辐射布置时，在焊接网的尺寸相同条件下，焊接网顺桥纵轴线方向布置和横桥纵轴线方向布置材料量基本相同。焊接网的尺寸不宜过大，以减小搭接长度的增加和减少弯道内外缘的处理工作量。图 5.8-6 为彩虹桥引桥便道桥面铺装焊接网的布置图。弯道半径为 200m、桥面宽 16m，分上行、下行车道，各宽 8m，中间隔离，桥面上下行车道分别浇筑。由于弯道半径较大，可用两排网为一种型号。附标“a”为采用平搭时派生的网尺寸相同、钢筋伸出长度不同的网片型号。

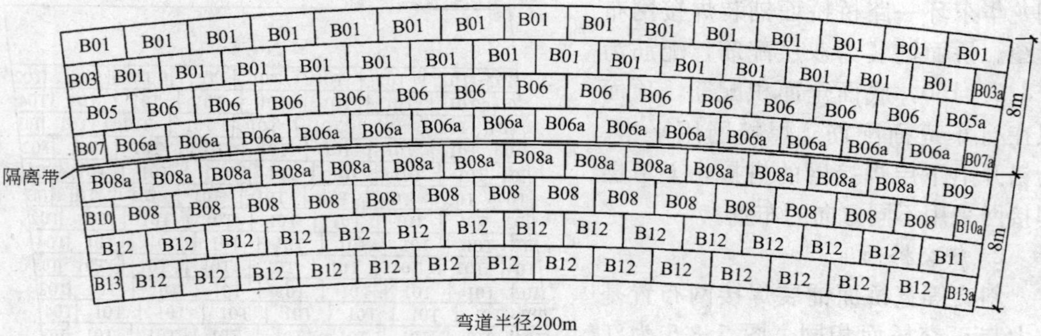

图 5.8-6　彩虹桥引桥铺装弯道焊接网布置

为比较顺桥纵轴向和横桥纵轴向焊接网布置的差别，进行了弯道半径为 50m 桥面铺装焊接网不同方向布置的比较。图 5.8-7 为弯道半径为 50m，桥面宽为 8m 的焊接网布置方案。焊接网尺寸约为 4.25m×2.25m（0.25m 为搭接长度，布置方案不同而略有不同）。图 5.8-7（*a*）和图 5.8-7（*b*）分别为顺桥轴线方向和横向轴线方向的布置。两个布置方

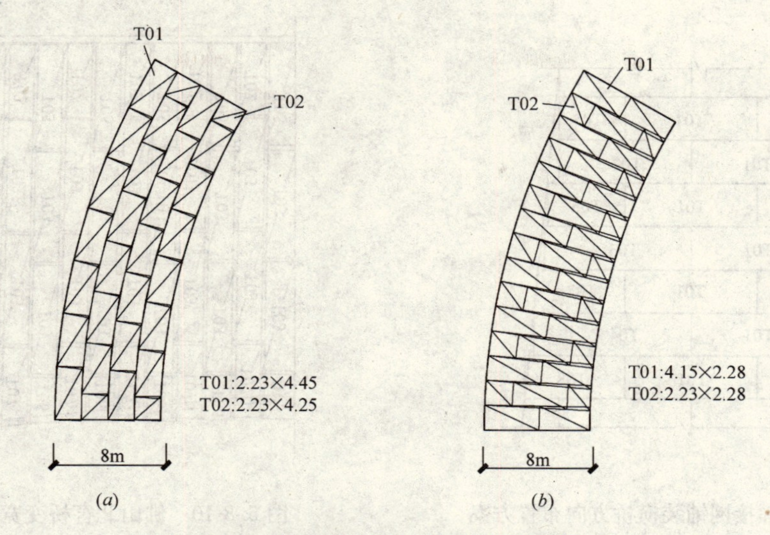

图 5.8-7 50m 弯道半径桥面铺装焊接网布置

(*a*) 顺桥轴线布置；(*b*) 横桥轴线布置

案的材料用量的增加基本相同。

5.8.4 宽度变化桥面

在实际工程中有时会遇见桥面宽度变化的情况。桥面铺装焊接网可顺桥纵轴向布置，用裁剪伸出桥面铺装部分的焊接网或用散筋补足焊接网未覆盖的桥面铺装部分。焊接网长方向顺桥纵轴向布置时，可出现一长条需绑扎散筋的部位，如图 5.8-8 所示；焊接网长方向横桥纵轴亦可横桥纵轴向布置，视可划出的规则桥面铺装区而定。不规则桥面处可横向布置，散筋的使用面积较小，或不用散筋，但焊接网的类型较多，如图 5.8-9 所示。图 5.8-10 为佛山北窖桥桥面铺装焊接网纵向横桥纵轴向焊接网的布置方案。此方案为焊接网裁剪量较多，型号较少的布置方案。若 T06 和 T07 改用长度不等的多个型号的焊接网，裁剪的焊接网会减少，或不需裁剪。图 5.8-11 为深圳西乡复杂涵洞顶面的焊接网布置图，也是采用裁剪焊接网和补足绑扎钢筋的方法布置的。采用多裁剪、多型号、少补绑扎钢筋布置方案，抑或采用少裁剪、少型号、多补绑扎钢筋布置方案，应由现场工作量（含钢筋直径及裁剪难度）、材料用量等条件确定。钢筋直接较大时应减少甚至避免使用现场裁剪的布置方案。

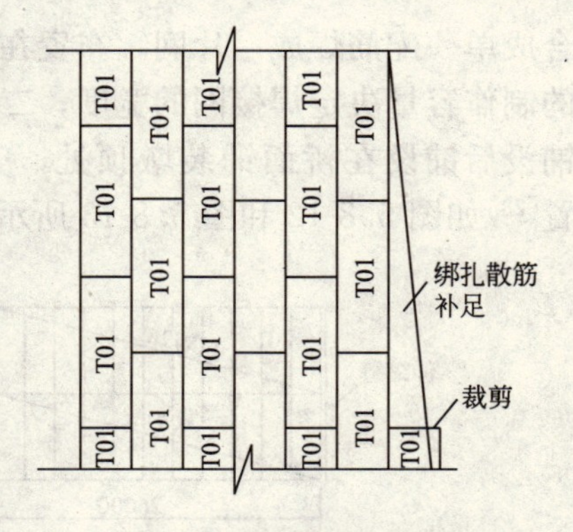

图 5.8-8 焊接网铺装顺桥方向布置方案（用叠塔）

5.8.5 桥面铺装加强

由多跨简支连续梁等结构构成的连续桥面在墩顶桥面铺装处的焊接网需加强。桥面铺装加强焊接网于墩顶处跨墩布置。有两种布置方式：一是将加强配筋与满铺焊接网配筋综

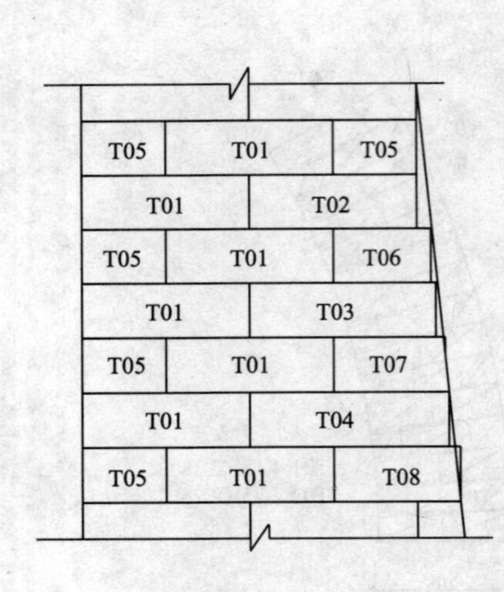

图 5.8-9　焊接网铺装横桥方向布置方案（用叠搭）

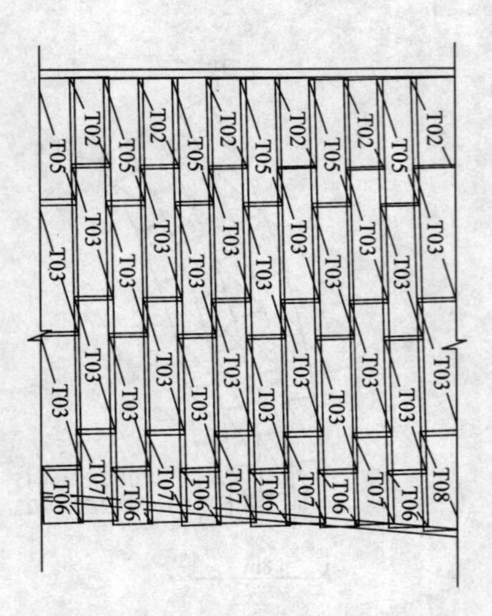

图 5.8-10　佛山北窖桥变宽桥面铺装横向焊接网布置方案

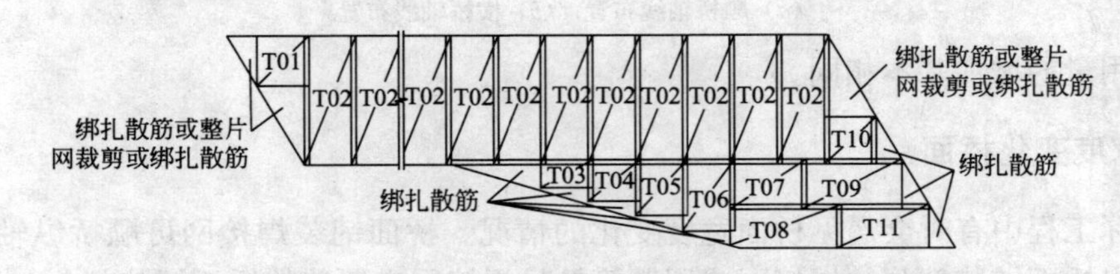

图 5.8-11　深圳西乡桥涵洞顶面车道部分铺装焊接网布置

合成单一配筋焊成一片网，布置在桥面铺装焊接网墩顶处，使用此法布置时需考虑焊网机的制作容量决定焊接网的宽度；二是加强筋与较细成网钢筋焊接成加强网，在满铺焊接网铺设后铺设在桥面铺装墩顶处，安装时架立筋向上。两种布置形式均常用。具体的布置[23]如图 5.8-12 和图 5.8-13 所示。

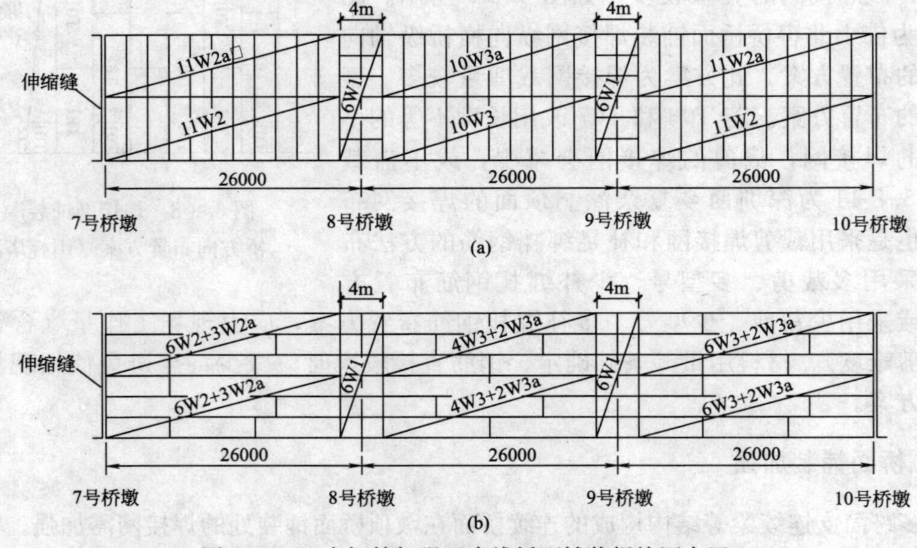

图 5.8-12　有钢筋加强区直线桥面铺装焊接网布置

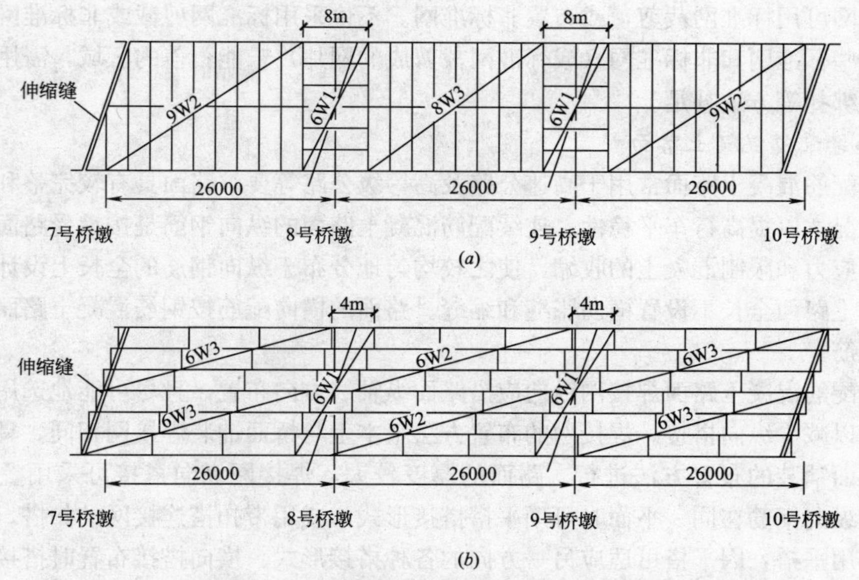

图 5.8-13 有钢筋加强区直线斜交桥面铺装焊接网布置

斜交桥桥面铺装焊接网纵向布置和横向布置的综合加强网布置有些差别。图 5.8-13（*a*）为焊接网横向布置情况，综合加强网区需扩大到覆盖整个墩顶加强区，材料用量将增加。图 5.8-13（*b*）为焊接网纵向布置情况，综合加强网区不需扩大，也不影响其他安装区的安装，有时还有错开搭接位置的作用，但安装时焊接网定位工作量较大。

5.9 路面和地坪焊接网布置

5.9.1 路面

钢筋混凝土路面结构中配置钢筋[6][20]的目的不是为了增加板体的抗拉弯强度，减少路面面层的厚度，而是为了控制路面裂缝的产生和扩展，保持裂缝的紧密接触，使路面具有完整和平坦的行车表面。路面面层（在不产生歧义时亦可简称为路面或面层）表面形状比较规则，面层钢筋焊接网常可采用标准网或准标准网的布置形式。路面的厚度较大，可采用叠搭搭接形式。

1. 钢筋混凝土路面

钢筋混凝土路面常用于道路路面平面尺寸过大或形状不规则、软弱地基路面处理后仍有可能产生明显的不均匀沉陷、路面板下埋设有地下设施（如横穿的涵洞等）等路面面层需要加强的情况。路面面层，常用面层收缩受面层底面摩擦力约束为条件进行配筋计算。路面面层可设计为单层焊接网，也可设计为双层焊接网，视路面面层的具体条件而定。

面层的横向钢筋通常采用和纵向钢筋相同的直径。钢筋焊接网纵向可沿路面纵轴线方向布置，也可横路面纵轴线方向布置。具体布置方法可参照桥面铺装的布置方法进行。路面面层形状不规则时，可先将路面面层划分成规则区和不规则区，分别布置。规则区焊接网尺寸应尽可能地与其他规则路面一致或具有规律性的关系，以使不规则区的规则区部分焊接网尺寸与其他规则路面的焊接网归属于同一系列，采用基本相同的焊接网系列。不规则区焊接网可用标准网裁剪，或布置非标准网。不论采用标准网剪截或非标准网布置，可能还有一些标准网和非标准网（或标准网裁剪成的网片）未能覆盖的区域，需用焊接网裁剪和散筋绑扎等方法补足。

2. 连续配筋混凝土路面

连续配筋混凝土路面常用于高速公路及高等级公路等要求路面具有较完整和平坦的行车表面情况，以提高行车平稳性。连续配筋混凝土路面的纵向钢筋是按承受路面混凝土收缩产生的应力和限制混凝土的收缩，使之较均匀地分布于纵向钢筋的全长上设计的。连续配筋混凝土路面全长不设置横向胀缝和缩缝。路面的横向配筋按钢筋混凝土路面的配筋方法进行配筋。

连续配筋混凝土路面焊接网纵向应沿路面纵轴线方向布置，且尽可能地选用较长的纵向长度，以减少纵向搭接。焊接网的布置方法基本上与桥面铺装焊接网相同，具体布置时可参照桥面铺装的布置方法进行。路面的厚度较大，焊接网纵向搭接可采用叠搭搭接形式，要求纵向钢筋在同一平面时可用平搭搭接形式，或用带扣搭连接网的扣搭。焊接网横向搭接宜用平搭，因平搭可适应另一方向的各种搭接形式。横向搭接布置时搭接位置应错开。纵向钢筋搭接有特殊要求时，应按照有关标准执行。

5.9.2 地坪

钢筋混凝土地坪是铺设在地面上的构件，具有行车、堆放物品及其他的用途。在结构方面，地坪可分为填土地基地坪和地板地坪两种，结构不同，配筋也不同。地基地坪，其使用和受力条件类似于道路路面，通常参照道路路面的方法进行配筋和焊接网布置；地板

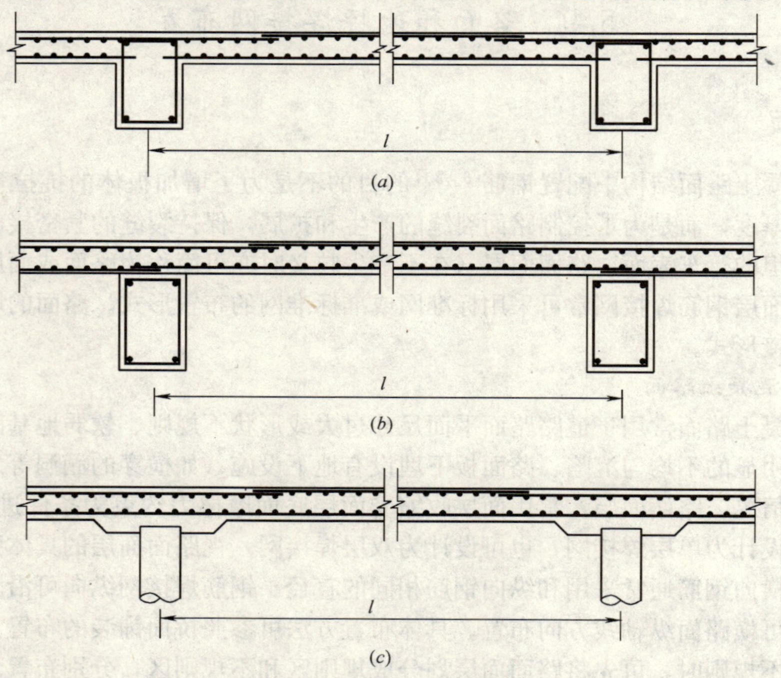

图 5.9-1 双层网地坪布置

(a) 地坪板与梁相连；(b) 地坪板在梁之上；(c) 地坪板下有桩

地坪则应按地板结构进行配筋和焊接网布置。

1. 地板地坪

地板地坪的焊接网布置应根据地坪的结构要求进行。地板地坪焊接网的布置与楼板焊接网的布置基本相同，如图 5.9-1（*a*）。图 5.9-1（*b*）为地板地坪的焊接网布置在梁系上面的布置形式，底层网和面层网均布置在梁上，底层网无插入梁中已安装钢筋的要求，其安装较楼板底网简单得多，若不受焊接网制作的限制，焊接网可多跨布置。图 5.9-1（*c*）为桩基地坪的焊接网布置，其布置也与大板结构楼板及无梁楼板焊接网的布置基本相同。

东莞孙志中厂区建筑物由工厂厂房和宿舍区组成，其地坪的结构类似，属地板地坪。图 5.9-2 为宿舍地坪的焊接网布置。

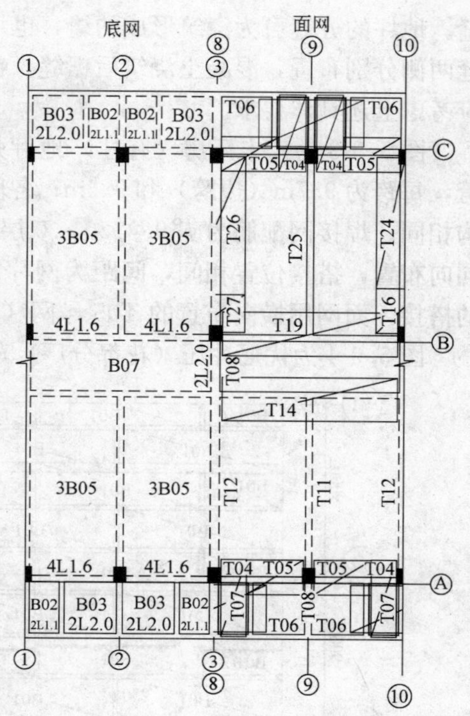

图 5.9-2 东莞孙志中宿舍地板地坪焊接网布置

2. 填土地基地坪

填土地基地坪是设置在按规定的要求填筑地基上的钢筋混凝土板，其工作条件和结构类似于钢筋混凝土路面面层。钢筋焊接网填土地基地坪焊接网使用较多。

钢筋混凝土路面面层的接缝间距一般为 6～15m，混凝土路面面层的接缝间距为 4～6m。这些资料也可作为填土地基地坪防止表面裂缝而设缝或锯缝间距的依据。由于地坪的受力条件和使用条件不尽相同，且使用的地坪厚度较公路路面面层为小，有时也采用双层网配筋。填土地基地坪常采用类似于路面面层的构造措施，但又有特点。例如锯缝下配置焊接网，可起到传力杆和限制裂缝进一步向下扩展的作用，也起到防止缝两侧形成错台的作用。

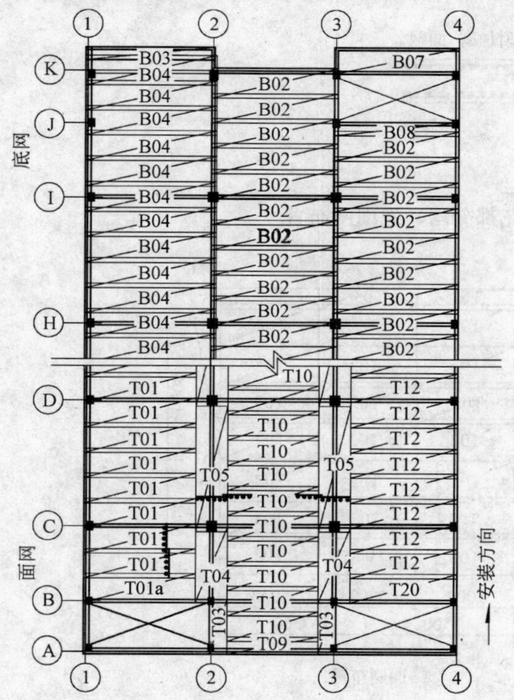

图 5.9-3 广丰厂房地面网布置（有柱）

填土地基上地坪的焊接网布置应根据设计要求进行。布置时可根据地坪的尺寸，确定焊接网的纵向和横向，以及焊接网的尺寸、搭接位置和形式。上下层焊接网可分别采用纵向和横向布置，以错开上下层焊接网的搭接。

地坪的分缝和分缝的构造应根据地坪的使用要求确定。地坪的纵缝和横缝的间距可取为 4～6m，缝可为贯穿缝，也可为局部缝。地坪的分缝可为浇筑形成的缝，也可为锯缝。如焊接网要求不过缝时，则焊接网应在缝两侧分别布置，混凝土浇筑后锯缝。在缝下布置焊接网时，常布置锯缝。焊接网布置时应考虑上述具体要求。

图 5.9-3 为广丰厂房（有柱）地坪焊接网布置图。厂房结构纵向分为 3 段，每段 3 跨，每跨为 9.7m（边跨）和 9.5m；各段横向为 5 跨，每跨为 10.0m。地坪分段与厂房结构相同。焊接网配筋为 $\phi^{R}9@150$，双层双向。钢筋焊接网以段为单元布置，底网和面网同向布置，搭接位置相间，间距为网片宽度的一半，搭接长度为 350mm。为错开与底网的搭接，面网用横向布置的 T05 号网（图 5.9-3）调整。

图 5.9-4 为优尼冲压（花都分厂）车间地坪焊接网布置图。焊接网配筋为 $\phi^{R}7@125$，

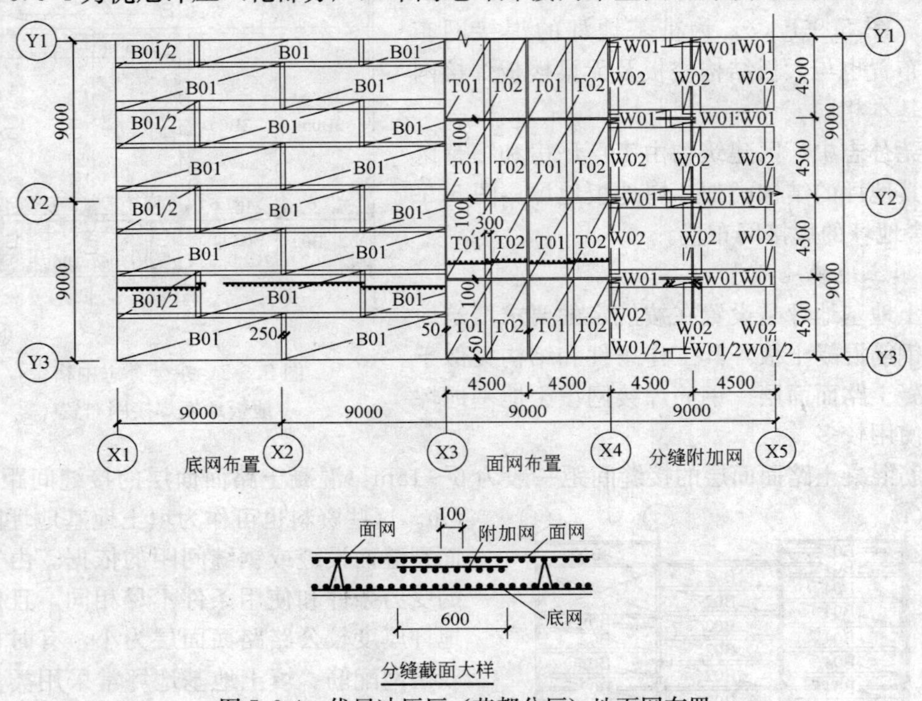

图 5.9-4 优尼冲压厂（花都分厂）地面网布置

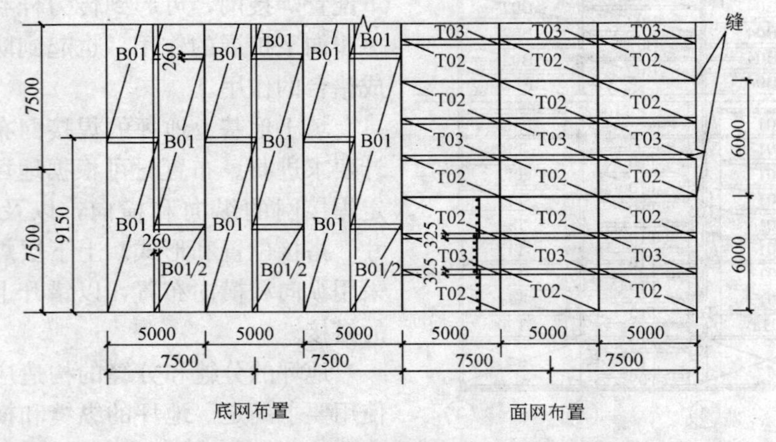

图 5.9-5 风神总装、焊接车间地面网布置

双层双向。底网连续布置，焊接网纵向沿地坪横向布置，搭接（叠接）长度为 250mm。面网按 4.5m×4.5m 布缝，焊接网纵向沿地坪纵向布置，缝下布置有 600mm 宽的跨缝附加焊接网，布置于地表坪面以下 50mm。施工后锯缝，深度 40mm。这是地坪焊接网底网连续布置，面网分缝布置，并在缝下配有防止裂缝向下扩展或缝两侧形成错台的焊接网布置形式。

图 5.9-5 为风神汽车厂总装焊接车间地坪焊接网布置图。焊接网双层布置，配筋为 $\phi^R 7@160$，搭接长度如图。底网布置不考虑分缝，焊接网布置与柱轴线无关。施工时，因焊接网过纵缝有困难，底网改为只过横向缝不过纵向缝的布置方案，如图 5.9-5。面网按 5m×6m 分缝，分缝处面网不搭接。

5.10 其他建筑物焊接网布置

5.10.1 挡土墙

钢筋焊接网可用于现浇或预制的轻型挡土墙[7]，如悬臂式、扶臂式、加筋土式、锚杆式、锚定板式等形式的钢筋混凝土挡土墙中。钢筋混凝土挡土墙由若干个构件组成，各构件分别施工，或按构件的某种组合施工。轻型挡土墙可整体预制（挡土墙较小时），也可按构件分片预制，在现场拼装。挡土墙焊接网应根据挡土墙的受力特点、构件施工组合、施工顺序进行布置[20]。

1. 悬臂式、扶臂式挡土墙

钢筋混凝土悬臂式挡土墙由挡土立壁（挡土面板）、趾板和踵板 3 个悬臂构件组成，底板（踵板和趾板）和立壁常分别施工。扶臂式挡土墙是在悬臂式挡土墙的基础上，为改善立壁和踵板等悬臂构件的受力条件而增设若干片扶壁构成的挡土墙。挡土墙各构件内的钢筋需锚入相邻构件内，其锚固为充分利用钢筋抗拉强度的锚固。这是挡土墙焊接网布置的特点。焊接网的布置类似于折板焊接网的布置，布置时应考虑各构件中焊接网的安装顺序和安装可能性。图 5.10-1 和图 5.10-2 分别为悬臂式和扶臂式挡土墙钢筋焊接网布置图。焊接网纵向配筋和布置有变化时宜附上焊接网纵向布置图。

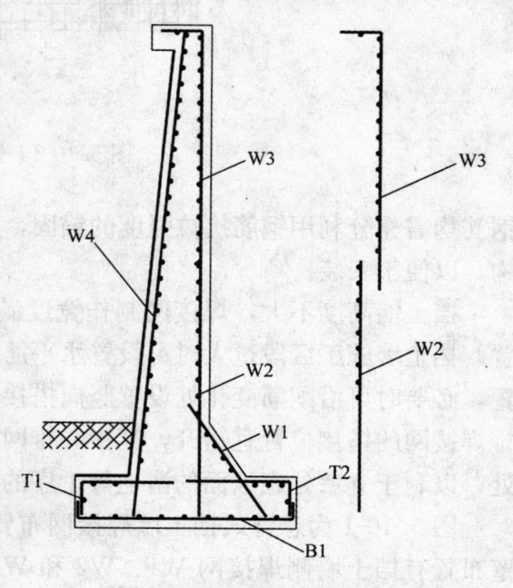

图 5.10-1 悬臂式挡土墙

挡土墙是分区段施工的，焊接网应以施工缝为界进行布置。悬臂式挡土墙底板的后踵板和前趾板均为水平悬臂板，但受力方向不同，后踵板的钢筋布置上侧，前趾板的钢筋布置在底侧。立壁为竖向悬臂板，钢筋布置在挡土侧。立壁竖向配筋量随墙高的变化较大，其配筋可沿高度减少，可用相间钢筋焊接网，也可用在配筋变化处设置搭接的布置方法。有时挡土墙临空面侧亦布置有钢筋网。各构件焊接网

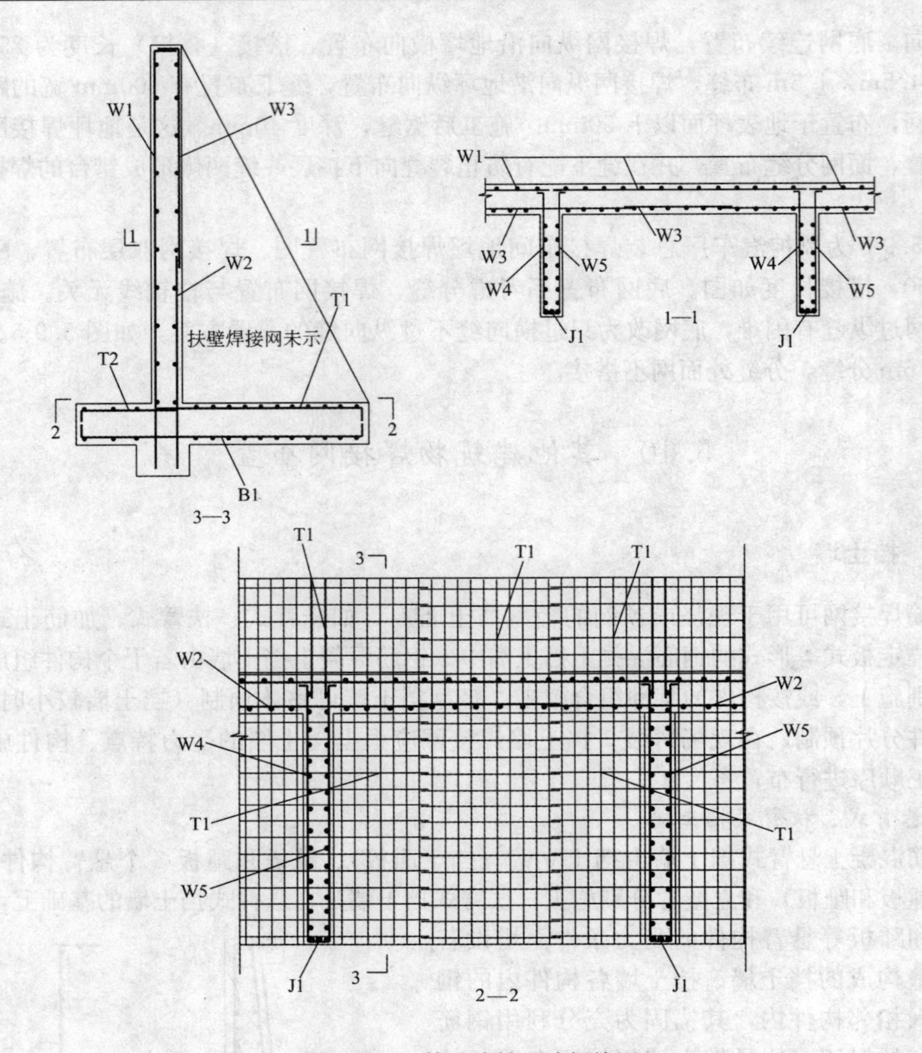

图 5.10-2　扶壁式挡土墙焊接网

钢筋均需充分利用钢筋抗拉强度的锚固，并锚入相应的构件中。焊接网伸出钢筋通常不弯钩，以便于安装。

挡土墙高度不大，焊接网制作宽度满足挡土墙高度要求时，焊接网长方向可水平布置，挡土墙施工区段过大时可设置水平筋搭接。挡土墙高度很大时焊接网长方向需竖向布置，必要时可沿配筋变化处设置竖向搭接。挡土墙立壁临空侧布置有焊接网时，立壁的两排焊接网的搭接位置宜错开，其中一排网的搭接宜在底板之上，另一排焊接网布置于较高处，以利于立壁处底板面的凿毛等工序的操作。

图 5.10-1 为悬臂式挡土墙焊接网布置图。挡土墙底板布置有 B1，面网 T1、T2，立壁布置有挡土墙侧焊接网 W1、W2 和 W3，临空侧布置有 W4。立壁的配筋有变化，W3 配筋较 W2 为小。

扶壁式挡土墙的结构与悬臂式挡土墙略有不同，焊接网的布置亦有差别。图 5.10-2 为扶壁式挡土墙焊接网的布置图。扶壁式挡土墙底板前趾板的受力条件与悬臂式挡土墙相同，可按悬臂式挡土墙的方法布置，前趾板上下层分别布置有 T1、B1 网片。后踵为固定于立壁的悬臂板，布置有 T2、B1 网片。立壁为 3 边固定于底板和扶壁，一边自由的连续板，可参照连续楼板焊接网的布置方法，立壁临空侧焊接网相当于楼板底网（W1），挡土侧焊接网（W2、W3）相当于楼板面网。有时立壁临空面跨中部分不布置网片 W3。扶壁是按立壁为其翼缘为立壁的变截面 T 形悬臂梁构件设计和配筋的。扶壁的斜面侧布置有扶壁受力钢筋（J1），扶壁两侧配置有扶壁侧网（W4、W5），端部用 U 形筋闭口，形成扶壁 T 形梁的箍筋。焊接网布置时将两侧网制作成一片后沿对角线剪截成布置于扶壁两侧的网片（参见图 5.2-20）。扶壁斜面端封口 U 形筋绑扎于两侧焊接网和受力筋上。扶壁式挡土墙立壁和扶壁配筋和焊接网布置如图 5.10-2 所示。

2. 挡土面板

锚杆式挡土墙、加筋土式挡土墙等以锚杆、加筋带等构件锚固于土中的挡土面板，通常为钢筋混凝土构件，可现场浇筑或预制。板内预埋拉环或锚杆锚固预埋件，均有防腐蚀要求。预制挡土面板配筋简单，可按挡土面板尺寸、面板配筋和预制厂的条件，参照连续板的布置方法进行布置。

3. 加筋梯网

加筋土式挡土墙的筋带可制作成长条形的钢筋焊接网，俗称加筋梯网或梯网。梯网的主筋（拉拔筋）的根数、直径、间距，横筋根数、直径、间距等由梯网所承受的拉拔力确定。梯网有防锈要求，需热浸镀锌。加筋梯网的长度随加固土体的尺寸而变化，为使加筋梯网尺寸标准化，可采用标准长度的加筋梯网，以端环连接成所需的长度。以加筋梯网的间距调整加筋梯网的锚固拉拔力，加筋和横筋的直径和间距亦可统一并标准化。表 5.6-1 所列的 1～4 号加筋梯网属标准梯网之列。图 5.10-3 为加筋土式挡土墙构件及其焊接网布置图，加筋梯网形式参见图 5.6-5 所示。

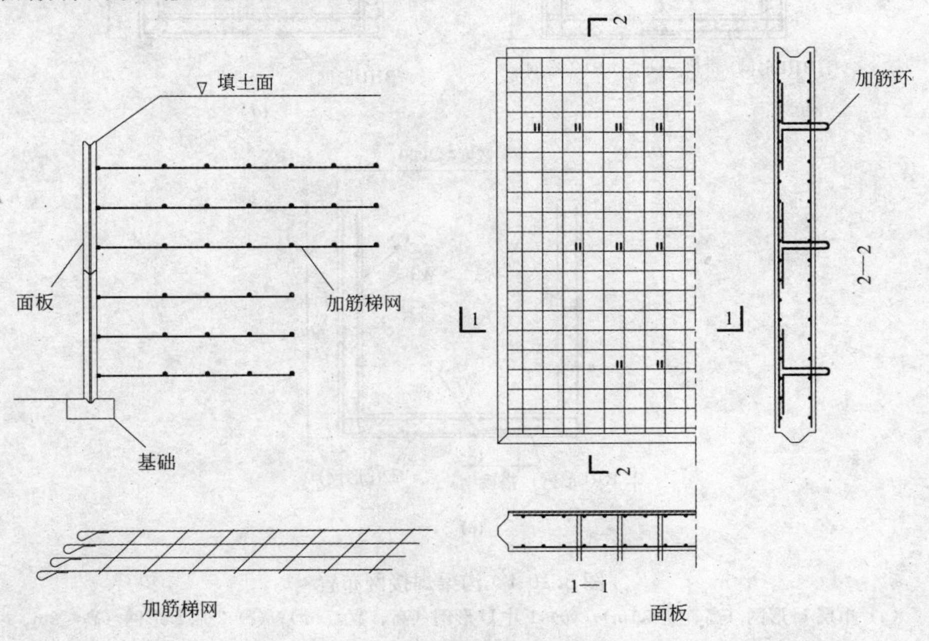

图 5.10-3 加筋土式挡土墙构件及墙面板焊接网布置

5.10.2　沟渠和涵洞

1. 沟渠

沟渠是由底板和两侧墙等构件组成的。钢筋混凝土沟渠的配筋由沟渠的宽度和高度确定。两侧挡土构件类似于悬臂式挡土墙，墙挡土侧受土压力和外水压力，内侧受内水压力，与底板连接处弯矩最大。由于地基反力的作用，底板中部上侧也可能出现负弯矩。沟

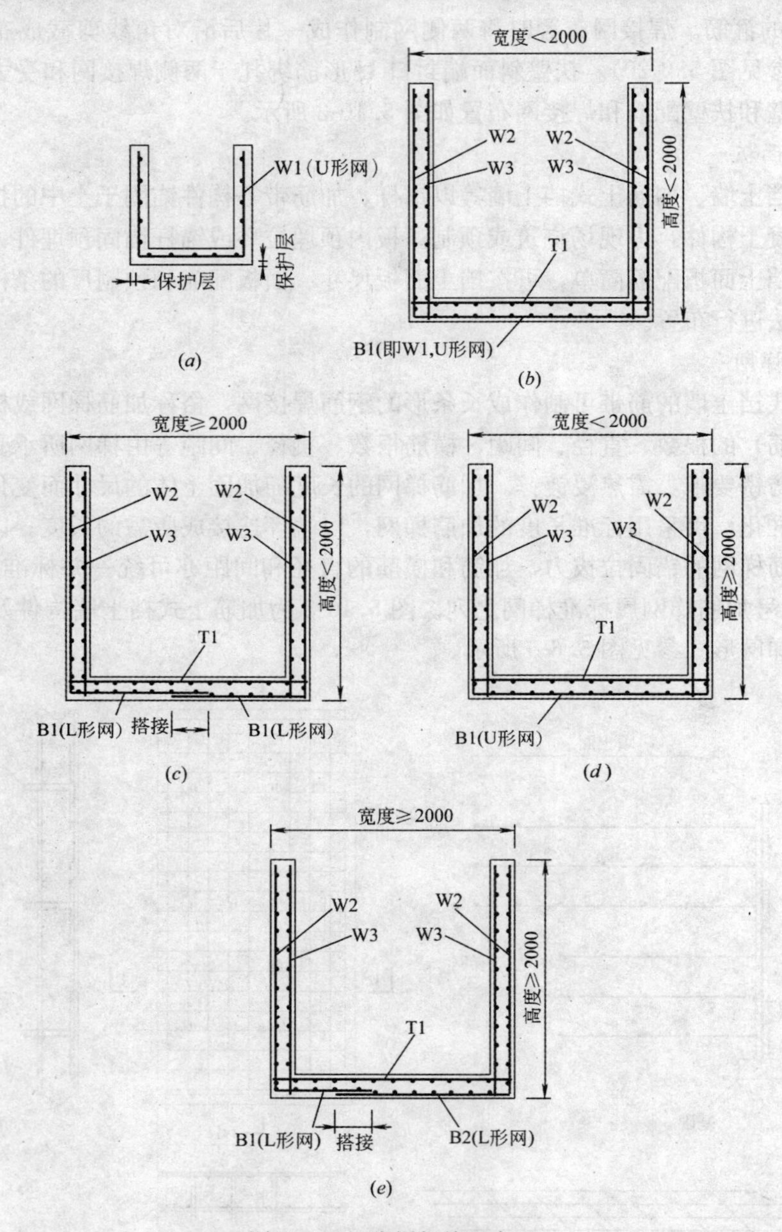

图5.10-4　沟渠焊接网布置

(*a*) 单层U形网（高、宽≤1m）；(*b*) 1片U形网（高、宽≤2m）；(*c*) 2片L形网（高≤2m、宽≥2m）；(*d*) 1片U形网（高≥2m、宽≤2m）；(*e*) 2片L形网（高≥2m、宽≥2m）

渠焊接网布置如图 5.10-4[34] 所示。当渠宽和渠高较小（≤1m）时，可采用如图（*a*）的单层焊接网的布置形式，焊接网布置在挡土侧和底侧，并留足混凝土保护层厚度。底板焊接网制作成 U 形网，延伸至侧墙内。当渠宽和渠高均小于 2m 时可采用如图（*b*）的布置形式。底板底侧可布置 U 形网（B1），并延伸入侧墙挡土侧，墙外侧网为 W2。渠内侧分别布置 3 片网（2 片侧网 W3 和一片面网 T1）。当渠宽大于 2m，渠高小于 2m 时，可采用如图（*c*）的布置形式。挡土侧墙和底板外侧可布置两片 L 形网（B1），渠内侧分别布置 3 片网（2 片侧网 W3 和一片面网 T1）。当渠宽小于 2m 渠高大于 2m 时可采用如图（*d*）的布置形式。其布置类似于图（*b*），侧墙挡土侧 U 形网（B1）之上再布置平面网片 W2。渠高和渠高均大于 2m 时可采用如图（*e*）的布置形式。图（*e*）的布置形式与图（*c*）的布置形式基本相同，仅 L 形网的搭接位置移向挡土侧墙一侧，两片 L 形网尺寸不同（B1，B2）。

2. 矩形箱涵

矩形箱涵为具有上盖的沟渠，但受力条件和结构条件与沟渠不同。按矩形箱涵内力分布情况，箱涵的焊接网可按墙、板（顶板和底板）的中部和角部两个区域进行布置。中部按向内弯曲的板布置焊接网，角部按外侧受拉折板布置焊接网。各部分配筋按设计配筋取用。矩形箱涵焊接网布置如图 5.10-5。矩形箱涵底部角部外侧焊接网布置成 U 形网或 L 形网（图中为两片 B1），箱涵宽度较大时可布置底板底网 B2。相应地顶部角部外侧焊接网布置两片 T2 和一片 T3 箱涵高度较大时可布置墙外侧网 W2。内侧焊接网（T1、W1、B3）插入底板（或顶板或侧墙内）。插入底板内的两排侧墙焊接网 W1 在底板以上宜布置搭接，以便于后续工序（如底板侧墙部分的凿毛等）的进行。顺涵轴线方向的焊接网可顺焊接网的长向或短向布置，视焊接网在箱涵高度方向的宽度（含折弯或弯钩长度）是否超过焊接网制作和运输限制而定。

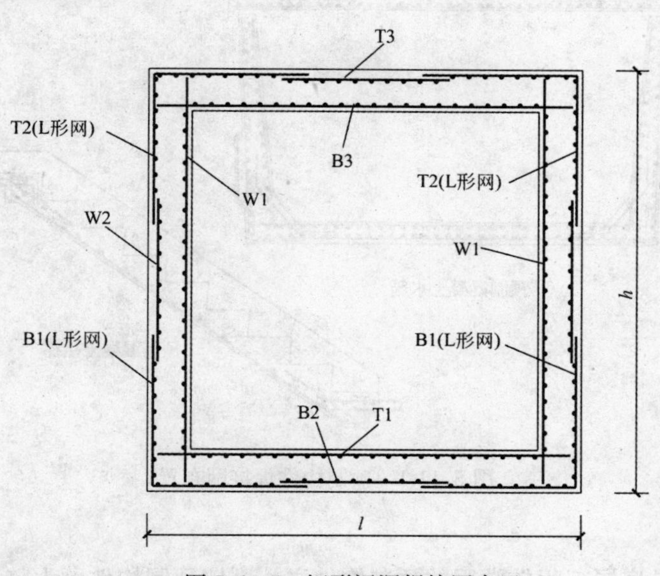

图 5.10-5 矩形涵洞焊接网布置

矩形箱涵现场浇筑时先浇底板，并预埋侧墙插筋（或安装侧墙焊接网）之后安装侧墙焊接网，安装侧墙内侧模板和顶板模板，安装顶板外侧 L 形焊接网和顶板焊接网，安装侧墙外侧模板，再浇筑混凝土。布置焊接网应考虑上述施工顺序。

5.11　预制构件焊接网布置

焊接网在钢筋混凝土预制构件中的应用比较广泛，可根据预制构件的配筋特点，参照前述钢筋焊接网布置方法，结合构件配筋特点和工厂内安装条件布置。预制构件尺寸一般较小，又具有在工厂内较优越的安装条件，预制构件的焊接网可按较方便的顺序和方法，以施工现场难于实现的方式在工厂里安装，焊接网的布置可采用更为简化的方法，达到简化工厂内预制构件制作的目的。某些预制构件焊接网布置如图 5.11-1 所示。

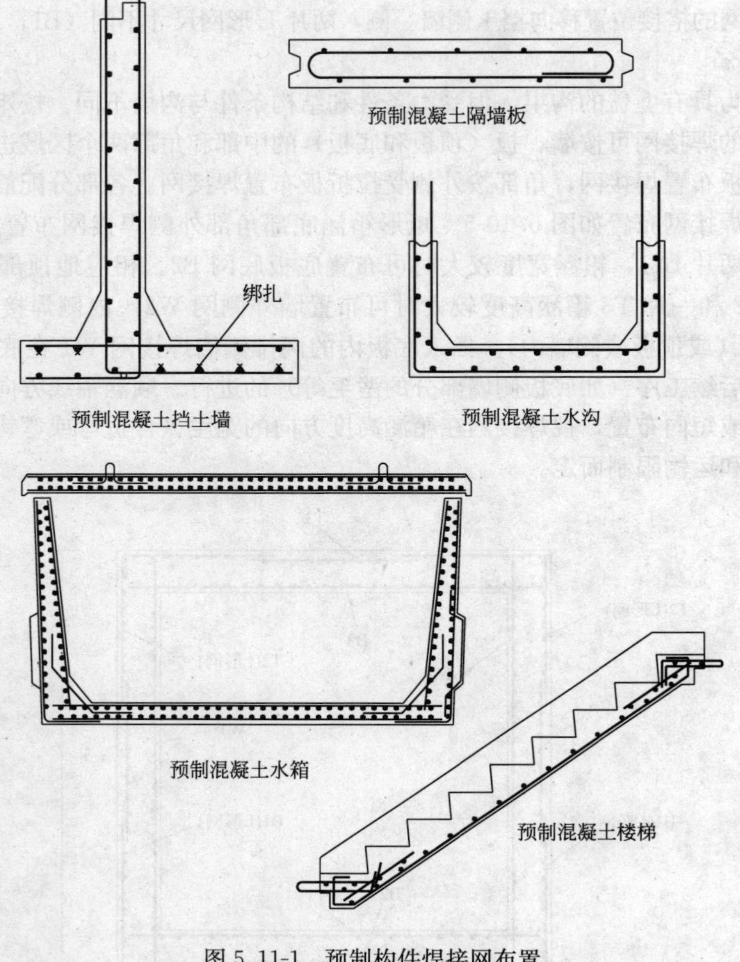

图 5.11-1　预制构件焊接网布置

1. 房屋构件

房屋墙构件是房屋工程较常用的预制构件之一。墙预制构件可为整片墙，也可为开有门、窗及其他孔洞的墙。房屋墙预制构件焊接网的布置方法可参照现浇剪力墙焊接网的方法进行。由于构件在工厂预制，可用在施工现场难于实现的安装方法进行，焊接网布置可大为简化。除墙构件外，还有楼梯、飘板、挂板等构件均可在工厂预制。

2. 市政工程构件

市政工程用的预制构件类型较多，如公路隔离墩、整体排水沟渠、排水沟渠构件、电缆构、沟盖板、涵洞、隧道衬砌拱片、挡土墙、挡土墙构件等。这些预制构件用的焊接网，有的需加工成一定的形状，如公路隔离墩用的焊接网，大部分构件的焊接网是平面的，或折弯成某一角度，焊接网的布置较为简单。可参照相应的现场浇筑构件的焊接网布置方法，考虑工厂的具体条件进行布置。

3. 桩管

桩管是中空的钢筋混凝土构件，螺旋式钢筋笼在焊接成型前已经设计好，焊接网的布置与焊接网的设计已同时完成，一般不进行单独的焊接网布置设计。

第 6 章　钢筋焊接网施工

钢筋焊接网施工过程是指钢筋焊接网制作完成后直至安装后的安装质量检验完毕的整个过程，包括钢筋焊接网制作（含厂内的产品质检）完成后焊接网分拣（分网）、存放、运输、安装、安装前后的检查和验收等内容。

6.1　钢筋焊接网的存放和运输

钢筋焊接网在工地安装之前，需经历存放和运输等过程。若存放和运输中处理不当，将直接影响到焊接网的安装效果和质量。

钢筋焊接网的存放和运输工作包括：按安装分区和安装顺序分为分网、工厂内存放、运输、现场存放（不马上安装时）、运至工作面等过程。定型网和定制网的特点不同，在存放和运输过程中的处理方法也不同。

6.1.1　分网与存放

1. 分网

制作完成后的焊接网需按型号、安装分区和安装顺序的要求，将同型号的或同安装分区的网片分捡出并堆放在一起，此工序即为分网（亦称拣网）工序。这是焊接网存放前需进行的一道工序。各种类型焊接网的分捡无太大区别，但仍存在一些差别，一般可按标准网、非标准网和成形网分网。

（1）标准网

标准网、准标准网或型号少批量大的非标准网，可按型号分网。分网时，按同型号20～30 片（1～2t）网为一批分出，码放整齐，捆扎并系挂标有明显标志的标识牌后，按使用网片的顺序存放于预定的地点。分捡工作（需分捡时）在网片运抵工地后再按施工区段或安装分区进行。施工区段或安装分区较小，运输距离较近时，亦可在工厂按施工区段或安装分区分网，将施工区段或安装分区内焊接网型号和数量分捡出来，捆扎后存放于预定的地点。

（2）非标准网

非标准网型号较多，每个型号片数很少，需按安装分区和安装顺序分网。楼板焊接网还需按底网和面网分别分网。焊接网分网后码放整齐，捆扎成捆，并系挂标有明显标志的标识牌，必要时应加刚性支撑或支架。每捆的重量，考虑常用吊运设备的起吊能力，常取为 1～2t，以便吊运至安装现场。

图 6.1-1～图 6.1-5 分别为标准网、梯网、格网等的现场堆放情况。

图 6.1-6 为非标准网（定制网）的现场堆放情况，图中仅示其一角，以示定制网型号多，每种型号片数少的特点。

图 6.1-1 标准网待运

图 6.1-2 标准网片堆放

图 6.1-3 梯网（镀锌前）堆放

图 6.1-4 梯网（镀锌后）堆放

图 6.1-5 格网堆放

图 6.1-6 非标准焊接网标识

（注：标识牌系于相应焊接网上，非标准网型号多，标识牌多，数量少）

(3) 成形网

成形网体积较大，体形复杂，一般按型号分类存放，以节省堆放空间。

2. 存放

网片捆应按现场安装顺序或供货顺序存放，先使用的后存放。网片捆叠垒时应摞稳，小捆应摞在大捆之上。存放后应系挂明显的工程名称和相应的施工分区标识牌。组织存放时，尚应考虑焊接网运出条件和顺序，以便于按供货顺序出库供货。

成形网存放时，宜采用减少存放空间的方法叠垒。如角网可若干片叠垒在一起，槽网可互相扣放等。如图 6.1-7。

图 6.1-7 网片的叠垒

焊接网存放处须防雨、防潮，以防锈蚀。在分网、厂内运输和存放过程中应避免使焊接网弯折、变形、损伤或造成影响焊接网安装质量的损坏。

6.1.2 运输

焊接网应根据工程施工计划和安排，按工程分区或安装分区组织运输。在运输和倒运中应防止焊接网的弯折、变形、损伤和开焊。

工程使用的焊接网为标准网、准标准网或型号少批量大的非标准网，运输距离较远时，常采用按焊接网型号组织运输。视工程规模和焊接网的使用量，确定运输的批次。焊接网使用量不大时，可组织一次性运输，将焊接网一次运完。焊接网使用量很大，且分施工区段、分时段使用时，则需分批组织运输。运输时，焊接网型号需按施工区段，分时段配置好，同区段、同次安装的焊接网型号同次运输。大批量运输的焊接网，有时还需在安装现场分网后组织安装。

非标准网的型号多批量少，常按安装分区和安装顺序组织运输。此类工程常为供网时间长，一次供网量少，运输距离较近的工程。每次供网常按一次浇筑混凝土面积上所需的焊接网供应，此面积可包含一个或多个安装分区。焊接网可一辆或多辆汽车运输；底网和面网可同时运输或分次运输，视运输量而定。因面网在底网安装好之后安装，分次运输时需先运输底网。

成形网装车时可摞高，尽量利用车箱空间。

组织运输时，可选用货车、挂车或火车等运输工具。货车运输钢筋焊接网的长度通常为 6m，拖车或火车运输时钢筋焊接网的长度可达 12m。

运输装车时，应码放整齐。单型号焊接网装车较方便，易于摞放整齐；多型号焊接网装车时，大尺寸网片应装放在下层，按尺寸大小顺序装车，避免网片捆间的滑移和下滑，必要时可在焊接网捆间插入钢筋防滑。焊接网需牢固地固定在车上，用钢丝绳固定焊接网时，应避免损伤焊接网。

图 6.1-8 所示为现场货车运输及运至工地垂直吊运情况。图 6.1-9 所示为现场挂车运输情况。挂车运输时应严格控制焊接网宽度不超过运输限宽。焊接网长度可适当加长，可达 12m，每车可装一摞焊接网，一般可装 2 摞或 3 摞。

图 6.1-8 货车运输与垂直吊运
（注：焊接网有序地装车，焊接网码放整齐、稳定，可增加单个车次的运输重量）

图 6.1-9 挂车运输
（注：常用于长距离运输，网片宽度应满足运输限宽）

运输时间较长且对焊接网有防护要求时，常用集装箱运输。图 6.1-10 所示为标准网集装箱运输，图 6.1-11 所示为格网集装箱运输，均为运往国外的运输方式。

图 6.1-10　标准网集装箱运输

图 6.1-11　格网集装箱运输

焊接网运至工地后，应及时吊运至安装现场，并组织焊接网的安装工作，不得已时才在工地存放。存放位置应选择在吊装设备附近，避免过多的倒运过程，造成焊接网的变形和损伤。存放要求与厂内同。

图 6.1-12 所示为焊接网垂直吊运至安装现场情况。用 4 根钢丝绳吊运是安全的，且可防止焊接网变形。

钢结构楼房主体结构的安装有一定的特殊性。主体结构的安装次序会影响焊接网的吊运和安装。结构逐层安装，或柱多层安装，楼板结构逐层安装，楼板和墙混凝土逐层浇筑时，焊接网的安装与钢筋混凝土结构的安装相同。结构多层安装时，楼板结构可预留吊运焊接网的孔洞，吊运焊接网后再安装。也可用如图 6.1-13 的方法吊运焊接网。上述两种方法都要增加焊接网的人工倒运工作量。

图 6.1-12　钢网吊运至楼面

（注：垂直吊运时需用 4 根钢丝绳，以免焊接网变形）

焊接网运至安装现场卸货时，应直接按安装分区和安装顺序逐捆吊运至安装地点，如图 6.1-14 所示。卸网点应根据安装计划就近选定，避免卸网点压住需先安装的安装部位、远距离人工水平抬运或重复倒运等情况，以提高安装效率。

图6.1-13　标准网吊运至钢结构楼面

图6.1-14　标准网吊运至钢结构楼面
（注：焊接网吊至楼面边，再倒运至安装位置）

6.2　安　装

钢筋焊接网的安装就是在施工现场将钢筋焊接网放置在焊接网覆盖的安装区内的设计位置上，并满足锚固、搭接等安装要求。在进行焊接网的布置设计时，已充分考虑焊接网安装的可行性，但还需按设计要求制定相应的安装方法和顺序。

各种建筑物构件的受力条件不同，焊接网的布置各有特点，安装要求和方法也有较大的差别。施工单位应根据构件焊接网布置的特点，结合具体的施工条件，制定出具体的施工方法和措施，并严格实施，以提高质量和安装效率。

钢筋焊接网安装前应完成相应的准备工作，包括根据钢筋焊接网布置图和现场实际条件制定焊接网安装的施工计划和方法，要求操作人员熟悉焊接网布置图、安装方法和顺序，在安装面上做必要的焊接网位置的标记，清点运到工地的焊接网，检查焊接网安装前的其他工序是否已完成等。

6.2.1 基本安装方法和顺序

1. 焊接网搭接安装

焊接网搭接形式有叠搭、平搭和扣搭三种形式。搭接形式不同，安装方法和顺序也不同。

叠搭法是常规的搭接方法，安装方法简单，安装顺序较自由。安装时将后安装的网片按所要求的搭接长度叠放在已安装的网片上即可。一般情况下，焊接网可自某一始点开始安装，将第①片网片安装在设计位置上，第②片网片始端叠在第①片网片的末端上所要求的搭接长度，依此类推。如图 6.2-1（*a*）和图 6.2-1（*b*）所示。

平搭法安装时，将第①片网片安装在设计位置上（第①片网片始末端已焊足横筋），第②片网片钢筋长伸出端（未焊若干横筋端）平放在第①片网片（有横筋端）对应钢筋侧旁，安装顺序有严格要求。若按上述顺序安装，平搭安装与叠搭安装一样方便，如图 6.2-1（*c*）和图 6.2-1（*d*）。否则，若先安装第②片网片，则需将第②片网片抬起，再把网片插入第①张网片搭接位置之下，非常不便，有时甚至是不可能的（如焊接网侧边钢筋有伸入已安装钢筋中、双向搭接、混合搭接等情况时）。

扣搭法是将两片焊接网的横向钢筋互相扣住的一种搭接方法。为了达到此目的，安装

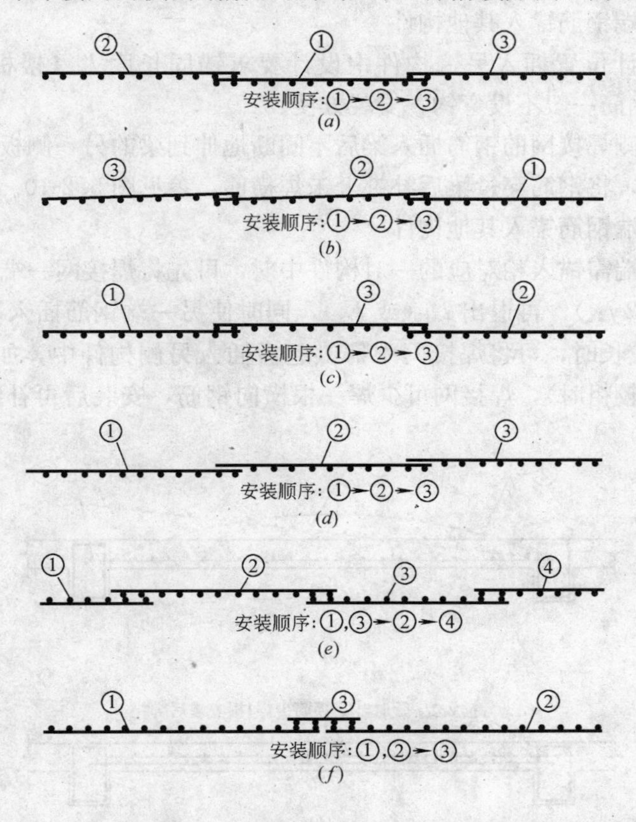

图 6.2-1 焊接网各种搭接形式安装顺序
（*a*）叠搭（1）；（*b*）叠搭（2）；（*c*）平搭（1）；
（*d*）平搭（2）；（*e*）扣搭；（*f*）扣搭（加附加连接网）

第①片网片之后，将第②片网片翻面并使其始端扣在第①片网片末端上所要求的搭接长度，安装第③片网片时须将第②片网片末端抬起，将第③片网片始端插入第②片网片末端之下所要求的搭接长度。扣搭搭接也可用下法安装，先将第①、③、⑤……片网片置于设计位置上，再将第②、④、⑥……片网片翻面，将其始末端安装在第①、③、⑤……片网片相应的始末端上，如图 6.2-1（*e*）。当焊接网需插入一对梁支座中（如安装楼板底网）时，必须采取后种安装方法。否则，由于梁箍筋的限制，难于安装。搭接处加扣搭连接网的扣搭法，如图 6.2-1（*f*）。安装时将第①、②、③……网片按顺序置于其位置上，然后将连接网置于它们的连接处即可。此种搭接方法需增加一倍的搭接材料用量，仅在必要时采用。扣搭法安装不便，除在有连接网等特殊情况用扣搭法外一般不采用。纵向和横向均采用扣搭法的焊接网其安装是不可能实现的，扣搭法只能用在一个方向上，另一方向的搭接采用平搭才能实现。安装时，需按相应的搭接形式的安装顺序安装。

2. 锚固安装

钢筋焊接网的锚固是焊接网构件与其他构件的连接措施，也是焊接网钢筋发挥其作用的条件。锚固可分为受力锚固和构造锚固。两种锚固的形式和要求不同，应按布置图的要求进行安装，但安装方法和顺序基本上是相同的。焊接网钢筋插入构件已安装钢筋内有一定的难度，此时锚固钢筋通常是不弯钩的。

（1）焊接网一端钢筋锚入其他构件

将焊接网在设计位置插入另一构件中设计要求锚固长度 l_a（楼板底网时为 l_{as}，下同）。插入的带肋钢筋一般不设弯钩，安装方便。

有时要求梁一侧焊接网的钢筋插入梁后不间断地伸到梁的另一侧板中，此时焊接网一端若干条横筋不焊，将钢筋穿过梁后补绑上未焊横筋，参见图 5.2-10。

（2）焊接网两端钢筋锚入其他构件

安装焊接网两端需锚入相对应的一对构件中时，可先将焊接网一端伸出钢筋插入需连接的构件 2 l_a（或 2 l_{as}），再退出 l_a（或 l_{as}），同时使另一端钢筋插入对侧构件中 l_a（或 l_{as}）。需插入钢筋较长时，可将焊接网中部拱起后插入另侧构件中，如图 6.2-2（*a*）。拱起有困难时（钢筋较粗时），焊接网可少焊一根横向钢筋，安装后再补绑扎少焊的横向钢筋，如图 6.2-2（*b*）。

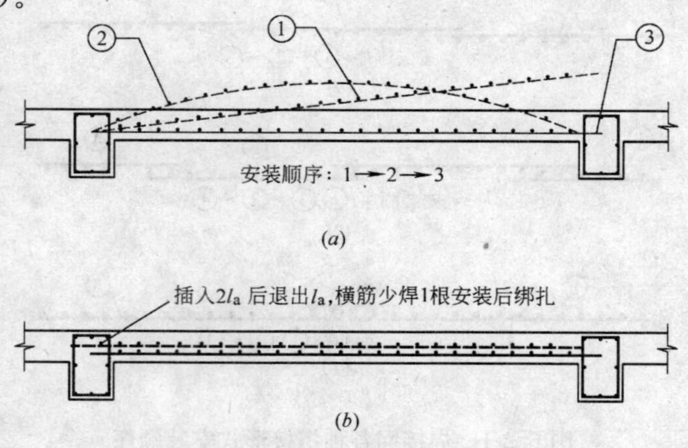

图 6.2-2　焊接网直筋锚固定装顺序

（*a*）网片刚度较小时；（*b*）网片刚度较大时

图 6.2-3 所示为底网两端入梁的现场安装。底网一端钢筋入梁后拱起，底网另一端钢筋再入对侧梁中。

图 6.2-3 楼板底网安装

（注：底网钢筋插入一侧梁内后，再起拱插入对侧梁内）

（3）焊接网相邻侧钢筋锚入其他构件

焊接网相邻侧钢筋同时锚入已安装钢筋的其他构件是不能实现的。焊接网布置时已采取具体措施使之得以实现。措施之一是采用连接网，将焊接网邻侧锚入其他构件的钢筋截取出来，焊成连接网（长度需加与原焊接网钢筋的搭接长度），原焊接网与连接网分别锚入相邻的构件中。此情况较多，较典型的例子为楼板底网情况。从焊接网分出两片锚入相邻侧构件的连接网，并搭接于原焊接网上，将四周锚入梁中的焊接网变成锚入一对梁中的原焊接网和锚入邻侧一对梁中的两片连接网。安装时，先安装两端锚入一对梁中的焊接网，再安装连接网，连接网钢筋与所连接的钢筋安装在同一平面内。楼板面网、剪力墙内排网、面网与柱的连接等都可用类似的方法实现锚入邻侧构件的要求。

以楼板面板局部降低为例（底网、面网钢筋均需插如四周梁中），说明此类锚固的安装方法。图 5.4-33 反映了楼板底网和面网的安装方法和顺序。面网为受力锚固，锚固长度较大，有时还另有特殊要求。底网则为构造锚固，锚固长度较小。图 5.4-33 为下凹板板侧无梁筋，焊接网按板上下侧布置连接网，左右侧直接安装布置的。底网安装时，先安装 B1，再安装 L1。面网安装时，先安装 L2，再安装 T1，再安装 B2 及另侧的连接网（见 3-3 剖面）。有暗梁剪力墙的内排网过暗梁的安装类似于上述方法，先安装内排网 W1，再安装竖向连接网 L。

与柱连接的面网的各种安装情况参见图 5.4-37。焊接网与柱的连接可为焊接网锚入柱内情况，更多的为焊接网过柱（穿柱）情况。锚入柱内时，焊接网端部钢筋直接锚入柱内即可。焊接网过柱时常采用整网套柱、分片套柱、分片插入柱内等安装方法。整网套柱是较有利的焊接网与柱连接方法，但由于伸出柱筋的限制，不常采用。

（4）有弯钩钢筋锚入其他构件

带弯钩的焊接网难于插入其他构件已安装钢筋中，焊接网布置时已避免这种情况。因此，有弯钩焊接网通常布置在构件表面，安装时一般是用扣在已安装钢筋或焊接网之上

（如面网、墙网面排网等）的方法安装，如图 6.2-4（*a*）和图 6.2-4（*b*）所示。两端有弯钩的焊接网一般也可用上述方法安装，如图 6.2-4（*c*）所示。在焊接网需锚入有竖向钢筋向上伸出的构件（如墙等）安装不便时，可将此片网分成两片，变成一端有弯钩的两片网，在分割处搭接，按一端有弯钩的焊接网安装，如图 6.2-4（*d*）。有弯钩剪力墙焊接网通常为面排网，有一端弯钩的，亦有两端弯钩的。一端弯钩时，剪力墙网无弯钩端先插入剪力墙（通常为剪力墙 L 形或 T 形暗柱、端柱内侧网等），再将有弯钩的另一端扣在剪力墙的另一端（通常为剪力墙暗柱端），如图 6.2-4（*e*）。

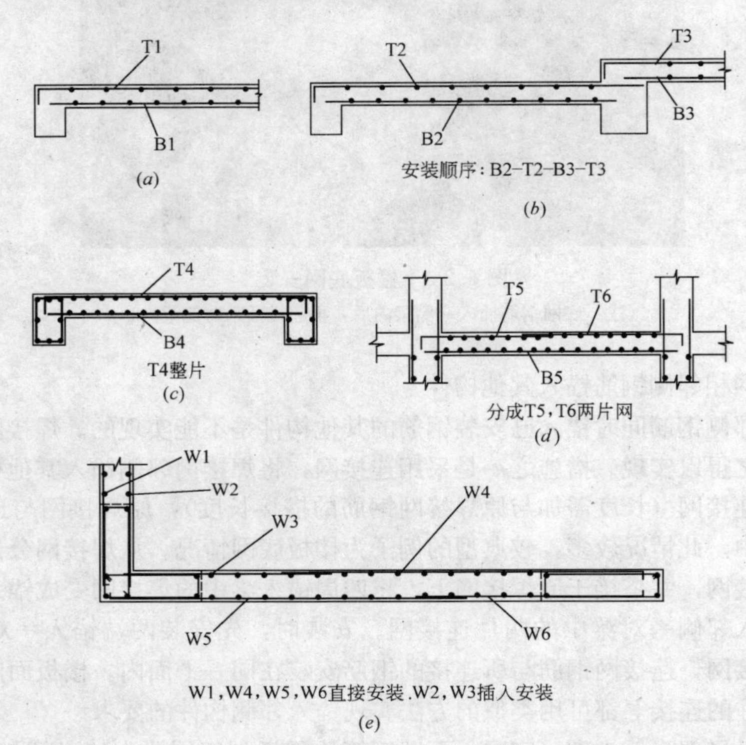

图 6.2-4　有弯钩焊接网安装

（*a*）一端弯钩；（*b*）露台面网（一端弯钩）；（*c*）两端弯钩网面网；（*d*）两端弯钩（两墙间）面网；（*e*）剪力墙两端弯钩焊接网

3. 常规焊接网的安装

常规焊接网为纵向和横向都按配筋要求配置钢筋，其四周可与或不与其他构件或焊接网连接。焊接网周边与其他焊接网的连接即为焊接网之间的搭接；周边与其他构件的连接即为焊接网的锚固。不同连接条件焊接网的连接方法不同，安装方法亦不同。

道路路面、地坪、桥面铺装、防裂网等，只有焊接网之间的连接要求，可按前述搭接的安装方法和顺序安装。只要按照规定的方法和顺序安装，焊接网的安装都能实现。采用平搭时，改变安装次序（如增加安装工作面）时，网片型号和安装顺序略有变动，应重新布置焊接网，按新布置图要求进行安装。

周边需与其他构件连接的焊接网的安装，如楼板、剪力墙、各种构筑物等的焊接网，除了焊接网之间的连接（搭接）要求之外，还有与周边构件连接（锚固）的问题。使用前述锚固的安装方法已可基本解决大部分有周边连接的焊接网的安装问题。此外，还有一些情况需用与具体周边连接条件有关的特定方法安装。具体构件焊接网的安装方法和顺序在以下具体的各项安装项目中说明。

4. 双层组合网的安装

组合网只有一个方向配置有受力钢筋，搭接的类型和数量、焊接网邻侧锚固等安装问题不存在，或相应地减少和简化，安装较为方便。这是使用组合网的主要原因之一。

双层组合网 A 的安装参见图 5.1-8，应先安装设计要求钢筋（短跨钢筋）安装在下侧的下层网 B1，再安装上层网 B2，安装方法与常规底网的安装方法相同，一般不需用少焊横筋，焊接网不拱起，插入梁一侧 $2l_{as}$后，退出 l_{as}，并插入另一侧梁中 l_{as}。安装时应使焊接网在准确位置上就位，使横向网和纵向网组合成的组合网满足所要求的配筋。

图 6.2-5 所示为双层组合网的现场安装，第 1 层网片已安装，正在调整第 2 层网的位置。

图 6.2-5 组合网安装

（注：第 1 层网片已安装，正在安装第 2 层网片）

双层组合网 B 的安装参见图 5.1-9 布置图，先安装长跨网 B1、B2，长跨网的长跨钢筋在下层，并插入短梁中，再安装短跨网 B3、B4。B3、B4 的搭接为平搭，短跨网的短跨钢筋在下层，并插入长梁中，使短跨网的短跨钢筋与长跨网的短跨钢筋在同一平面上。安装时，应使钢筋间距均匀，入梁锚固长度达到设计要求。采用与上述方法相反的安装顺序也是可行的，即先安装短跨网，再安装长网，此时长跨构件在同一平面上。但常以短跨钢筋在同一平面为宜，后者不常采用。

多层组合网的安装方法与双层组合网基本相同，特殊情况将在具体的楼板焊接网安装中说明。

5. 焊接网的裁剪

构件不规则面内焊接网的安装，有时需在现场进行焊接网的裁剪。焊接网的现场裁剪应按焊接网布置图的要求进行。若焊接网的裁剪是在工厂内进行，此裁剪属焊接网布置设计内容，并应反映在布置图中，安装时按布置图的要求安装。有时焊接网是按标准网订货，在现场组织安装。此时施工单位亦应按设计要求的方法进行安装，应尽可能地采用规则的裁剪方法，使剪截下来的焊接网能用于其他适当的部位。设计时应考虑搭接形式和留

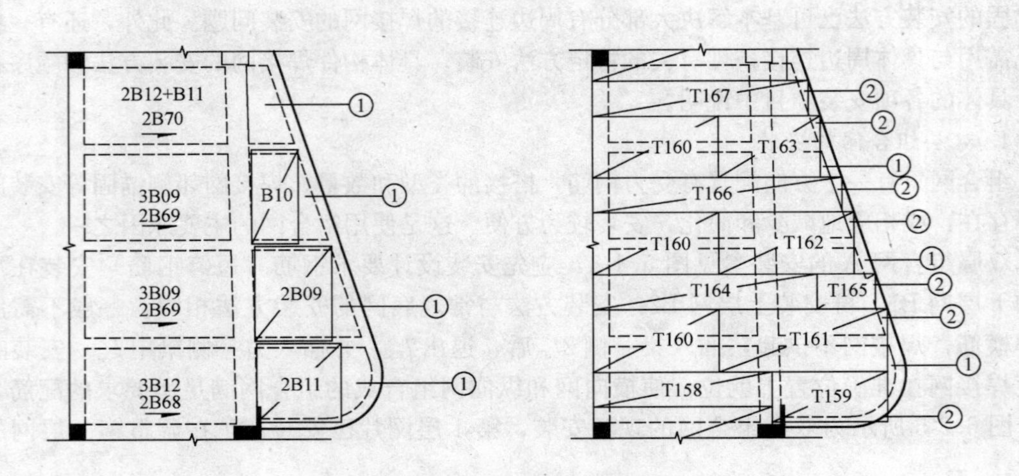

图 6.2-6 焊接网安装时的裁剪和绑扎钢筋

①—绑扎钢筋；②—网片裁剪

足搭接长度。图 6.2-6 为焊接网裁剪的例子。此时，仍需说明，应尽量减少在安装现场的裁剪工作量，特别是大直径钢筋的裁剪量。

6. 固定

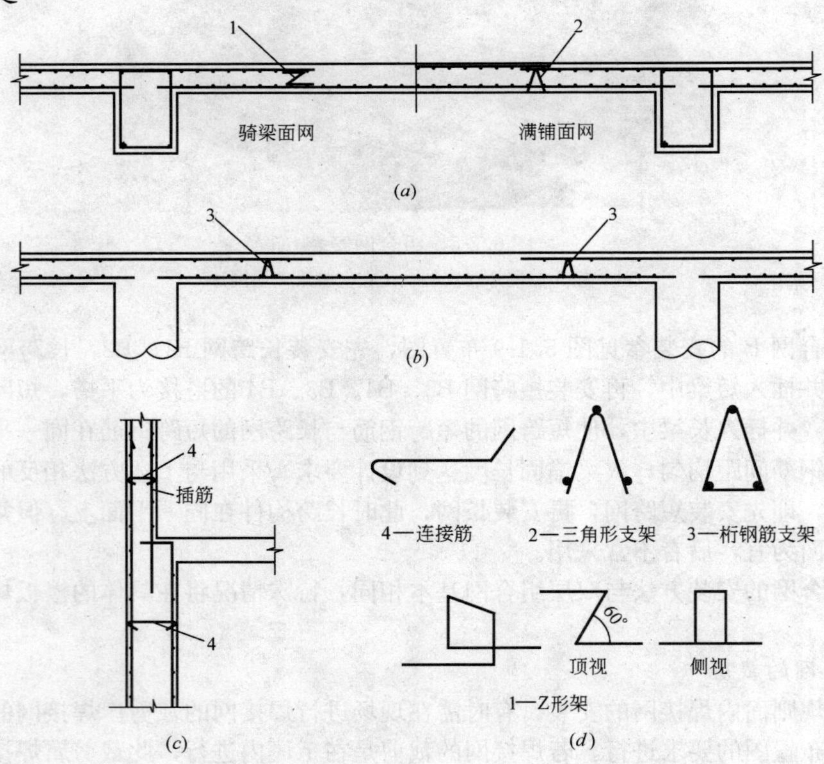

图 6.2-7 焊接网固定位置及器具

(*a*) 常规面网固定支架布置；(*b*) 大直径面网固定支架布置；

(*c*) 剪力墙网联系筋固定；(*d*) 常用焊接网固定支架

钢筋焊接网的固定就是将安装就位后的焊接网固定下来，使之不易在后续的施工中变形和移位。焊接网固定方法和器具与绑扎钢筋基本相同，但固定位置和数量较绑扎钢筋少得多。焊接网常用的固定器具和安装位置如图 6.2-7 所示。焊接网安装就位后的焊接网间亦需固定，如楼板焊接网搭接处、连接网处、双层组合网钢筋交叉处，以及确定位置后的Z形支架（安装在底网之上）等处，应用钢丝扎牢固。搭接区内不超过 600mm 的间距应采用钢丝绑扎一道，连接网与焊接网连接处应相间地用钢丝绑扎，插筋及构件接长处的钢筋应与焊接网相应钢筋绑扎，至少绑扎两道。板面网应在两端沿长度方向（梁方向）每隔600～900mm 设一 Z 形支架。紧靠构件表面的钢筋焊接网应设置与混凝土保护层相当的塑料卡或水泥砂浆垫块固定焊接网位置。双向板底网（或面网）为双层或多层组合网时，两层或多层焊接网间钢筋宜绑扎定位，每 $2m^2$ 不宜少于 1 个绑扎点。当双层组合网的重量很大时，焊接网的固定器具可采用桁架式支架。

应验算固定用支架的高度 h。不同搭接方法的支架高度不同。如图 6.2-8 所示。

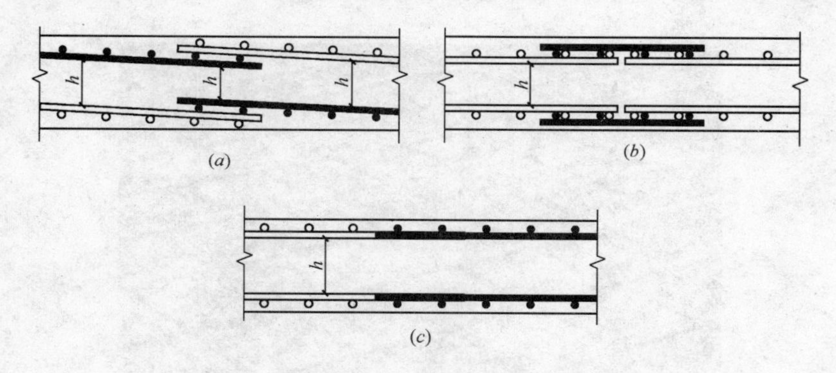

图 6.2-8 固定用支架高度计算

(*a*) 叠搭；(*b*) 扣搭；(*c*) 平搭

图 6.2-9 所示为Z形支架固定面网情况。该Z形支架较长，置于底网之上，且绑扎之。图 6.2-10 所示为三角形支架，安装方法与 Z 形支架相同，但较 Z 形支架为稳。图 6.2-11 所示为塑胶垫卡，用它替代混凝土垫块，可使钢筋的混凝土保护层厚度更为精确，且不易移动和压碎。

图 6.2-9 焊接网固定（Z形支架）

图 6.2-10　焊接网固定（三角形支架）

图 6.2-11　塑胶垫卡

6.2.2　楼板焊接网

楼（屋）盖楼板钢筋焊接网的安装顺序一般为：安装前检查→安装底网→固定底网→安装预埋管线和预埋件模板→安装面网支架→自检→安装面网→固定面网→检查验收。

1. 底网

楼板底网的安装在梁柱钢筋和楼板模板安装和检查完毕之后进行。底网常以梁格为单元进行安装。

（1）单向板

单向板的搭接一般为叠搭，安装时可从板区格的一端开始依次序向另一端安装，焊接网短跨受力筋在下，并插入相应的一对梁中（见安装基本方法）。因网片插入一对梁中后，受已安装梁箍筋的限制，网片位置调整幅度很小，安装时应准确地安装在焊接网的位置上，使搭接位置和长度满足要求，防止安装不准确和积累误差的出现而需返工现象。在模板上先标注焊接网的安装位置后安装，可使焊接网安装准确到位。有时可能会出现某根或几根箍筋妨碍焊接网钢筋插入，或撬动梁箍筋位置后插入。之后，将两片连接网分别插入另一对梁中所需的长度，且使插入梁中的连接网钢筋与焊接网的横向钢筋在同一个平面上。参见图 5.4-1。

（2）双向板

双向板的安装顺序应保证在跨中 1/3 内短跨受力钢筋安装在下侧，且不宜搭接。焊接网的搭接一般为叠搭。双向板焊接网的安装方法与单向板基本相同。底网为单片网时，安装顺序和方法与单向板完全相同。梁格中布置 2 片网片时，先安装尺寸较大的焊接网，再安装较小的焊接网，使搭接处邻近跨中的焊接网受力钢筋在下。板区格内布置等宽度的 3 片网时，应先居中安装中部的焊接网，再安装两侧的网片，最后安装连接网，如图 6.2-12（*a*）所示。上述安装顺序的板格中部网片受力筋位置较为合理，但安装定位不便。有时也可从板区格一端向另一端安装，如图 6.2-12（*b*）所示，或先安装两侧网再安装中部网片，安装较为方便，亦为常用的安装方法。安装定位准确后绑扎固定。双向板焊接网为

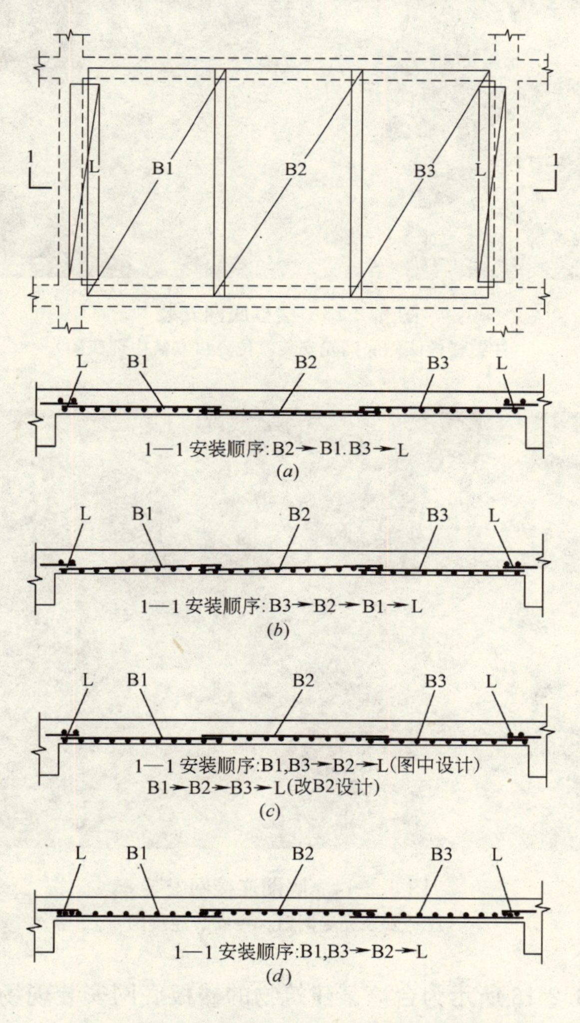

图 6.2-12 焊接网各种搭接形式安装顺序

（*a*）叠搭（1）；（*b*）叠搭（2）；（*c*）平搭；（*d*）扣搭

平搭时，底网需按布置顺序安装。焊接网型号与安装顺序有关，不能变动，如图 6.2-12（*c*）所示。梁区格中不论布置不等宽 2 片网，抑或等宽 3 片网和等宽 3 片网，均应按布置图安装。通常平搭底网是从梁区格一端按顺序向另一端安装；亦可先安装两侧网片，再安装中部网片，视布置设计而定。图 6.2-12（*d*）为扣搭底网的安装顺序，先安装 B2，再安装 B1、B3 最后安装连接网。安装时以短跨受力钢筋在同一平面内为宜。

图 6.2-13 所示为先安装两侧底网，再安装中间底网的现场安装顺序。此种安装顺序的网片定位较方便，常采用。图 6.2-14 所示为底网连接网安装现场。连接网在底网安装之后安装。

图 6.2-13　楼板底网安装

（注：楼板两侧底网先安装就位，再安装中部底网）

图 6.2-14　底网连接网安装

（注：安装完底网后，再安装连接网）

图 6.2-15 和图 6.2-16 所示为台湾某建筑物的楼板底网安装现场。该建筑物楼板跨度大，板厚及配筋大，搭接为叠搭。

(3) 双层组合底网

图 6.2-15 大型楼板底网安装

图 6.2-16 搭接（叠搭）

组合网的基本安装方法和顺序在前文已详细阐述。下面仅对异形板等特殊情况的施工方法作一些说明。

图 5.4.8 为一般异形矩形板的双层组合网布置图，常规的安装方法是先安装设计要求受力筋在下的网片，如图 5.4-8（*a*）的 B1、B2 和图 5.4-8（*b*）的 B1、B2、B3，再安装上层网片，如图 5.4-8（*a*）的 B3、B4 和图 5.4-8（*b*）的 B4、B5、B6。安装时应使每层中的网片钢筋间距均匀，总根数满足要求，对横筋（架立筋）钢筋的伸出长度、对齐、搭接等无特殊要求。安装后绑扎固定。

图 5.4-9 和图 5.4-10 所示为双层组合安装有特定设计要求的安装方法。通常板短跨钢筋安装在下侧，如图 5.4-9 所示，先安装大板横向主筋网 B3 和 B4，再安装纵向筋网 B1 和 B2。设计要求矩形 AGEF（一般为 EG<AF 时）的下层钢筋为纵向钢筋，矩形 GBCDE 的下层钢筋为横向钢筋。如图 5.4-10（*b*）中的 B4 的受力钢筋（横向筋）以 EG 为界，分成 B4a 和 B5。B4a 横筋安装在上，B5 横筋在下，搭接处（EG）加长，折弯向上与 B4a 横筋搭接，安装顺序为 B1→B5→B4a→B3→B2。

多层组合网由2层以上网片组合构成，多用于需调整焊接网钢筋布局和局部加强配筋的楼板中，如图5.4-3～图5.4-7。受力钢筋同向同平面的两片网安装时，架立筋在上侧及下侧（在保护层内），如图5.4-6中的B1、B3。安装时受力钢筋间距均匀，设计要求并筋时受力筋紧靠着安装。另一方向焊接网安装时受力筋与已安装焊接网的架立筋在同一平面上（B2），架立筋在上；若布置另一层焊接网（B4）时，架立筋只能在下侧，受力筋在上侧安装。加强焊接网通常安装在主网外侧（上侧或下侧），按图5.4-3～图5.4-8的要求进行安装，一般情况为短跨在下侧，长跨在上侧。安装时应使焊接网置于准确位置上，安装相邻网片时应使两相邻网片外侧钢筋的间距正确。

图5.4-7为组合网与常规加强焊接网综合布置焊接网，其安装顺序为：先安装下层网B1，再安装常规加强网B3，再安装上层网B2，即常规加强网B3夹在两片组合网之间。安装时，常规加强网应安装在正确位置上。

圆形、扇形楼板底网多为辐射向布置，且多为组合网布置，可按上述方法安装。圆形和扇形楼板的板格为扇形。径向网可由多片网组成，安装时沿径向安装，搭接长度在扇形板格外圆周处控制。圆半径较小时内圆周处搭接长度较大。切向网可由多片网组成，网片长度由外向里递减，安装时沿切向安装。圆半径较小时可出现外圆周处需补绑扎钢筋，内圆周处需剪截网片情况。

图6.2-17所示为组合底网的安装现场。一个方向（纵向）的底网正在安装和定位。

图6.2-17　组合底网安装

2. 面网

(1) 骑梁布置面网

面网的安装不受梁区格的限制，从安装区的一角向另一角或对角（沿两个方向安装）按所要求的安装顺序安装。

可根据梁筋布置的实际情况确定骑梁面网的顺序安装。安装时，下层网骑梁受力钢筋在上，分布筋在下；上层网反之，骑梁受力钢筋在下，分布筋在上（在保护层内）。骑梁钢筋安装在设计位置上，梁两侧伸入板中长度满足设计要求。

图5.4-16 (*a*) 所示为板角重叠布置的面网布置，安装的相互干扰较少，安装方便。安装时先安装跨度较小梁上的面网，再安装跨度较大梁上的面网。骑梁面网可从安装分区的一端开始向另一端安装，亦可以梁格为单元安装。面网安装时应控制焊接网在梁上的位

图 6.2-18 底网安装完成

（注：底网安装完毕后，正在安装管线，面网已吊运就位，准备安装面网）

置及搭接长度和锚固长度，以保证焊接网的安装质量。

图 6.2-18 所示为底网和预埋件及管线已安装好，准备安装面网的现场情况。面网已吊运至安装工作面上。

(*a*)

(*b*)

图 6.2-19 楼板面网安装

图 6.2-19（*a*）所示为安装面网现场，从梁一端开始安装。面网骑梁安装，在安装工作面上可见 Z 形支架已安装就位。

图 6.2-19（*b*）所示为楼板大型网安装情况。焊接网采用平搭搭接形式，安装时应按平搭安装顺序安装。通常是先安装短梁处的骑梁面网，再安装长梁上的骑梁面网，然后安装板角处长梁上的骑梁补足绑扎钢筋或补足焊接网（图中未安装）。

面网采用板角整片网布置［参见图 5.4-16（*b*）］时，宜先安装梁上网，再安装板角网，梁上网分布筋在下，有利于板角网安装到位。有柱板角区焊接网（整片角网）采用分片组合布置时，两片网沿柱的两邻侧安装，使板角区焊接网的钢筋安装到设计位置上。

板格中部布置的防裂钢筋网（俗称填心网）最后安装，参见图 5.4-16（*c*）。

骑梁布置的圆形楼板面网沿径向和切向梁安装，方法与顺序与常规网相同。扇形楼板底网亦可按此法安装。

（2）满铺面网

满铺面网亦可用骑梁面网的安装方法，从安装区的一角向另一角或对角（沿两个方向安装）按所要求的安装顺序安装。安装时，应控制骑梁面网的位置和面网长方向的搭接位置，防止出现安装误差的积累。采用叠搭时，搭接位置应错开，避免搭接点处焊接网叠垒在一起而导致安装困难及板厚超限（焊接网布置时应已考虑）。采用平搭时，应注意焊接网两个方向的安装顺序，应按预定的安装顺序安装。通常的安装顺序为：从安装面预定的某一角开始，同时向两个方向安装，直至安装完毕为止。安装时应控制焊接网在梁上的位置和可能出现的积累误差，参见图 5.4-16。图 5.4-19 所示为焊接网纵向和横向综合布置方案，是防止安装积累误差的布置措施之一。安装时，纵向和横向交替安装，梁上骑梁纵向网和横向网均有少焊的梁上纵筋，可以此控制梁上骑梁焊接网的位置，以避免误差的积累。

圆形楼板满铺面网有两种布置形式：辐射布置和正交布置。辐射布置时，先安装骑梁径向网，再安装切向网和满铺布置的填心网。正交布置时，安装方法与常规焊接网的安装方法相同，但外圆周处需裁剪伸出圆周边界的网片及用绑扎钢筋补足焊接网空缺部分。

加强面网最后安装，如图 6.2-20 所示。

图 6.2-20　加强面网安装

（3）双层组合面网

双层组合面网用于满铺面网时，其安装方法与组合底网基本相同。双层组合面网布置可避免面网钢筋距梁边 1/4 短跨以内搭接（面网的搭接按非受力钢筋搭接考虑时）。若不满足上述限制时，面网搭接应按充分利用钢筋抗拉强度的搭接长度确定。双层组合面网的钢筋无入梁锚固的问题，因此安装时应保证焊接网及其搭接的准确位置，以免产生搭接长度过长和不足问题。双层组合面网常不在一个板区格内安装，受力钢筋跨梁或跨若干梁安装，且跨梁处无常规面网少焊钢筋的明显标志，安装时，不论为纵向网，抑或为横向网，应严格控制纵向网的纵向位置，且应使受力钢筋的间距均匀准确。控制的原则为各网片钢筋的总根数和钢筋间距的均匀性。在大跨度梁区格使用小宽度网时因网片数量多，更应严格控制。双层组合面网常采用平搭，在搭接范围内常无横向架立钢筋，与常规网不同，安装时安装顺序没有特殊要求。但为使受力钢筋准确到位，架立筋的上下位置有严格要求，一般是下层网的架立筋在下，上层网的架立筋在上，多层组合网的上层网的架立筋均在上。安装时应予以重视，避免不必要的返工。双层组合面网过柱处，按布置要求可用补绑扎钢筋（网边沿柱边布置）、套柱网片（网边沿梁边布置）、或无需处理（主宽和梁宽相等或接近）。

圆形楼板满铺组合面网的安装方法与常规焊接网相同。但外圆周处需裁剪伸出圆周边界的网片及用绑扎钢筋补足焊接网空缺部分，这是圆形楼板满铺组合面网布置较少使用的原因之一。

（4）梁板顶面不同高程面网

反梁楼板、梁两侧有高差楼板、板格内有高差楼板、有侧沟楼板等梁板顶面不同高程的特殊楼板形式，焊接网安装有特殊要求。由于底网是按梁区格布置的，它们的底网的安装方法与普通楼板底网相同。面网要求穿过梁或其他构件已安装的钢筋，常用的方法是将面网在过邻侧梁处截断，分别锚固于这些构件之中。具体的安装方法和顺序与底网相同。但面网钢筋的锚固是充分利用钢筋抗拉强度的锚固，与底网的锚固有较大的区别。有时尚需采用一些特殊的安装方法。

反梁楼板的梁顶面在板顶面之上，梁两侧面网分别布置，要从两侧分别安装，且均需锚入梁内所要求的锚固长度。反梁板满铺面网的布置和安装与底网相同，参见图 5.4-32（*c*）。面网邻侧钢筋用连接网实现锚入梁中的要求。但不同于底网，连接网的搭接和入梁为充分受拉的搭接和锚固，安装时应按受力面网的要求（如搭接，锚固等）进行安装。为避开在最大弯矩处搭接，连接网有向板内移动搭接位置要求时，连接网横向钢筋（非插入梁内钢筋）为受力钢筋，安装后用插筋入梁（受力锚固）后绑扎的方法解决。板格内有高差楼板等楼板面网安装与反梁楼板同。当楼板内有高差，高差处无暗梁配筋时，参见图 5.4-33，安装顺序为 B1→T1→B2→T2。

梁两侧有高差楼板，当高差较小时，在高差处折弯面网后安装。安装方法和顺序与常规面网相同。高差＞30mm 的面网安装，低位侧的面网插入梁中，高位侧的面网扣在梁上。安装方法和顺序与反梁面网相同。

楼板梁边沟道宽度较小时，按下凹板布置有困难时，可用如图 5.4-34 的布置方法。该布置的特点是不用连接网连接，底网 B01 和面网 T01 直接入梁和板中，个别地方用插筋补足。沟底底网 B01 伸入梁和板中，入板钢筋需弯钩，弯钩直至板上表面；另一侧用插筋补足。此网先安装。沟底面网 T01 亦伸入梁和板中，不弯钩。根据沟的深度确定其安装次序，通常此网先安装，再安装板底网。

楼板板角加强钢筋辐射布置于板角面网之上。用辐射筋加强楼板板角的配筋方法将压低焊接网位置，对发挥原布置面网的作用不利。亦可采用加强板角面网配筋的方法加强板角，可用加密（单筋绑扎于板角网上或制作时焊接于其上）面网钢筋，或用另一片加强网

图 6.2-21 重型网吊运

安装于原以安装网片之上，其安装方法按板角整体布置面网安装方法进行，参见图 5.4-35 异形矩形板阴角面网补缺网 T03 的布置，此网在面网安装后安装。

3. 重型网安装

重型网安装的特点是采用吊运机械安装。不论为常规焊接网（双向受力筋配筋）或为组合网（单向受力筋配筋），它们的单片网片重量均较大，在吊运、安装面上的水平倒运、安装就位等工序均需使用吊运机械。安装顺序与常规焊接网、组合网相同。安装可单片吊运或多片吊运后再就位。图 6.2-21 所示为双向配筋网（常规网）的吊运，图 6.2-22 所示为双向配筋网的吊运和就位，图 6.2-23 所示为重型网底网安装，图 6.2-24 所示为基础板重型网面网已安装就位。

图 6.2-22 重型网吊运与就位

图 6.2-23 重型网底网安装

图 6.2-24 基础重型网安装

4. 表面加固和防裂网

构件表面加固和防裂网布置在构件表面，其安装的特点是顺构件表面安装。安装方法类似于面网。构件配置有受力钢筋时，防裂网安装在受力钢筋外侧，防裂网在受力钢筋安装之后安装。构件表面形状变化处是焊接网安装的控制部位，可先安装。其他部位焊接网的安装顺序和方法与大面积构件表面焊接网基本相同，安装较为简单。防裂网的搭接和有插入其他构件的要求时，应按设计要求（常为充分利用钢筋抗拉强度的单筋和锚固）安装。有的构件的防裂层很薄，常采用平搭，安装时应注意网片的安装顺序。

表面加固用的焊接网的布置与防裂网基本相同，安装方法也基本相同。

铁道整体道床底部的焊接网也有加固构件底部和防裂功能。焊接网安装为自动化轨道施工和道床混凝土浇筑的工序之一，轨道安装和混凝土浇筑之前进行。焊接网应放置于设计位置上，并保证底面混凝土的保护层厚度。

5. 非平面网（特种类型网）

非平面网是指弧形网、折网等非平面焊接网类型，属特种类型网。由于焊接网制作条件的限制，特种网的类型不多，如螺旋网、桁架网等。成形网为平面网经加工而成的网片，如箍筋笼、格网笼（格网箍筋安装单元）、梯网、折网、弧形网等亦属特种网。

螺旋网、桁架网、箍筋笼、格网笼等特种网可按所组装成的安装单元安装。挡土墙加筋梯网安装时将梯网置于已压实填土上，端环与挡土面板连接环对齐，穿连接钢管连接。梯网需接长时将已安装梯网的另一端与接长梯网的端环按相同的方法连接。其上各层加筋梯网按同样的方法安装。

折网常用于折弯构件及构件的折弯表面。折网常作为控制焊接网安装位置先行安装。剪力墙折墙焊接网可先安装墙折弯处焊接网，再安装其他部位网片。构件的折弯表面的折网也作为控制焊接网安装位置先行安装。如构件表面混凝土厚度较小，安装空间较小，焊接网安装精度较高处的防裂网、加固网等，先安装折弯网作为折弯处的折弯网定位，再安装其他部位的网片，安装方法与剪力墙网的安装方法相同。

构件弧形表面的半径较大，焊接网钢筋直径较小时，常可用焊接网自重和支撑于外形模板混凝土垫块和面网安装支架支撑，形成所需的形状。图 6.2-25 所示为构件弧形顶板

图 6.2-25　弧形网布置

（注：弧形屋面（反梁）底面网已安装完毕，网片借助于自重、垫块、支架支撑使底网、面网成形）

的底网和面网已安装完毕情况。圆弧形顶板为反梁结构，底网和面网的安装方法与平板反梁楼板的安装方法相同。形成圆形的安装方法如上所述，此处未采取任何弯网措施。

隧道衬砌常分段施工。衬砌混凝土常用整体移动式模板施工。焊接网固定于衬砌里侧墙上，外侧焊接网尚需安放混凝土保护层垫块，以保证其混凝土保护层厚度。如图 6.2-26。

图 6.2-26　隧道衬砌焊接网安装

斜坡面构件内的焊接网的安装类似于其他构件表面焊接网的安装，安装时焊接网需固定于坡面底，通常用预埋件固定。坡面上如安装不便，通常需在坡面上配置可移动安装用小车进行焊接网的安装和浇筑混凝土。图 6.2-27 所示为正在安装焊接网，焊接网单片吊运和安装。图 6.2-28 所示为斜坡面安装小车和安装后焊接网。

水电站溢流（泄流）坝面或泄水道表层亦常用焊接网加固。过水面表层特种混凝土，且混凝土表面精度要求很高。焊接网安装常采用类似于斜坡面焊接网的安装方法。

焊接网安装精度要求很高的“清水”混凝土墙面（不做模面和装饰处理的墙表面）的焊接网安装，端部用折网定位很有效。中间部位则需用支撑件支撑。此时，对焊接网的平整度要求很高，焊接网制作时要严格控制。深圳规划大厦“清水”混凝土墙面的施工不很

图 6.2-27 斜坡面焊接网安装

图 6.2-28 斜坡面焊接网安装小车

成功的主要原因为焊接网的平整度达不到规定要求。

6. 预埋件安装

钢筋焊接网混凝土楼板构件预埋件及预留孔洞的模板宜在底网安装后安装。安装预埋件及预留孔洞模板与已安装底网钢筋有干扰时，在不影响焊接网安装要求（如搭接和锚固要求等）时可对钢筋作微调，或不影响预埋件的使用时，可微调预埋件位置。否则需裁剪对安装预埋件有影响的焊接网钢筋，裁剪时应尽量避免剪裁受力钢筋。预埋管线宜于底网安装后安装，不允许在底网安装前安装，因为会抬高底网位置。预埋件和预留孔洞模板安装后安装面网，安装方法与底网相同。

图 6.2-29 所示为预埋管线安装。底网安装后安装为预埋管线，用直筋支架支撑满铺面网。图 6.2-30 所示为预埋模板和预埋管线安装，它们均在底网安装之后才安装。预埋模板盒处遇有焊接网钢筋时，可稍微移动钢筋或模板盒（以不影响质量和使用为限），否则需剪掉钢筋并用单筋补足。图 6.2-31 所示为焊接网已安装完毕，正在作浇筑混凝土的准备，泵送混凝土管已经安装。

图 6.2-29　管线安装

图 6.2-30　预埋件和预留孔模板安装

（注：管线与预留孔模板在底网安装后安装）

图 6.2-31　焊接网安装完毕

（注：焊接网安装完成，正在安装泵送混凝土输送管线）

7. 浇筑分块时焊接网安装的处理

楼板浇筑分块会对焊接网的安装带来一些影响。

预留后浇带是楼板浇筑分块的一种形式。后浇带处的焊接网布置已在焊接网布置中阐述（图 5.9-30）。焊接网的安装方法视焊接网布置而定。焊接网在后浇带处搭接时，后浇带两侧焊接网可同时安装。焊接网在后浇带处连通布置浇筑后剪断时，在浇筑后浇带前安装连接网，底网的连接网在底网上侧，面网的连接网在面网下侧。安装时需将面网弯上。

浇筑顺序的变动，需安排局部楼板后浇筑时，焊接网仍按原焊接网布置的顺序安装。图 6.2-32 所示为分块浇筑楼板前期混凝土已浇筑情况。安装后期浇筑楼板焊接网时，可将伸出的面网撑起，再安装其下之底网，安装方法同常规楼板焊接网安装方法。

图 6.2-32 楼板分块浇筑

（注：按施工计划分块浇筑，面网不宜裁剪，安装下块楼板底网时，将伸出的面网撑高，安装底网后放下并就位）

8. 底网和面网安装顺序的调整

底网和面网的常规安装顺序为先安装底网，后安装面网，底网安装完毕后再安装面网。在焊接网安装面积较大，工期较紧时，底网和面网的安装可安排同时进行。前述的深圳新世纪广场塔楼后十几层改用底网和面网同时安装的施工方法，明显地提高了施工速度。具体的做法是：在部分安装底网后，经检查合格并安装预埋管线的预留孔模板后马上安装面网。这种施工安排可提高施工速度，在抢工期时可用。

6.2.3 剪力墙

剪力墙网有面排网和内排网之分，网端部钢筋有设弯钩和不设弯钩的不同，安装方法有插入和扣上已安装钢筋的差别。安装方法上，面排网的安装类似于板的面网，内排网的安装类似于板的底网，亦有插入邻侧已安装钢筋的问题。剪力墙网可由一片或多片焊接网组成，一片网组成时网片的两端需处理与其他构件的连接的问题，两片网组成时两端网片有一端均需处理与其他构件的连接，多片网组成时两端网片有一端需处理与其他构件的连接，中间网片需处理与其他焊接网的连接（搭接）等问题。

1. 有边缘构件（或暗柱）剪力墙

（1）面排网的安装

如图6.2-33所示，与柱（暗柱）或边缘构件连接的面排网（W1，W2等），安装时将焊接网竖向筋竖立于下层伸上来的竖向钢筋一侧，水平筋在外，并使焊接网竖向筋紧贴于边缘构件（或暗柱）竖向钢筋表面，弯钩锚入边缘构件内部，锚入边缘构件的长度应满足设计要求。多片网组成面排网的中部面排网的安装与边侧入边缘构件的面排网的安装方法相同，水平筋紧贴已安装焊接网竖向钢筋安装，且满足搭接长度。搭接通常为平搭，按安装顺序要求安装。剪力墙网通常由墙的一侧按顺序向另一侧安装。面排网通过暗梁的方法与通过暗柱的方法相同。安装和定位准确后绑扎搭接处及已安装钢筋处的交叉点和接头，且需设置焊接网的固定件，如连接筋、保护层垫块等，以固定焊接网的位置。二排网剪力墙、多排网剪力墙的面排网等均可按此法进行安装，如图6.2-33。

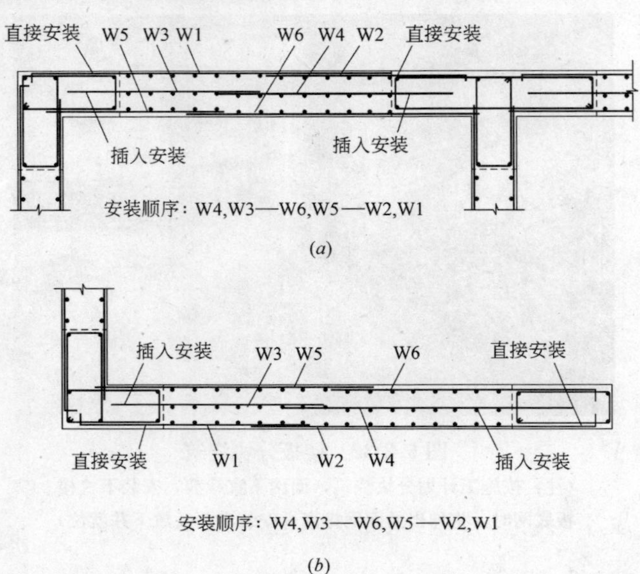

图6-2-33 剪力墙暗柱焊接网安装顺序

（*a*）T形剪力墙焊接网安装；（*b*）L形剪力墙焊接网安装

图6.2-34 剪力墙网安装（一）

（注：柱筋已安装，开始安装剪力墙网，中部柱间的剪力墙已安装）

图 6.2-35 剪力墙网安装（二）
（注：面排剪力墙网安装，工人正在定位）

图 6.2-34 为柱筋已安装完，正在开始安装剪力墙网，中部的两片剪力墙已安装剪力墙网，其右侧（视者右侧）已安装一片剪力墙的网片，其与左侧已安装一片正在安装另一片剪力墙的网片。前文中图 5.5-8、图 5.5-9 为装配式楼房剪力墙的布置和安装。剪力墙已浇筑混凝土，边缘构件和剪力墙网的伸出钢筋可见。电梯井剪力墙网正在安装。图 6.2-34、图 6.2-35 所示为安装剪力墙面排网时操作人员正在定位。图 6.2-36 为操作人员正在绑扎插入暗柱的剪力墙网水平筋。剪力墙网水平筋弯钩后可安装在柱筋外侧，紧贴柱筋安装，此为常用的安装方法。

图 6.2-36 剪力墙网安装（三）
（注：网片筋插入暗柱内，水平筋弯钩后，可紧贴在暗柱外侧安装，工人正在绑扎固定墙网）

无边缘构件的剪力墙端部，焊接网无弯钩，在安装面排网后，其端部需安装 U 形钢筋（或 U 形网），封住剪力墙端头。

(2) 内排网的安装

剪力墙网安装时，应先安装内排网。剪力墙内排网可由一片或多片网组合。内排网由 1 片网组成而需锚入两侧的边缘构件时，可用插入边缘构件 $2l_a$后退出 l_a的方法安装。剪力墙仅布置 1 排网时，这种安装方法较为适用。剪力墙布置多排网，内排网安装有困难时可不用此安装方法，将原 1 片网分成两片，按只锚入一侧边缘构件的方法安装。内排网为多片网组成时，边侧内排网可按焊接网单侧插入边缘构件的方法安装，中部网片紧贴已安装网片的竖向钢筋安装，搭接长度应满足要求。安装时使焊接网的竖向钢筋位于下层伸上来的竖向钢筋侧旁，锚入边缘构件的长度应满足设计要求，一般不弯钩。内排网的搭接常用叠搭，也可用平搭。内排网处有一定的空间，宜用叠搭。安装定位准确后安装连接筋，绑扎钢筋接头和搭接处钢筋。见图6.2-33中的W3，W4和图6.2-37的全部网片。

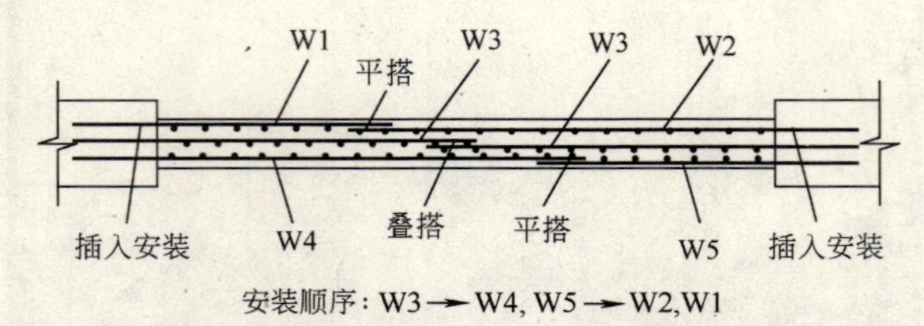

图6.2-37　剪力墙端柱焊接网（内排网）安装顺序

2. 端柱剪力墙网

端部有柱的剪力墙，其一侧面与柱面在同一立面上时，剪力墙网属面排网，安装时面排网紧贴柱筋安装，安装方法与面排网相同。墙面与柱面不在同一平面时的剪力墙网均属内排焊接网。如图6.2-37中的W1、W2、W4、W5为剪力墙面排网，W3为剪力墙内排网，均按内排网的安装方法安装。

3. 有暗梁（连梁）剪力墙

暗梁的纵向受力钢筋、纵向受力钢筋伸入剪力墙体内的锚固（支座）部分以及它们的箍筋对剪力墙焊接网的安装有影响。剪力墙内排网和面排网的安装条件和方法略有不同。

面排网的安装较方便，面排网竖向钢筋可沿暗梁钢筋外缘紧贴暗梁纵筋安装，水平筋沿箍筋外侧而过，如图5.5-10所示。若确定暗梁箍筋尺寸是根据焊接网竖筋紧贴暗梁主筋计算，在箍筋直径小于焊接网水平筋直径时，箍筋和水平筋互不影响。否则需验算水平筋的保护层厚度。深连梁有剪力墙分布筋时按上述方法安装。

内排网的侧边网同时插入边缘构件和暗梁已安装钢筋，如同楼板底网钢筋需同时插入相邻梁中是较难实现的。通常采用连接网的方法布置。第5章中图5.2-15和图5.5-11为内排网通过暗梁的几种安装方法。图5.2-15所示的安装方法，首先自剪力墙的一端至另一端按顺序安装通过暗梁的内排网W1，W1钢筋插入梁中的长度很长，一直插至与连接网竖向筋的搭接满足搭接长度处（图5.2-15 1—1剖面）。此后再安装插入暗柱的连接网L1。亦可采用另一种方案，如图5.2-15的2—2剖面，W1入梁竖向筋分成两部分，以减短竖向筋的入梁长度。W1竖向筋由梁下侧入梁，由梁上侧再安装竖向连接网L2（即竖向插筋网）。W1安装后，再安装水平向连接网L1。另一种布置方法为竖向连接网的布置方法，如图5.5-11。将水平向连接网改为竖向连接网，W1竖向筋用竖向连接网入暗梁，而W1水平筋直接插入暗柱。剪力墙网竖向筋不入梁，由梁上下的竖向连接网L入梁。安装时先安装剪力墙网W1，再安装梁上侧竖向连接网L和梁上侧竖向连接网L。梁上侧竖向连接网作为下一层剪力墙网的预插钢筋。焊接网安装后搭接处及插筋处用铁丝扎牢，并用联系筋、混凝土垫块固定钢筋之间和模板之间的位置。图5.5-11即为用连接网连接的安装方法，较为适用。

按深梁设计的连梁的分布钢筋焊接网按上述焊接网过连梁支座的方法安装，顶面和底部用U形筋扣上。

如果柱（暗柱、边缘构件等）、连梁、剪力墙网等分别预先安装成安装单元后再在现场组织安装，可更合理地组织剪力墙网的安装工作，上述安装方法和顺序对应的焊接网布置应另行设计。

4. 与基础板的连接

剪力墙与体积较大的构件，如基础或作为剪力墙基础的梁板，可直接将插筋插入基础中。为保证安装（即插入位置）精度，可用架立筋将插筋焊接成网。插入基础板中时，成网架立筋可焊在预埋入混凝土部分。成网架立筋亦可焊在插筋伸出混凝土之上的钢筋里侧，安装剪力墙网时竖向筋安装在插筋同侧，水平筋在外侧。插筋锚入梁中时，由于已安装梁筋的影响，插筋网成网时架立筋宜焊在梁筋以上插筋内侧，安装剪力墙网时竖向筋在插筋内侧。安装后应核对插筋位置，并加以固定。

图 6.2-38 所示为四排剪力墙网，2 排已安装，另 2 排下层焊接网（亦可为插筋网）伸出钢筋可见。

图 6.2-38　四排剪力墙网

（注：2 排面网已安装，伸出钢筋为下层剪力墙的钢筋）

图 6.2-34～图 6.2-36、图 6.2-38 中的面排网按设计要求均插入暗柱中，在安装方面无面排网和内排网的差别，均按内排网安装。此时，可先安装一侧模板，用于剪力墙网安装的定位和支撑。焊接网安装时从模板侧开始向外按顺序安装，安装完毕后再安装另一侧模板。剪力墙面排网的常规布置为水平筋弯钩后安装在柱筋外侧，紧贴柱筋安装。安装时先安装内排网，再安装面排网，安装完毕后安装模板。

5. 折墙焊接网

折墙为墙面方向突然改变的墙。墙折点处受力条件复杂，常要求墙一侧的钢筋锚入另一侧墙中，参见图 5.5-14。安装时应满足各焊接网的锚固要求，并考虑各焊接网安装时的相互干扰和注意伸入另一侧构件的钢筋对原构件焊接网安装的影响。通常的安装顺序是按“层序”安装，即按焊接网的布置的顺序自下而上，或自里而外，逐层安装。

6.2.4　箍筋笼、格网和梯网

1. 箍筋笼

梁柱箍筋笼的安装类似于剪力墙焊接网的安装。梁的箍筋笼安装在梁槽（模板）内或梁模板底板上。梁纵向筋与箍筋连成整体时，纵向筋应按要求锚入或穿过柱、墙或梁中，可用先插入一端，再退出并插入另一端的方法安装。梁中的上部筋（即负筋）穿过箍筋笼，由梁的一侧穿过柱（或梁交叉处），进入柱（或梁）另一侧梁中的设计位置上，并绑扎在箍筋笼上。

柱的箍筋笼安装时将箍筋笼竖起，套在下层伸出的柱筋外侧，安装柱筋并绑扎于箍筋笼上。柱的箍筋由多个箍筋笼组成时，先将多个箍筋笼组成的箍筋笼组套入下层伸出的柱筋，安装柱筋并绑扎于箍筋笼上。柱筋的安装和连接，按常规柱筋的安装和连接方法进行。

2. 格网

格网的安装类似于箍筋和箍筋笼的安装。一个断面一片格网，无需由几个矩形箍筋组合而成。受力钢筋在设计位置上穿网而过，固定于格网的钢筋交叉点处。有一种叫作梯格网的由两根纵筋和若干根横筋以一定间距焊成的梯格网，用作格网、剪力墙网安装的定位样架。柱、剪力墙、梁等构件格网亦可用此类梯格网样架定位和安装。此类梯格网亦可称为样架格网。

图 6.2-39 柱格网安装单元

（注：安装单元表面的用于定型的斜钢筋可见）

图 6.2-40 格网柱安装

（注：格网柱已安装，正在安装模板）

通常将格网在工厂内按设计要求组装成有部分柱筋组成的笼状钢筋制品作为安装单元。组装时可用若干柱筋或全部柱筋作骨架绑扎而成，组装精度要求较高。运到工地后，按安装单元进行安装，主筋用精制锥形螺栓连接，安装速度很快。

图 6.2-39 为格网和柱筋组装后的格网柱现场安装单元。图中可见柱表面的柱筋与格网交点处全部绑扎，且用斜筋绑扎，以防变形。内部断面每隔 1.2m 全断面交点绑扎。图 6.2-40 为格网柱现场安装后的情况，正在安装柱模板。图 6.2-41 为美国某高层（60 层）建筑格网柱安

图 6.2-41 美国某高层（60层）建筑格网柱安装后情况

装后情况。该建筑物为格网柱和格网剪力墙结构，柱和剪力墙格网在工厂组装成格网柱和格网剪力墙安装单元，在现场组织安装。

3. 梯网

加筋土体梯网的安装作业在工地进行。安装作业的主要内容包括：挡土墙挡土面板与梯网的连接，梯网间的连接（按设计要求接长），并安放在设计位置上。各部件的连接较简单，梯网端环与挡土面板连接环，或两梯网间端环中插入连接钢管即可。挡土墙后土体分层填筑，分层碾压，加劲梯网亦分层安装。梯网在填土层压实后的层面上安装。

图 6.2-42 所示为梯网已放置于碾压好的填土层上，待与挡土墙面板连接。挡土墙面板砌砖式布置。图 6.2-43 所示为梯网与挡土墙面板的连接，木楔使梯网端环与挡土墙面板连接环紧密接触。图 6.2-42、图 6.2-43 源自 VSL 提供的资料。

图 6.2-42 梯网置于已碾压填土层上

6.2.5 桥面铺装

焊接网布置在桥面铺装的表面，属覆盖大面积平面的焊接网，可按一般大面积钢筋焊

图 6.2-43　梯网与挡土墙面板的连接

接网的安装方法和顺序安装。钢筋焊接网的安装分区即为桥面施工分区，可由行车道宽度、桥幅宽、桥长等条件确定。

1. 桥面铺装焊接网安装基本方法

(1) 焊接网长方向顺桥纵轴线方向安装

焊接网长方向顺桥纵轴线方向布置是桥面铺装布置形式之一，安装时从桥面铺装安装面的某一角为始点开始，沿顺桥纵轴向和横桥纵轴向两个方向安装，直至焊接网铺满该施工区段为止。焊接网的搭接位置和长度要严格控制，避免安装误差的积累。焊接网钢筋需伸出施工分区边界时，其伸出长度应满足搭接长度的要求。

需增加安装工作面（增加安装起点）时，应考虑焊接网搭接方法的影响。叠搭时，可在某一适当的桥面铺装边缘选择某一网片位置（按布置图计算确定）为新的安装起始位置开始安装，焊接网的类型和片数不需变动。平搭时，应在安装新起点进行局部的焊接网布置调整，提出受影响网片情况，需要增加的网片型号数、网片片数和具体的焊接网布置的变动等。例如，桥面焊接网安装由桥的一端开始（常用的布置）情况，增加由桥中部向桥两端安装时，需改变两种型号网片各一片，将原桥面铺装的一片端部网和一片中部网改为两端头都焊和都不焊横筋的网片。安装时，在桥纵轴线中部桥边开始，先安装两端头不焊横筋的网片，再按顺序分别向桥两端和桥另一边安装网片。如果不愿改变焊接网的布置和型号，也可在某焊接网的准确位置作为新的安装起点，开始安装网片（有一端未焊横筋），沿原安装同一方向安装。从桥端开始安装作业到达新安装始点时，需抬起新始点处已安装的网片才能安装最后一片焊接网。不按上述两种程序和方法增加新安装起始点，可能会出现横筋重叠和横筋数量不足需用绑扎散筋补足的情况。

图 6.2-44 所示为纵向和横向平搭焊接网安装顺序变动时，焊接网布置和型号的变化情况。焊接网安装始点为“左下角＋右下角”和“左下角＋右上角”焊接网的布置，焊接网型号和数量的变化如图。其他情况以此法类推。在焊接网布置时应提出施工方案，尽量避免在施工时改变施工方案，增加现场工作量。

错开搭接位置的布置，可将某一焊接网垂直于长方向截成两片（要验算搭接长度），

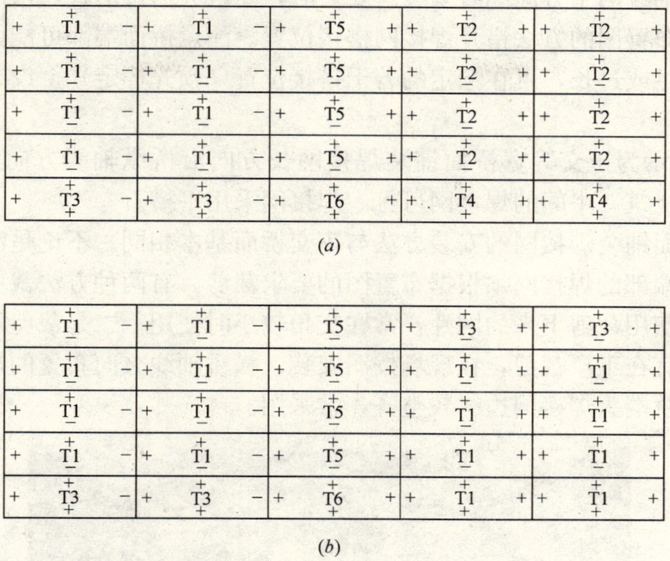

T1	T1	T5	T2	T2
T1	T1	T5	T2	T2
T1	T1	T5	T2	T2
T1	T1	T5	T2	T2
T3	T3	T6	T4	T4

(*a*)

T1	T1	T5	T3	T3
T1	T1	T5	T1	T1
T1	T1	T5	T1	T1
T1	T1	T5	T1	T1
T3	T3	T6	T1	T1

(*b*)

图 6.2-44　纵横向搭接（平搭）焊接网安装

(*a*) 安装始点：左下+右下；(*b*) 安装始点：左下+右上

分别安装于两端。剪截位置根据具体情况确定，常沿中线剪截。采用平搭搭接时，应在网片布置时考虑可能出现的网片类型的变化。

（2）焊接网长方向横桥纵轴线方向安装

焊接网纵向横桥纵轴线方向的布置形式常用于桥宽（或桥幅宽、施工段宽）为焊接网制作长度时。此时，焊接网横桥纵轴线方向的钢筋无搭接，安装时，焊接网纵向横桥纵轴线方向安装，控制搭接位置和搭接长度即可，安装方便，搭接易于处理。焊接网横桥纵轴线向布置时，也可布置有 1 个或 2 个搭接，以调整焊接网的长度和搭接位置。此时搭接应错开。安装时焊接网先沿横向安装，安装完一排横排网后沿纵向逐排安装，安装完为止。

焊接网平搭时，也有安装始点对安装顺序的影响问题，但较沿桥纵轴线向布置简单得多，可参照沿桥纵轴线向布置的方法处理。

（3）焊接网的裁剪

桥面铺装安装时，有两种情况可用裁剪焊接网解决，一是需错开搭接时，一是适应不规则桥面铺装面的局部变化。错开搭接时，将裁剪成两片的网片分别安装在安装区的两头即可。如前所述，裁剪设计应在焊接网布置时完成。适应不规则桥面铺装面时，应使被裁剪下来的网片可用于其他部位（焊接网布置设计时应予以考虑），达到减少焊接网型号，方便安装节省材料的目的。焊接网裁剪有时需在现场进行。在施工现场裁剪焊接网，将增加现场工作量，影响安装效率，应尽量减少现场的裁剪工作量，有可能在工厂完成的裁剪工作应在工厂完成。

2. 桥面铺装安装

（1）等宽桥面

正交等宽桥面铺装焊接网长方向沿桥纵轴线方向布置时，可从桥面一角开始安装，沿桥纵轴线和横桥轴线两个方向同时安装。安装时，要区分搭接形式，采用不同的安装顺序和安装方法，按布置图的方法错开焊接网搭接位置。注意桥面端部可能由于安装累积误差而使搭接长度不足或过长，可在选定的若干搭接位置（预先标定）上设置控制点控制安装精度。

图6.2-45所示为正交等宽桥面铺装焊接网长方向沿桥纵轴线方向的现场布置情况，两侧的混凝土已浇筑，中间的焊接网可见。焊接网采用平搭。

斜交等宽桥面铺装焊接网的安装方法与正交桥面基本相同。不论是沿着或横着桥轴线方向布置，桥面端部的焊接网须根据布置图的要求裁剪。有两种方法裁剪，一是只裁剪越界焊接网，而不使用裁剪下来的网片，常在交角较小时使用；二是裁剪下来的网片用于其他位置上，此时宜在工厂裁剪，在现场按图安装。横桥轴线方向布置的焊接网裁剪位置在桥面铺装边缘，桥端头焊接网边缘较整齐，常采用。

图6.2-45 桥面铺网施工

（注：焊接网纵向布置，平搭，搭接位置可见）

（2）变宽桥面

变宽桥面铺装焊接网的安装，可按焊接网布置图将变宽桥面分成规则区和变宽区两部分，规则区用等宽桥面的方法安装，变宽区应尽可能地用规则区焊接网或经裁剪后安装，无法使用焊接网部分用绑扎钢筋补足。焊接网纵桥纵轴向或横桥纵轴向布置，安装方法相同，但横桥纵轴向布置时需用绑扎钢筋补足的部位较小。

（3）弯道桥面

与圆形楼板相同，弯道桥面铺装焊接网可辐射布置，亦可正交布置，常用辐射布置。辐射布置时，不论焊接网顺桥纵轴线或横桥纵轴线安装，网片的长方向应取辐射向或切向，搭接长度以桥面焊接网搭接处外缘的搭接长度控制。桥轴曲率半径较小时，桥面的外缘和内缘的焊接网需裁剪或用绑扎钢筋补足。安装顺序和方法与等宽桥面基本相同。按正交布置时，弯道内缘和外缘的越界焊接网均需在安装时裁剪，不足处用绑扎钢筋补足，工作量较大，较少采用。

（4）桥面铺装加强

桥墩墩顶等处连续桥面的钢筋焊接网的加强部分，按布置图安装。附加的加强焊接网应在大面焊接网安装完毕后安装在墩顶处桥面铺装焊接网上方，加强网的受力筋与满铺铺装网钢筋安装在同一平面上，架立筋在上。由桥面铺装配筋与墩顶加强配筋统一设计的墩顶加强焊接网，与大面积桥面铺装焊接网同时安装。安装加强网时应按设计要求控制加强网在墩顶上的位置。

6.2.6 道路和地坪

道路和地坪平面面积大，厚度较小，焊接网一般布置在表面，或表面和底面（两层网时）。焊接网的安装顺序和方法与桥面铺装等大面积平面构件基本相同。有梁地坪和桩基上地坪焊接网安装顺序和方法与楼板焊接网基本相同。

1. 钢筋混凝土路面

钢筋混凝土路面面层焊接网应根据焊接网布置图组织安装。安装方法可参照桥面铺装的安装方法。钢筋混凝土路面面层通常为单层配筋，单层焊接网的安装位置距面层上表面(1/3～1/2)h 处，h 为面层厚度，用架立马凳将焊接网支起到设计位置上。路面面层为双层配筋时，上下层焊接网亦需要垫块或马凳支起。为错开搭接位置，有时上下层焊接网分别沿纵向和横向布置和安装。安装时先安装下层焊接网，再安装上层焊接网。上下层焊接网同时安装时，下层焊接网应领先安装一段距离后才安装上层焊接网。安装时，焊接网可从路面始端某一角开始，沿路纵轴线方向和横纵轴线方向分别同时安装，可在沿路幅全部安装焊接网后再继续顺路纵轴线焊接网安装。焊接网也可沿横向和纵向阶梯式同时向前和沿侧向安装，以增加安装工作面。焊接网横向布置时，焊接网可为无横向搭接，或只有 1 道或 2 道横向搭接，网片沿横向安装完毕后，再沿路面纵轴线向安装。

2. 连续配筋钢筋混凝土路面

连续配筋钢筋混凝土路面面层不设横向接缝，纵向钢筋为单层连续配筋。焊接网长方向应沿路面纵轴线方向布置。安装时应采用顺路纵轴线方向的安装方法，可参照钢筋混凝土路面焊接网纵向布置时的安装方法进行。焊接网搭接宜错开，连续配筋钢筋混凝土路面焊接网的搭接有严格的要求，应按设计要求执行。因路面厚度较大，连续配筋焊接网多种搭接均可用。纵向搭接连续配筋路面面层焊接网的安装位置、架立措施、安装方法与钢筋混凝土路面相同。焊接网存在双向搭接的搭接形式间相互干扰问题，横向搭接以采用平搭为宜。通常的顺序是先安装有横向搭接的平搭网，再安装纵向搭接（平搭、叠搭或扣搭）的网片，扣搭搭接宜采用有扣搭连接网的搭接形式。由于搭接形式的需要，焊接网横向安装总是先行于纵向安装。

3. 地板地坪

地板地坪焊接网与房屋地板的安装方法相同。布置在梁系或桩系顶面的地板地坪焊接网的下层焊接网（底网）不需插入梁和桩台已安装钢筋内，网片安装更为简单。下层焊接网的搭接宜安装在梁（或桩）顶上，上层焊接网（面网）的搭接安装在梁（桩）边 1/4 短跨外，安装时较易满足这些要求。安装顺序和方法可参照楼板的安装操作方法进行。

4. 填土地基地坪

填土地基地坪的工作条件和结构类似于钢筋混凝土路面面层。地坪厚度较路面面层厚度为小，通常为两层焊接网配筋。安装方法与地板地坪基本相同。安装顺序为：底层网→

缝下网→面层网。

地坪有时不分成较小的浇筑块浇筑，底层网连续布置。浇筑缝处的焊接网钢筋过混凝土挡板时，纵向（制作纵向）筋的间距的制作精度较高，钢筋可顺挡板预钻孔穿孔而过。横向（制作横向）筋间距不很精确，穿过挡板孔位有困难，常用在孔位线处分成上下两片挡板，在施工缝处夹住过缝钢筋，钢筋间用塑料片等物封住。有时纵向筋过缝亦用后一种过缝方法。地坪表层常分缝，间距为4～6m，地坪表面的纵向缝和横向缝常为锯缝，在地坪混凝土浇筑后从混凝土表层锯至设计深度。安装时应控制缝下止裂网位置，锯缝时应控制锯缝深度，以防锯断钢筋。

图6.2-46所示为双层布置的地坪焊接网，采用叠搭，分块浇筑，其分隔挡板可见。图6.2-47为地坪网（组合网）安装现场。地坪网底网已安装完毕，桁架式支架已就位，正在安装面网。图6.2-48为地坪网接缝处理现场。地坪焊接网为双层，纵横接缝用传力杆（钢筋）连接。图6.2-49为地坪收缩缝安装现场。

图6.2-46　地坪网施工

（注：双层网、叠搭、分块浇筑）

图6.2-47　地坪网（组合网）安装

（注：底网已安装完毕，桁架式支架已就位，正在安装面网）

图 6.2-48 地坪网接缝处理

［注：双层网、纵横向接缝用传力杆（钢筋连接）］

图 6.2-49 地坪网收缩缝安装

6.2.7 其他建筑物

挡土墙、沟渠、箱涵等建筑物多是由若干个墙板构件组成的，每个构件的连接均由锚入其他构件的钢筋实现。构件间的锚固充分利用钢筋抗拉强度，其锚固长度大，构造要求特殊，给焊接网的安装带来一定的困难。

1. 挡土墙

（1）底板

挡土墙底板与挡土墙的立壁、扶壁等竖向构件连接，受力状态复杂。与挡土墙结构类似的构件有沟渠的底板、矩形箱涵的底板和顶板等。

挡土墙的底板分成趾板和踵板两部分，受力不同。趾板的主受力钢筋布置在下层，踵板的主受力钢筋布置在上层。也有上下层均满铺钢筋的趾板和踵板配筋设计的。参见图5.10-1。挡土墙底板的踵板和趾板为2层钢筋时，可先安装趾板焊接网B1，再安装内外两排立壁板焊接网W1、W2、W3、W4，之后将踵板焊接网T1、T2钢筋（未焊横筋部分，侧面插入）插过已安装的立壁焊接网。临空侧焊接网 W4 设计成插筋网，后续安装的焊接网（立壁网）在此搭接。亦可先安装趾板和踵板的焊接网 B1、T1、T2，但立壁焊接网在顶板顶面以下的横筋应不焊上。底板焊接网安装顺序参见图 5.10-1。

(2) 立壁

悬臂式挡土墙的立壁配筋可为单层，也可为双层。立壁为悬臂结构，挡土侧配筋从底板向上递减，通常在配筋变化处设置搭接，搭接处应绑扎牢固。如图 5.10-1 所示的双层配筋立壁，立壁焊接网 W1、W2、W3 插入底板（插入部分无横筋），再安装 W4（或 W4 的插筋）。立壁焊接网是直立的，安装时应支撑好，绑扎牢固，单层配筋时尤应如此。双层配筋时焊接网之间用连接筋固定。

扶壁式挡土墙的立壁为连续板结构，其水平向配筋和安装类似于连续楼板。临空面的配筋可为连续的，亦可在跨中 2/3 跨度以外减少配筋。挡土侧的配筋和安装类似于连续楼板的面网，配筋可是间断的，亦可为连续的。挡土侧焊接网在扶壁处的竖向钢筋可取消，以便于扶壁焊接网的安装。安装时，可先安装挡土侧焊接网 W2，再安装临空侧焊接网 W1，并以连接筋与挡土侧焊接网 W2 固定。扶壁式挡土墙的立壁焊接网安装，参见图 5.10-2。

锚杆式挡土墙的墙面板为以锚杆为支点的连续板，焊接网的布置类似于扶壁式挡土墙的立壁，焊接网的布置和安装可参照扶壁式挡土墙立壁焊接网的布置和安装方法进行。墙面板常预制，安装时安装预制件即可。

(3) 扶壁

扶壁配筋由扶壁两侧焊接网、扶壁端斜向受力钢筋 J1 和扶壁端 U 形筋组成。扶壁焊接网需锚入立壁，立壁厚度不足时需弯钩。先安装侧面焊接网 W4，焊接网有弯钩时，可将焊接网向弯钩侧倾斜，弯钩端锚入后扶正。两片侧网安装后安装斜向受力筋 J1，之后安装 U 形筋，并用铁丝扎牢。侧网需用连接筋固定，参见图 5.10-2。两片侧网可由制作的一片矩形网沿对角线剪裁而成，参见图 5.2-20。应提醒，一片矩形网沿对角线裁剪成两片扶壁网时，其水平筋一片在内侧，一片在外侧。若要求扶壁网水平筋均在外侧，则需由两片网分别裁剪各侧的扶壁网，安装于两个扶壁上。

2. 沟渠

沟渠类似于两个沿踵板处对称连接在一起的悬臂式挡土墙的结构，它们的焊接网的安装类似于挡土墙底板与立壁连接处焊接网的安装。

除沟渠高度和宽度较小采用单层配筋外，沟渠通常为双层配筋。小沟渠单层配筋的焊接网安装较简单。沟渠的底板和侧壁为单层配筋时，底板和侧壁为一片焊接网折弯而成 U 形网，一次安装到位。安装时控制底板和侧壁外侧的混凝土保护层即可，通常布置在断面中部。

沟渠的宽度和高度更大时，通常底板和侧墙是分别施工的，先浇筑底板，再浇筑侧墙。如图 5.10-4 所示，底板外侧焊接网常做成 U 形，或角区 L 形网，弯折向上部分伸出底板，与侧壁外侧焊接网连接。底板和侧壁的内侧焊接网为普通的平面焊接网，需分别插入相应的侧壁和底板中。安装时先安装底板底网 B1（U 形或 L 形网），再安装底板面网 T1、侧墙挡土面焊接网 W2、侧墙迎水面焊接网 W3，且插入侧墙和底板。沟渠不很大时，焊接网的制作宽度可取为焊接网沿沟渠轴线向的搭接位置间距。沟渠焊接网的安装方法类似于折墙焊接网的安装方法。沟渠底板宽度较小时底面焊接网用U形网，底板宽度较大时用两片L形网，更大时用两片L形网和一片B1形网焊接网。安装时先安装两侧的L形网，再安装中间的B1网。参见图5.10-4。

图6.2-50 排水沟底板焊接网
（注：底板U形网已安装）

图6.2-50所示为排水沟底板焊接网安装现场。底板U形网已安装。图6.2-51所示为封闭排水沟侧墙焊接网的安装现场。

3. 矩形箱涵

矩形箱涵、暗渠等为顶口封闭的沟渠，其角区的焊接网布置类似于沟渠角区处的布置。焊接网的安装方法类似于沟渠。箱涵底宽较小时，底板底面网B1为U形网；底宽较大时由两片角网B1（L形网）和一片B2网组成，先安装B1网，再安装B2网，之后安装底板顶面T1网。底板浇筑混凝土后再安装侧壁焊接网（或内侧网插筋）W1、W2，再安装顶板底网B3、两片角网T2、顶板顶面网T3。若侧壁和顶板分开浇筑时，焊接网亦应分别安装。参见布置图5.10-5。

图6.2-51 排水沟侧墙焊接网

6.3 钢筋焊接网的检查和验收

钢筋焊接网的检查和验收包括：钢筋焊接网产品质量的检查和验收，安装质量的检查和验收。产品质量的检查和验收是在焊接网安装之前进行，安装质量的检查和验收是在焊接网安装之后进行。

6.3.1 产品质量的检查和验收

生产过程中已对钢筋焊接网进行包括原材料、中间产品和产品的检验，是钢筋焊接网的产品出厂合格证和相应的检验资料的依据。安装前进行钢筋焊接网检查和验收是工程质检部门对产品的检验。《钢筋焊接网混凝土结构技术规程》JGJ 114—2003 中规定了钢筋焊接网安装前和安装后进行焊接网产品质量检查和验收的程序和方法。钢筋焊接网技术性能检验的项目包括焊接网钢筋抗拉强度、伸长率、弯曲性能、焊点的抗剪力性能，外观质量和几何尺寸包括焊点脱焊数、网片外形尺寸、网片重量及直径偏差等。

1. 验收批组

钢筋焊接网是按批验收的。每批钢筋焊接网由同一原材料来源、用同一生产设备并在同一连续时段内生产的、受力主筋为同一直径的焊接网组成，其重量不应大于 30t。定型网生产批量大，同一批生产的焊接网的重量可能超过 30t，需分成若干批检验；高层楼房的非标准网每层的用量小，往往需若干层同一规格的焊接网同时生产，此时可由同时生产且满足组批规定的若干层钢筋焊接网组成一批进行检查和验收。

2. 技术性能检验

(1) 性能指标

钢筋焊接网的热轧带肋钢筋和冷轧带肋钢筋的技术性能和工艺性能应满足《钢筋混凝土用钢筋焊接网》GB/T 1499.3—2002 的规定，冷拔光面钢筋的技术性能应符合《钢筋焊接网混凝土结构技术规程》JGJ 114—2003 的规定，参见表 2.4-1。

(2) 试件截取

根据《规程》JGJ 114—2003 的规定，每批钢筋焊接网需截取 7 个试样，截取方法如下：

① 力学和工艺性能试样

在每批焊接网中随机抽取一张网片，在纵、横向钢筋上各截取 2 根试样（每个试样应含有不少于一个焊接点），分别进行强度（包括伸长率）和冷弯试验。试样长度应足以保证夹具之间的距离不小于 20 倍试样直径，且不小于 180mm。并筋时仅留一根测试中的受拉钢筋，另一根钢筋应在距焊点 20mm 处切断，且切断时不应损伤受拉钢筋焊点，如图 6.3-1。

② 焊点抗剪力试样

在每批焊接网中随机抽取一张网片，在同一根测试时为非受拉钢筋（一般为较细的钢筋）上随机截取 3 个抗剪试样。并筋时仅留一根测试时的受拉钢筋，另一根钢筋应在距焊点 20mm 处切断，且切断时不应损伤受拉钢筋焊点，如图 6.3-2。

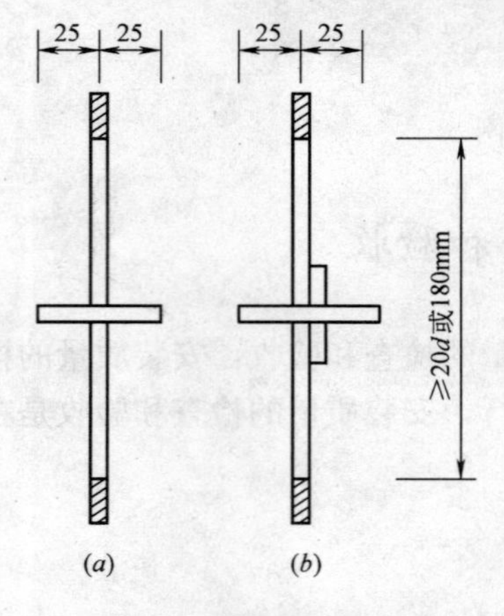

图 6.3-1　焊接网拉伸试样
(a) 单筋试样；(b) 并筋试样

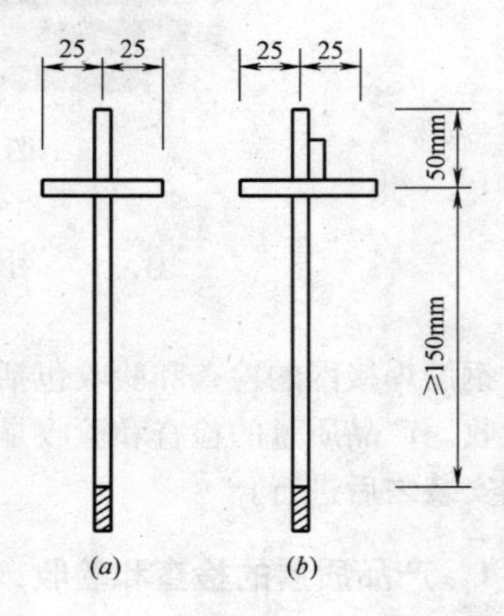

图 6.3-2　焊接网抗剪试样
(a) 单筋试样；(b) 并筋试样

(3) 力学和工艺性能检验的评定

某一批钢筋焊接网试样的拉伸、弯曲试验结果合格，判定该批焊接网合格；如有一试样的试验结果不合格，应从该批焊接网的同一型号网片中再截取双倍试样进行该不合格项目的复验，复验结果全部合格时该批焊接网可判定为合格。

(4) 焊点抗剪力的检验

钢筋焊接网焊点的抗剪力（单位为“N”）不应小于试样受拉钢筋屈服强度值的 0.3 倍，即 $0.3\sigma_{p0.2}$（或 $0.3\sigma_s$）与 A（A 为焊点处较粗钢筋的截面面积）的乘积。抗剪力的试验结果应按 3 个试样的平均值评定。一批钢筋焊接网 3 个试样抗剪试验结果的平均值合格，判定该批焊接网合格；若该批焊接网抗剪试验结果平均值不合格时，则取该抗剪力项目双倍试样进行复检，当复检试验结果平均值合格时，该批焊接网方可判定为合格。

3. 外观质量和几何尺寸检验

每批钢筋焊接网应抽取 5%（不小于 3 片）的网片，进行外观质量和几何尺寸的检验。

(1) 钢筋焊接网交叉点焊点开焊数目不应超过整张网片交叉点总数的 1%。并且任一根钢筋上的交叉点开焊点数不得超过该根钢筋上交叉点总数的 50%。焊接网最外边钢筋上的交叉点不得开焊。

(2) 焊接网钢筋表面不得有影响使用的缺陷，可允许有毛刺、表面浮锈以及因取样形成的钢筋局部空缺，但空缺处必须用相同截面积的钢筋按规定的方法补足。

(3) 焊接网几何尺寸的允许偏差应符合表 6.3-1 的规定，且在一张网片中纵、横向钢筋的数量应符合设计要求。

焊接网几何尺寸允许偏差 **表 6.3-1**

项　目	允许偏差	项　目	允许偏差	项　目	允许偏差
网片的长度、宽度(mm)	±25	网格的长度、宽度(mm)	±10	网片对角线偏差(%)	±1

注：1. 当需方有要求时，经供需双方协商，焊接网片长度和宽度的允许偏差可取±10mm；
2. 表中对角线差系指网片最外边两个对角焊点连线之差。

(4) 冷拔光面钢筋焊接网中钢筋直径的允许偏差应符合表 6.3-2 的规定。

冷拔光面钢筋直径允许偏差（mm） **表 6.3-2**

钢筋公称直径 d	≤5	$5<d<10$	≥10
允许偏差	±0.10	±0.15	±0.20

4. 重量检验

钢筋焊接网重量检验时，应从每批钢筋焊接网中随机抽取一张网片，进行重量偏差检验。钢筋焊接网的实际重量与理论重量的允许偏差为±4.5%。焊接网的理论重量按组成焊接网钢筋的重量计算。钢筋每延米的重量按《钢筋混凝土用钢筋焊接网》GB 13788—2000 规定的公称直径相应的理论重量取值，组成钢筋的长度和根数按焊接网设计的长度和根数取值。

6.3.2 安装质量检查和验收

钢筋焊接网的现场安装质量是由工程质检部门负责检查和收验的。验收标准为《钢筋焊接网混凝土结构技术规程》JGJ 114—2003及现行国家标准《混凝土结构工程施工质量验收规范》GB 50204—2002的有关规定。其他行业的工程应遵照相应的标准执行。焊接网安装质量的验收是在焊接网产品质量验收的基础上进行的。与绑扎钢筋相比，钢筋焊接网安装质量验收的程序和工作有所简化，工作量有所减少。

1. 钢筋焊接网安装质量检验的标准

(1) 焊接网安装时，应按照焊接网布置图的要求安装在设计位置上，焊接网位置、搭接长度、锚固长度、钢筋的混凝土保护层厚度，以及构造要求等应满足设计要求，焊接网不得有变形、移位、贴模（或贴地）等现象。

(2) 钢筋焊接网需覆盖整个焊接网配筋设计面，补足绑扎钢筋处应按焊接网布置图补足，锚固插筋应按锚固位置和锚固长度安装，不得出现焊接网配筋设计面漏覆盖、重覆盖等反映焊接网安装错误或安装位置错误的现象。

(3) 钢筋焊接网安装后应正确固定，焊接网固定措施、固定器具的数量和位置等应达到规定要求。

2. 钢筋焊接网安装质量检查和验收（含自检）的具体步骤：

(1) 总体检查

检查在焊接网安装面积内是否有焊接网未覆盖（不包括附加绑扎钢筋所覆盖的面积）或重复覆盖的面积。出现上述情况时，要判断是焊接网型号安装错误还是安装位置错误，针对错误情况改正。检查设计的焊接网布置未覆盖处是否已补足绑扎钢筋。

结合安装位置的检查可发现安装错误的原因，找出安装错误的网片型号和位置。这种情况是非常少见的。按安装分区吊运网片和卸在指定位置上，并按布置图安装一般不会出现这种错误。

(2) 安装位置正确

安装位置的检查，大多是检查焊接网的锚固位置、长度和构造，焊接网的搭接位置、长度和构造可能出现的问题。一般在发现焊接网搭接长度或锚固长度长短不均匀时，及时调整焊接网位置即可。设计的焊接网未覆盖处补足绑扎钢筋的位置是否正确也是这部分检查的内容之一。

(3) 焊接网的固定

检查焊接网的混凝土保护层厚度是否正确，底网的垫块是否已安装，面网支架是否已安装，位置是否正确；焊接网之间、焊接网与模板之间的固定措施是否已完成，固定面网到位的措施是否有效等。

(4) 其他

检查构件孔洞是否已处理，补足绑扎钢筋是否已安装，预留孔洞模板是否已安装；构件内的预埋部件（预埋线管、模板盒、观测设备等）是否已安装好。

参考文献

[1] 钢筋焊接网混凝土结构技术规程．JGJ 114—2003．北京：中国建筑工业出版社，2003
[2] 钢筋混凝土用钢筋焊接网．GB/T 1499.3—2002．北京：中国标准出版社，2003
[3] 混凝土结构设计规范．GB 50010—2002．北京：中国建筑工业出版社，2002
[4] 钢筋混凝土用热轧带肋钢筋．GB 1499—1998．北京：中国标准出版社
[5] 冷轧带肋钢筋．GB 13788—2000．北京：中国标准出版社，2001
[6] 公路水泥混凝土路面设计规范．JTG D40—2002．北京：人民交通出版社，2002
[7] 公路路基设计规范．JTG D30—2004．北京：人民交通出版社，2004
[8] 公路钢筋混凝土及预应力钢筋混凝土桥涵设计规范．JTG D62—2004．北京：人民交通出版社，2004
[9] 中国建筑标准设计研究院 2003 全国民用建筑工程设计技术措施——结构．北京：中国建筑工业出版社，2003
[10] BSI．Steel Fabric for the Reinforcement of Concrete—Specification．BS4483：2005
[11] ASTM．Standard Specification for Steel Welded Wire Reinforcement，Plain，for Concrete．A185-02
[12] Singapore Productivity and Standard Board．Specification for Welded Steel Fabric for Reinforcement of Concrete．SS 32：1996
[13] Standard Ausralia/Standard New Zealand Committee．Australia/New Zealand Standard Steel Reinforcing Materials．AS/NZS 4671：2001
[14] ISO．Steel for the Reinforcement and Prestressing of Concrete—Test Method Part 2：Welded Fabric．ISO 15630—2
[15] 建筑工程工程量清单计价规范．GB 50500—2003．北京：中国标准出版社，2003
[16] 深圳市建设工程造价管理站．深圳市建设工程计价办法．北京：知识产权出版社，2004
[17] 深圳市建设工程造价管理站．深圳市建筑工程消耗量标准．北京：知识产权出版社，2004
[18] 深圳市建设工程造价管理站．深圳市建筑工程费率标准和综合造价．北京：知识产权出版社，2004
[19] 中国机械焊接协会电阻焊（Ⅲ）专业委员会．电阻焊理论和实践．北京：机械工业出版社，1994
[20] 何兆道．路基路面工程（上）——路基工程．重庆：重庆大学出版社，2001
[21] 崔甫．矫直原理与矫直机械．北京：冶金工业出版社，2005
[22] 顾万黎．钢筋焊接网的最新发展．施工技术 [J]．33（8），2004
[23] 徐尚华．钢筋焊接网在桥面铺装层中的应用．施工技术 [J]．33（8），2004
[24] 穆亦龙，严忠，张国志，张云．深圳市市民中心工程中的应用．施工技术 [J]．33（8），2004
[25] 王宝峰，刘秀火，李彬，张云，林振伦．剪力墙钢筋焊接网的布置和安装．施工技术，33（8），2004
[26] 王新平，郭江．第三代钢筋焊接网成型机的研制与应用．施工技术 [J]．33（8），2004
[27] 沙平，刘秀火，赵宇欣．钢筋焊接网的应用实践的经济分析．建筑技术 [J]，2003
[28] 汪立新，徐尚华．钢筋焊接网的转化设计．建设部科技发展促进中心．全国钢筋焊接网生产与应用技术研讨会暨第四届全国冷轧带肋钢筋推广会论文集．2002
[29] 曹盛宏．钢筋焊接网在北京地区的推广和应用．建设部科技发展促进中心．全国钢筋焊接网生产与应用技术研讨会暨第四届全国冷轧带肋钢筋推广会论文集．2002
[30] 罗君东．冷轧带肋钢筋焊接网工程应用的体会．建设部科技发展促进中心．全国钢筋焊接网生产

与应用技术研讨会暨第四届全国冷轧带肋钢筋推广会论文集. 2002
[31] 程志军，徐有邻，杨雄，鲁丽燕，车金萍. 微合金化 HRB400 级钢筋的研制与应用. 建筑结构 [J]. 32 (1)，2002
[32] 孟宪珩，徐有邻. HRB400 级钢筋的工程应用. 建筑结构 [J]，31 (2)，2001
[33] 王磊. BRC 钢网和预制钢筋构件技术的新发展—新加坡市场研究. 国家科委成果司、建设部科技司、建设部科技发展促进中心. 冷轧带肋钢筋焊接网生产及应用技术论文集. 2000
[34] BRC 电焊钢网（东南亚）私人有限公司（新加坡）、BRC 钢网（远东）有限公司、比亚西电焊钢网（上海）有限公司的宣传资料和其他有关资料
[35] 林振伦，张云，刘永先. 钢筋焊接网的布置和安装. 国家科委成果司、建设部科技司、建设部科技发展促进中心. 冷轧带肋钢筋焊接网生产及应用技术论文集. 2000
[36] 林振伦，张云，邱建昌. 冷轧带肋钢筋检测资料统计分析. 国家科委成果司、建设部科技司、建设部科技发展促进中心. 冷轧带肋钢筋焊接网生产及应用技术论文集. 2000
[37] 林振伦，张云，刘秀火. 钢筋焊接网的工程应用总结. 国家科委成果司、建设部科技司、建设部科技发展促进中心. 冷轧带肋钢筋焊接网生产及应用技术论文集. 2000
[38] 程祥平，王铸君. GWC 系列钢筋焊接网自动生产设备的研制. 国家科委成果司、建设部科技司、建设部科技发展促进中心. 冷轧带肋钢筋焊接网生产及应用技术论文集. 2000
[39] 葛寿廷. 开发利用冷轧带肋钢筋专用母材确保推广工作顺利进行. 国家科委成果司、建设部科技司、建设部科技发展促进中心. 广厦工程—第二次全国冷轧带肋钢筋推广工作会论文集. 1999
[40] 曾全英，朱为昌. 改善冷轧带肋钢筋产品性能的若干问题. 国家科委成果司、建设部科技司、建设部科技发展促进中心. 广厦工程—第二次全国冷轧肋钢筋推广工作会论文集. 1999
[41] 李祚兴. 原材料对冷轧带肋钢筋性能的影响. 国家科委成果司、建设部科技司、建设部科技发展促进中心. 广厦工程—冷轧带肋钢筋焊接网生产及应用技术论文集. 1997
[42] 林振伦，张云，刘永先，项开炳. 钢筋焊接网在深圳新世纪广场的应用. 冷轧带肋钢筋推广应用技术交流研讨会. 论文. 1997
[43] 张云，田磊，林伟强. BRC 钢筋网在利丰番禺批发集散中心场馆工程中的应用. 《钢筋焊接网混凝土结构技术规程》编写组. 冷轧带肋钢筋焊接网试点工程. 1996
[44] PELLAR. 邢钢焊接网应用技术研讨会（2007 年 7 月 16～17 日，北京）资料